高等学校机械设计制造及其自动化国家特色专业规划教材

机电控制系统原理及其应用

JIDIAN KONGZHI XITONG YUANLI JIQI YINGYONG

张屹 曾孟雄 编著

U0303277

华中科技大学出版社
http://www.hustp.com
中国·武汉

内 容 简 介

本书介绍机电控制系统的基本原理、基本知识及其在机械工程中的应用,内容包括机电控制系统的基本概念、控制系统的数学模型、控制系统的时域分析、根轨迹法、控制系统的频域分析、控制系统的校正、机电控制系统的设计方法与实例等,每章备有学习要点及习题。

本书具有理论联系实际、简明易懂、强调应用的特点,可作为普通高等学校机械工程类专业,特别是机械设计制造及其自动化专业的本科、专科教材,也可供有关工程技术人员参考。

图书在版编目(CIP)数据

机电控制系统原理及其应用/张屹,曾孟雄 编著.—武汉:华中科技大学出版社,2013.9 (2024.7重印)

ISBN 978-7-5609-9402-4

Ⅰ.①机… Ⅱ.①张… ②曾… Ⅲ.①机电一体化-控制系统-高等学校-教材 Ⅳ.①TH-39

中国版本图书馆 CIP 数据核字(2013)第 233858 号

机电控制系统原理及其应用

张 屹 曾孟雄 编著

责任编辑:徐正达
封面设计:潘 群
责任校对:刘 竣
责任监印:徐 露
出版发行:华中科技大学出版社(中国·武汉)　　电话:(027)81321913
　　　　　武汉市东湖新技术开发区华工科技园　　邮编:430223
录　排:华中科技大学惠友文印中心
印　刷:广东虎彩云印刷有限公司
开　本:710mm×1000mm　1/16
印　张:18　插页:2
字　数:383 千字
版　次:2024 年 7 月第 1 版第 16 次印刷
定　价:49.80 元

序　言

当前,我国机械专业人才培养面临社会需求旺盛的良好机遇和办学质量亟待提高的重大挑战。抓住机遇,迎接挑战,不断提高办学水平,形成鲜明的办学特色,获得社会认同,这是我们义不容辞的责任。

三峡大学机械设计制造及其自动化专业作为国家特色专业建设点,以培养高素质、强能力、应用型的高级工程技术人才为目标,经过长期建设和探索,已形成了具有水电特色、服务行业和地方经济的办学模式。在前期课程体系和教学内容改革的基础上,推进教材建设,编写出一套适合于该专业的系列特色教材,是非常及时的,也是完全必要的。

系列教材注重教学内容的科学性与工程性结合,在选材上融入了大量工程应用实例,充分体现与专业相关产业和领域的新发展和新技术,促进高等学校人才培养工作与社会需求的紧密联系。系列教材形成的主要特点,可用“三性”来表达。一是“特殊性”,这个“特殊性”与其他系列教材的不同在于其突出了水电行业特色,不仅涉及测试技术、控制工程、制造技术基础、机械创新设计等通用基础课程教材,还结合水电行业需求设置了起重机械、金属结构设计、专业英语等专业特色课程教材,为面向行业经济和地方经济培养人才奠定了基础。二是“科学性”,体现在两个方面:其一体现在课程体系层次,适应削减课内学时的教学改革要求,简化推导,精炼内容;其二体现在学科内容层次,重视学术研究向教育教学的转化,教材的应用部分多选自近十年来的科研成果。三是“工程性”,凸显工程人才培养的功能,一些课程结合专业增加了实验、实践内容,以强化学生实践动手能力的培养;还根据现代工程技术发展现状,突出了计算机和信息技术与本专业的结合。

我相信,通过该系列教材的教学实践,可使本专业的学生较为充分地掌握专业基础理论和专业知识,掌握机械工程领域的新技术并了解其发展趋势,在工程应用和计算机应用能力培养方面形成优势,有利于培养学生的综合素质和创新能力。

当然,任何事情不能一蹴而就。该系列教材也有待于在教学实践中不断锤炼和修改,良好的开端等于成功的一半。我祝愿在作者与读者的共同努力下,该系列教材在特色专业建设工程中能体现专业教学改革的进展,从而得到不断的完善和提高,对机械专业人才培养质量的提高起到积极的促进作用。

谨此为序。

教育部高等学校机械学科教学指导委员会委员、
机械基础教学指导分委员会副主任
全国工程认证专家委员会机械类专业认证分委员会副秘书长
第二届国家级教学名师奖获得者
华中科技大学机械学院教授,博士生导师

2011-7-21

前　言

　　社会的进步和科技的发展,对机械系统提出了愈来愈高的要求。为完成各种复杂的工作,现在的机械已不是纯粹的机械,更多的是与电气、电子装置结合在一起而形成的机电控制系统。研究机电控制系统的相关理论与应用,已经成为机械工程领域的共识。目前,国内普通高等学校机械类专业"自动控制原理"课程很多是借用自动控制或电子专业的教材,书中一般以电子系统为对象,应用的数学基础也较深奥,理论介绍偏多,实际应用偏少。这样,机械类专业的学生仅靠学习教材的内容,很难将控制理论用来解决具体问题。

　　针对上述问题,本书在讲述中多以机电控制系统为对象,将控制理论与机械设计等结合起来,力图使学生学会分析、解决机械工程领域的实际问题。在本书最后还特意列出一章,结合实例对机电控制系统的设计方法进行单独讲解。本书可作为普通高等学校机械工程类专业,特别是机械设计制造及其自动化专业的本科、专科教材,也可供相关工程技术人员参考。

　　本书的特点是,在内容编排上力求精练,方便自学,以点带面,逐步展开,并把重点放在基本概念的建立及基础理论的阐述上。全书围绕工程设计"快速性、稳定性、准确性"的基本要求开展系统分析与校正,坚持"系统"和"动态"两个观点,将分析、研究的对象抽象为系统,运用控制理论的方法,解决机械工程中的稳态和动态实际问题。为适应工科专业的需要,在讲述基本理论的过程中,适当联系工程实际,注意培养学生运用理论解决实际问题的能力。

　　本书介绍了机电控制系统的基本理论、基本方法及其应用。全书共7章:第1章绪论,介绍机电控制理论的基本概念和本书的结构体系与学习方法,第2章控制系统的数学模型,第3章控制系统的时域分析,第4章根轨迹法,第5章控制系统的频域分析,第6章控制系统的校正,第7章机电控制系统的设计方法与实例。各章前的学习要点,旨在对读者掌握该章重点有所指导;章末备有习题,供读者练习。附录提供了拉普拉斯变换的相关内容,供读者参考。

　　本书由三峡大学张屹、曾孟雄共同编著。本书的出版得到了三峡大学国家特色专业建设项目的支持,在此表示感谢。

　　由于水平有限,书中难免存在错误和疏漏之处,恳请广大读者批评指正。

编　者

2013 年 10 月

目　　录

第1章 绪 论

学习要点 了解机电控制系统理论的基本概念及发展概况,掌握机电控制系统的基本控制方式及在工程中的应用;熟悉机电控制系统理论的研究对象与任务,熟悉机电控制系统的基本组成及各部分的作用;掌握对机电系统进行控制的基本要求,了解本书的体系结构和学习方法。

1.1 机电控制系统的概念和发展概况

1.1.1 控制的基本概念

所谓控制,就是采用控制装置,使被控对象的受控物理量能够在一定的精度范围内按照给定的规律变化,达到控制的目的。控制理论的发展与应用,改善了劳动条件,把人类从繁重的劳动中解放出来,而且,控制系统往往能以某种最佳方式运行,可以提高劳动生产率,提高产品质量,节约能源,降低成本。控制理论的应用是实现工业、农业、国防和科学技术现代化的有力工具。

从学科发展的角度来看,控制理论是自动控制、电子技术、计算机等多种学科相互渗透的产物,是关于控制系统建模、分析和综合的一般理论。其任务是分析控制系统中变量的运动规律和如何改变这种运动规律,以满足控制需求,为设计性能优良的控制系统提供必要的理论手段。

控制理论主要研究两方面的问题:①在系统的结构和参数已确定的情况下,对系统的性能进行分析,并提出改善性能的途径;②根据系统要实现的任务,给出稳态和动态性能指标,要求组成一个系统,并确定适当的参数,使系统满足给定的性能指标。

控制理论在日渐成熟的发展过程中推广到工程技术领域,体现为工程控制论,在与机械工业相应的机械工程领域中体现为机电控制系统理论。机械制造技术发展的一个重要方向,是紧密地与信息科学交融和深刻地引入控制理论,形成机电控制系统的学科分支。

1.1.2 机电控制系统的基本概念

有史以来,机械代替人类从事了很多工作,弥补了人类体力和能力的不足,在很多方面给我们的生活带来了极大的帮助。从机械的发展史可看到,机械的发展和进步与控制是密不可分的。一方面,机械运转本身也可称为广义上的控制,只有配备一定的控制装置才可以达到某种较复杂的工作目的(尽管这种控制装置最初是纯机械机构);另一方面,机械的广泛、深入的应用,也促进了控制科学的产生和发展。例如,作为工业革命象征的蒸汽机当时主要用来驱动各种机械,为了消除蒸汽机因负荷变化而对转速造成的影响,19 世纪末瓦特(J. Watt)发明了离心调速器。但是,尽管使用了离心调速器,在某种条件下蒸汽机的转速和调速器套筒的位置依然会周期性地发生很大变化,形成异常运转状态。蒸汽机和调速器能各自稳定地工作,为什么在组合的情况下就出现不稳定状态呢? 这一问题促使人们展开了相关研究和探索。直到 19 世纪后半叶,麦克斯韦(J. C. Maxwell)提出了系统特性,劳斯(E. J. Routh)和胡尔维兹(A. Hurwitz)发现了系统稳定工作的条件(稳定判据),上述问题才得以解决。这也可以说是控制理论的起源。

生产工艺的发展对机械系统也提出了愈来愈高的要求,这使得机械已不再是纯机械结构,而更多的是与电气、电子装置结合在一起,形成了机电控制系统。例如,一些精密机床要求加工精度达百分之几毫米,甚至几微米;重型镗床为保证加工零件的尺寸精度和表面粗糙度,要求极慢地稳速进给,即要求在很宽的范围内调速;为了提高效率,由数台或数十台设备组成的生产自动线,要求统一控制和管理;等等。这些要求都是靠驱动装置及其控制系统和机械传动装置的有机结合来实现的。

由此也可得出机电控制和自动控制的关系:自动控制是以一般系统为对象,广泛地使用控制方法进行控制系统的理论设计;机电控制就是应用控制工程学的研究结果,把机械作为被控对象,研究怎样通过采用一定的控制方法来适应对象特性变化,从而达到期望的性能指标。

1.1.3　控制理论的发展概况

1. 经典控制理论阶段

18 世纪,瓦特为控制蒸汽机速度而设计的离心调速器,是自动控制领域的一项重大成果。麦克斯韦于 1868 年从理论上分析了离心调速器的动态特性,发表了对离心调速器进行理论分析的论文。1922 年,米罗斯基(N. Minorsky)给出了对位置控制系统的分析,并对 PID 三作用控制给出了控制规律公式。1932 年,奈奎斯特(H. Nyquist)提出了负反馈系统的频域稳定判据,这种方法只需利用频率响应的实验数据,不用导出和求解微分方程。1940 年,伯德(H. Bode)进一步研究通信系统频域方法,提出了频域响应的对数坐标图描述方法,但它只适应单变量线性定常系统。伯德对系统内部状态缺少了解,且用复数域方法研究时域特性,因此得不到精确的结果。

在 20 世纪,1940 年以前自动控制理论没有多大发展。大多数情况下,控制系统的设计的确需要一些技巧。进入 40 年代后,数学分析方法在实践中得到了发展,控制工程也随之成为具有特色的一门独立工程科学。第二次世界大战期间,为了设计和建造自动飞机驾驶仪、火炮定位系统、雷达跟踪系统和基于反馈控制原理的军用装备,自动控制理论有了很大的进步,在 40 年代末逐渐形成较为完整的体系,在工程实践中得到了广泛的应用。

2. 现代控制理论阶段

由于航天事业和电子计算机的迅速发展,20世纪60年代初,在原有"经典控制理论"的基础上,又形成了所谓"现代控制理论",这是人类在自动控制技术认识上的一次飞跃。随着人造卫星的发展和太空时代的到来,为导弹和卫星设计质量小、控制精度高的复杂控制系统变得十分必要,时域控制技术也因此而发展起来。现代控制理论以状态空间分析法为基础,主要研究多输入/输出、时变、非线性、高精度、高效能等控制系统的设计和分析问题。状态空间方法属于时域方法,其核心是最优化技术。它以状态空间描述作为数学模型(实质上是一阶微分或差分方程组),利用计算机作为系统建模分析、设计乃至控制的手段。它不仅在航空航天、制导与军事武器控制中有成功的应用,在工业生产过程控制中也得到逐步应用。

3. 大系统控制理论阶段

从20世纪70年代开始,现代控制理论继续向深度和广度发展,出现了一些新的控制方法和理论,如现代频域方法、自适应控制理论和方法、鲁棒控制方法和预测控制方法等。另一方面,控制理论应用范围不断扩大:从个别小系统的控制,发展到若干个相互关联的子系统组成的大系统进行整体控制;从传统的工程控制领域的应用,推广到包括经济管理、生物工程、能源、运输、环境等大型系统以及社会科学领域的应用。与此同时,人们开始了对大系统理论的研究。大系统理论是过程控制与信息处理相结合的综合自动化理论基础,是动态的系统工程理论,具有规模庞大、结构复杂、功能综合、目标多样、因素众多等特点。大系统是一个多输入/输出、多干扰、多变量的系统,目前仍处于发展阶段。

4. 智能控制阶段

智能控制是近年来新发展起来的一种技术,是人工智能在控制上的应用。智能控制的概念和原理主要是针对被控对象、环境、控制目标或任务的复杂性提出来的,它的指导思想是依据人的思维方式和处理问题的技巧,解决那些需要人的智能才能解决的复杂的控制问题。被控对象的复杂性体现为模型的不确定、高度非线性、分布式的传感器和执行器、动态突变、多时间标度、复杂的信息模式、庞大的数据量,以及严格的特性指标等,而环境的复杂性则表现为变化的不确定性和难以辨识。智能控制是从"仿人"的概念出发的,一般认为,它包括模糊控制、神经元网络控制、专家控制等方法。

1.1.4 机电控制系统的发展概况

1. 从技术角度划分阶段

从技术角度来看,机电控制系统的发展经历了三个阶段。

(1) 机械控制阶段 早期的控制系统几乎全是机械控制,它的指令通常由离合器发出,只能给出希望点的值,而中间过渡点的信号则无法给出。一般用同步电动机驱动,轨迹靠凸轮产生。这样不仅控制性能无法保证,要改变轨迹实现不同功能也很困难。但这种控制系统简单,运行可靠,成本低廉,因而得到一定应用。常见的有离心调速系统、水箱液位控制系统等。

（2）电子控制阶段　与机械控制相比,电子控制的指令不仅能给出最终值,而且还能给出中间信号,这样保证了被控对象可以按期望的规律趋于目标。大多数离线控制系统属于电子控制系统。

（3）计算机控制阶段　与电子控制相比,计算机控制的指令及调节参数可以按需要改变,可以实现在线控制。

从构成机电控制系统的几个主要环节来看,三个阶段的主要特点如表1-1所示。

表1-1　从技术角度划分的三个阶段及其主要特点

项　　　目	机械控制阶段	电子控制阶段	计算机控制阶段
指令方式	点位信号	连续信号	可变信号
轨迹产生	凸轮为主	函数发生器	计算机软件
系统量形式	机械量（位移、速度等）	模拟电量（电压、电流等）	模拟、数字量（连续或脉冲量）
驱动形式	同步电动机等	步进电动机等	机、电、液、气等

2. 从所用控制器件划分

按所用控制器件来划分,机电控制系统的发展主要经历了以下几个阶段。

（1）断续控制阶段　最早的机电控制系统出现在 20 世纪初,它仅借助于简单的接触器与继电器等控制电器,实现对被控对象的启、停以及有级调速等控制,它的控制速度慢,控制精度也较低。

（2）连续控制阶段　20 世纪 30 年代控制系统从断续控制发展到连续控制,连续控制系统可随时检查被控对象的工作状态,并根据输出量与给定量的偏差对被控对象自动进行调整,它的快速性及控制精度都大大超过了断续控制,并简化了控制系统,减少了电路中的触点,提高了可靠性,使生产效率大为提高。

（3）磁放大器控制和大功率可控制水银整流器控制阶段　这一阶段出现在 20 世纪 40、50 年代。

（4）功率晶体管控制阶段　20 世纪 50 年代末,大功率固体可控整流元件——晶闸管出现,晶闸管控制很快就取代了水银整流器控制;后又出现了功率晶体管控制。晶体管、晶闸管具有效率高、控制特性好、反应快、寿命长、可靠性高、维护容易、体积小、重量轻等优点,为机电控制系统开辟了新纪元。

（5）计算机控制阶段　随着数控技术的发展,计算机的应用特别是微型计算机的出现和应用,又使控制系统发展到一个新阶段——计算机数字控制阶段。它也是一种断续控制,但是和最初的断续控制不同,它的控制间隔（采样周期）比被控对象的变化周期短得多,因此在客观上完全等效于连续控制。它把晶闸管技术与微电子技术、计算机技术紧密结合在一起,使晶体管与晶闸管控制产生强大的生命力。20 世纪 70 年代初,计算机数字控制系统应用于数控机床和加工中心,这不仅加强了自动化程度,而且提高了机床的通用性和加工效率,在生产上得到了广泛应用。工业机器人的诞生,为实现机械加工全面自动化创造了物质基础。20 世纪 80 年代以来,出现了由数控机床、工业机器人、自动搬运车等组成的,统一由中心计算机控制的机械加工自动线——柔性制造系统(FMS),它是实现自动化车间和自动化工厂的重要组成部分。机械制造自动化的高级阶段是走向设计和制造一体化,即利用计算机辅助设计(CAD)与计算机辅助制造(CAM)形成产品设计与制造过程的完整系统,对产品构思和设计直至装配、试验和质量管理这一全过程实现自动化,以实现制造过程的高效率、高柔性、高质量,实现计算机集成制造系统(CIMS)。

1.2　机电控制系统的基本控制方式

1.2.1　开环控制方式

开环控制方式是指控制装置与被控对象之间只有顺向作用而没有反向联系的控制过程,按这种方式组成的系统称为开环控制系统,其特点是系统的输出量不会对系统的控制作用发生影响。开环控制系统可以按给定量控制方式组成,也可以按扰动控制方式组成。

按给定量控制的开环控制系统,其控制作用直接由系统的输入量产生,给定一个输入量,就有一个输出量与之对应,控制精度完全取决于所用的元件及校准的精度。因此,这种开环控制方式没有自动修正偏差的能力,抗扰动性较差,但由于其结构简单、调整方便、成本低,在精度要求不高或扰动影响较小的情况下有一定的实用价值。目前,国民经济各部门的一些自动化装置,如自动售货机、自动洗衣机、产品生产自动线、数控车床以及指挥交通的红绿灯等,一般都是开环控制系统。图 1-1为开环控制的电加热炉示例,给定电源电压使加热炉电阻丝获得相应的发热量。

图 1-1　开环控制的电加热炉

按扰动控制的开环控制系统,利用可测量的扰动量,产生一种补偿作用,以减小或抵消扰动对输出量的影响,这种控制方式也称为顺馈控制或前馈控制。例如,在一般的直流速度控制系统中,转速常常随负载的增加而下降,且其转速的下降与电枢电流的变化有一定的关系。如果设法将负载引起的电流变化测量出来,并按其大小产生一个附加的控制作用,用以补偿由它引起的转速下降,就可以构成按扰动控制的开环控制系统。这种按扰动控制的开环控制方式直接从扰动取得信息,并以此来改变被控量,其抗扰动性好,控制精度也较高,但它只适用于扰动是可测量的场合。

1.2.2　闭环控制方式

　　闭环控制系统又称为反馈控制系统,反馈控制是机电控制系统最基本的控制方式,也是应用最广泛的一种控制系统。在反馈控制系统中,控制装置对被控对象施加的控制作用,是取自被控量的反馈信息,用来不断修正被控量的偏差,从而实现对被控对象进行控制的任务,这就是反馈控制的原理。图 1-2 为闭环控制的电加热炉示例,通过温度计检测炉内温度反馈回电源控制端,调节电源电压纠正炉内温度偏差。

图 1-2　闭环控制的电加热炉

　　其实,人本身就是一个具有高度复杂控制能力的反馈控制系统,人的一切活动都体现出反馈控制的原理。例如,人用手拿取桌上的书,汽车司机操纵方向盘驾驶汽车沿公路行驶等,这些习以为常的平凡动作都与反馈控制的基本原理密不可分。这里,通过解剖手从桌上取书的动作过程,分析其中包含的反馈控制原理。书的位置是手运动的指令信息,一般称为输入信号(或参据量)。取书时,人首先要用眼睛连续测量手相对于书的位置,并将这个信息送入大脑(称为位置反馈信息),然后由大脑判断手与书之间的距离,产生偏差信号,并根据其大小发出控制手臂移动的命令(称为控制作用或操纵),逐渐使手与书之间的距离(即偏差)减小。只要这个偏差存在,上述过程就要反复进行,直到偏差减小为零,手便取到了书。可以看出,大脑控制手取书的过程,是一个利用偏差(手与书之间距离)产生控制作用,并不断使偏差减小直至消除的运动过程。显然,反馈控制实质上是一个按偏差进行的控制,因此也称为按偏差的控制,反馈控制原理就是按偏差控制的原理。

　　按控制和测量信号的不同,控制系统又可分为连续控制系统和离散控制系统,控制信号连续地作用于系统的为连续控制系统,控制信号断续地作用于系统的为离散控制系统或采样控制系统。在工程问题中,控制系统也常按所控制的物理属性进行分类,如温度控制系统、流量控制系统、压力控制系统、速度控制系统等。闭环控制系统在控制上的特点是:由于输出信号的反馈量与给定的信号作比较产生偏差信号,利用偏差信号实现对输出量的控制或者调节,所以系统的输出量能够自动地跟踪给定量,减小跟踪误差,提高控制精度,抑制扰动信号的影响。除此之外,负反馈构成的闭环控制系统还具有一些特点,如:引进反馈通路后,使得系统对前向通路中元件的精度要求不高;反馈作用还可以使整个系统对于某些非线性影响不灵敏;等等。

1.2.3 复合控制方式

反馈控制在外扰影响出现之后才能进行修正工作,在外扰影响出现之前则不能进行修正工作。在技术上,按扰动控制方式比按偏差控制方式简单,但它只适用于扰动是可测量的场合,而且一个补偿装置只能补偿一个扰动因素,对其他扰动均不起作用。因此,比较合理的一种控制方式是,把按偏差控制方式与按扰动控制方式结合起来,对主要扰动采用适当的补偿装置实现按扰动控制,同时,再组成反馈控制系统实现按偏差控制,以消除其余扰动产生的偏差。这样,系统的主要扰动已得到补偿,反馈控制系统就比较容易设计,控制效果也会更好。这种按偏差控制和按扰动控制相结合的控制方式称为复合控制方式,如图 1-3 所示。当发生扰动但被控量 $x_o(t)$ 还没反应时,前馈控制器(补偿器)先按扰动量的大小和方向进行"粗略"调整,尽可能使控制作用 $u_1(t)$ 在一开始就基本抵消扰动对被控量的影响,使被控量不至于发生大的变化。被控量出现的"剩余"偏差则通过闭环回路来进行微调(校正作用)。因此,这类控制系统对扰动作用能够得到比简单闭环控制系统更好的控制效果。

图 1-3 复合控制系统

1.3 机电控制系统的组成

1. 机电控制系统的结构

图 1-4 为一典型的反馈控制系统结构框图,它表示了控制系统各元件在系统中的位置和相互之间的关系。一个典型的反馈控制系统应该包括给定环节、反馈环节、比较环节、放大环节、执行环节和校正环节等。

2. 机电控制系统中的基本环节

机电控制系统中有如下基本环节:

(1) 给定环节 给定环节用来产生控制系统的输入量(给定信号),一般是与期望的输出量相对应的。输入信号的量纲要与主反馈信号的量纲相同。给定元件通常不在闭环回路中,可以是各种形式,以电类元件居多,在已知输入信号规律的情况下,也可用计算机软件产生指定信号。

(2) 测量环节 测量环节用来测量被控量,产生与被控量有一定函数关系的信

图1-4　典型的反馈控制系统结构

号。测量元件一般是各种各样的传感器,起反馈作用,一般为非电量测量。测量元件的精度直接影响控制系统的精度,测量元件的精度应高于系统的精度,还要有足够宽的频带。

（3）比较环节　比较环节用来比较控制量和反馈量并产生偏差信号。电桥、运算放大器可作为电信号的比较元件。有些比较元件与测量元件是结合在一起的,如测角位移的旋转变压器和自整角机等。在计算机控制系统中,比较元件的职能通常由软件完成。

（4）放大环节　放大环节用来对偏差信号进行幅值或功率的放大,以足够的功率来推动执行机构或被控对象,以及对信号形式进行变换。

（5）执行环节　执行环节的职能是直接推动被控对象,使被控量发生变化。如机械位移系统中的电动机、液压伺服马达、温度控制系统中的加热装置。执行元件应具有足够大的功率和足够宽的工作频带。

（6）校正环节　校正环节是指为改善或提高系统的动态和稳态性能,在系统基本结构基础上增加的校正元件。校正元件根据被控对象特点和性能指标的要求而设计。校正元件串联在由偏差信号到被控信号间的前向通道中的校正称为串联校正,校正元件在反馈回路中的校正称为反馈校正。

（7）被控对象　被控对象是指控制系统所要控制的对象,它的输出量即为控制系统的被控量,如水箱水位控制系统中的水箱、房间温度控制系统中的房间、火炮随动系统中的火炮、电动机转速控制系统中电动机所带的负载等。设计控制系统时,认为被控对象是不可改变的。

注意,上述环节(元件、装置)在具体实现时不一定是各自独立的,可能是一个实际元件同时担负几个元件的作用,如系统中的运算放大器,往往同时起着比较元件、放大元件及校正元件的作用;反之,也可能是几个实际元件共同担负一个元件的作用,如电冰箱中的电动机、压缩机、冷却管节流阀及蒸发器共同起着执行元件的作用。

3. 机电控制系统中的量

为便于定量分析系统,通常需要熟悉以下控制系统中的量:

（1）被控量，也称输出量、被控参量，是在控制系统中按规定的任务需要加以控制的物理量。

（2）给定量，也称控制量、控制输入，是根据设计要求与输出量相适应的预先给定信号。

（3）干扰量，也称扰动量，干扰或破坏系统按预定规律运行的各种外部和内部条件，一般是偶然的无法人为控制的随机输入信号。

（4）输入量，控制量与干扰量的总称，一般多指控制量。

（5）反馈量，由输出端引回到输入端的量。

（6）偏差量，控制量与反馈量之差。

（7）误差量，实际输出量与希望输出量之差。

1.4 机电控制系统结构分析实例解析

例1-1 采用离心调速器的蒸汽机转速控制系统如图1-5所示。试指出系统中的被控对象、被控量和给定量，并分析其工作原理，画出系统的结构框图。

图1-5 蒸汽机转速自动控制系统

解 工作原理：在蒸汽机带动负载转动的同时，通过锥齿轮带动一对飞锤作水平旋转运动。飞锤通过铰链可带动套筒上下滑动，套筒内装有平衡弹簧，套筒上下滑动时可拨动杠杆，杠杆另一端通过连杆调节供汽阀门的开度。在蒸汽机正常运行时，飞锤旋转所产生的离心力与弹簧的反弹力相平衡，套筒保持某个高度，使阀门处于一个平衡位置。如果由于负载增大使蒸汽机转速ω减小，则飞锤因离心力减小而使套筒向下滑动，并通过杠杆增大供汽阀门的开度，从而使蒸汽机的转速回升。同理，如果由于负载减小而使蒸汽机的转速ω增大，则飞锤因离心力增大而使套筒上滑，并通过杠杆减小供汽阀门的开度，迫使蒸汽机转速回落。这样，离心调速器就能自动地抵制负载变化对转速的影响，使蒸汽机的转速ω保持在某个期望值附近。

本系统中，蒸汽机是被控对象，蒸汽机的转速ω是被控量，给定量是设定的蒸汽机希望转速。离心调速器感受转速大小并转换成套筒的位移量,经杠杆传递调节供汽阀门,控制蒸汽机的转速,从而构成闭环控制系统。图 1-6 即为系统结构框图。

图 1-6　蒸汽机转速控制系统结构框图

例 1-2　图 1-7 为水温控制系统原理图。冷水在热交换器中由通入的蒸汽加热,从而得到一定温度的热水。冷水流量变化用流量计测量。试绘制系统结构框图,并说明为保持热水温度为期望值系统是如何工作的,系统的被控对象和控制装置是什么。

图 1-7　水温控制系统原理图

解　水温控制系统是一个按扰动补偿的复合控制系统。其工作原理是:温度传感器不断测量热交换器出口处的实际水温,并在温度控制器中与给定温度相比较。若低于给定温度,其偏差使蒸汽阀门开大,于是进入热交换器的蒸汽量增大,热水温度升高,直至偏差为零。如果由于某种原因,冷水流量加大,则流量值由流量计测得,通过温度控制器,开大阀门,使蒸汽量增大,提前进行控制,实现按冷水流量进行顺馈补偿,保证热交换器出口的水温不发生大的波动。

本系统中,热交换器是被控对象,实际热水温度为被控量,给定量(希望温度)在控制器中设定,冷水流量是扰动量。图 1-8 即为系统结构框图。

图 1-8　水温控制系统结构框图

例 1-3　摄像机角位置自动跟踪系统原理图为图 1-9。当光点显示器对准某个方向时,摄像机会自动跟踪并对准这个方向。试分析系统的工作原理,指出被控对象、被控量及给定量,并画出系统结构框图。

图 1-9　摄像机角位置随动系统原理图

解　控制系统的任务是使摄像机自动跟踪光点显示器指示的方向。

当摄像机方向角与光点显示器指示的方向一致时,$\theta_2 = \theta_1$,自整角机输出 $e = 0$,交流放大器输出电压 $u = 0$,电动机静止,摄像机保持原来的协调方向。当光点显示器转过一个角度,$\theta_2 \neq \theta_1$ 时,自整角机输出与失谐角 $\Delta\theta = \theta_1 - \theta_2$ 成比例的电压信号(其大小、极性反映了失谐角的幅值和方向),经电位器后变成 e,经放大器放大后驱动伺服电动机旋转,并通过减速器带动摄像机跟踪光点显示器的指向,使偏差减小,直到摄像机与光点显示器指向重新达到一致时为止。测速发电机测量电动机转速,进行速度反馈,用以改善系统性能。

本系统中,摄像机是被控对象,摄像机的方向角 θ_2 是被控量,给定量是光点显示器指示的方向角 θ_1。图 1-10 即为系统结构框图。

图 1-10　摄像机角位置随动系统结构框图

1.5　机电控制系统理论的研究对象、任务和基本要求

1.5.1　机电控制系统理论的研究对象和任务

机电控制系统理论主要研究的是机械工程技术中广义系统的动力学问题。具体地说,是研究机械工程广义系统在一定外界条件下,从系统初始条件出发的整个动态过程,以及在这个过程中和过程结束后所表现出来的动态特性和静态特性,研究这一广义系统及其输入、输出三者之间的动态关系。以下具体阐释机械工程控制理论的研究对象和任务。

1. 系统

学会以"系统"的观点认识、分析和处理客观现象,是科学技术发展的需要,也是人类在认识论与方法论上的一大进步。只有逐步学会用"系统""动态"的观点,才能运用控制理论的方法去解决机械工程中的实际问题。随着机械工程学科的发展,机电系统结构愈来愈复杂,这种复杂性主要表现在其内部各组成部分之间,以及它们与外界环境之间的联系愈来愈密切,以至于其中某部分的变化可能会引起一连串的响应,可谓"牵一发而动全身"。在这种情况下,孤立地研究各部分已不能满足要求,必须将有关的部分联系起来作为一个整体加以认识、分析和处理。这个有机的整体称为"系统"。本书所涉及的机电控制系统一般具有其固有特性,系统的固有特性由其结构和参数决定。

2. 系统的研究类型

机电系统存在着各式各样的表现形式,任何一个机电系统都处于运动中,并与外界(即与其他系统)保持相互联系。系统由于其内部机制和与外界的相互作用,都会有相应的行为表现。这种外界对系统的作用和系统对外界的作用,分别以"输入"和"输出"表示,如图 1-11 所示。

研究系统,就是研究系统、输入、输出三者之间的相互关系。机电控制系统理论对系统、输入、输出三者之间动态关系的研究大致包括以下五种类型:

图 1-11　系统的输入、输出

(1)当系统已定,输入(或激励)已知时,求系统的输出(或响应),并通过输出来分析研究系统本身,此即系统分析问题。

(2)当系统已定时,确定输入,且所确定的输入应使输出尽可能符合给定的最佳要求,此即最优控制问题。

(3)当输入已知时,确定系统,且所确定的系统应使输出尽可能符合给定的最佳要求,此即最优设计问题。

(4)当输出已知时,确定系统,以识别输入量或输入中的有关信息,此即预测或滤波问题。

（5）当输入、输出均已知时,求系统的结构与参数,即建立系统的数学模型,此即系统识别或系统辨识问题。

机电控制系统理论以经典控制理论为核心,主要研究线性控制系统的分析问题。

3. 外界条件

在进行系统分析时,由于系统自身无法体现自身性能,因此需要给系统施加一定的影响,以此产生系统的输出(或响应),通过系统输出的表现来反映和分析研究系统本身的性能。这里所指的外界条件是指对系统的输入(激励),包括人为激励、控制输入、干扰输入等的总称。

系统的输入往往又称为"激励"。激励本质上是一个主体与客体的交互过程,即在一定的时空环境下,激励主体采用一定的手段激发激励客体的动机,使激励客体朝着一个目标前进。一个系统的激励,如果是人为地、有意识地加到系统中去,往往又称为"控制",控制信号通常加在控制装置的输入端,也就是系统的输入端;如果是偶然因素产生而一般无法完全人为控制的输入,则称为"扰动",扰动信号一般作用在被控对象上。

实际的控制系统中,给定输入和扰动往往是同时存在的。实际系统除了给定的输入作用外,往往还会受到不希望的扰动作用,如在机电系统中负载力矩的波动、电源电压的波动等。机械系统的激励一般是外界对系统的作用,如作用在系统上的力,即载荷等,而响应则一般是系统的变形或位移等。另外,系统在时刻 $t=0_-$ 的初始状态 $x(0_-)$ 也视为一种特殊的输入。

通常,把能直接观察到的响应称为输出。经典控制理论中的响应即输出,一般都能测量和观察到;而在现代控制理论中,状态变量不一定都能观察到。系统的输出是分析系统性能的主要依据。

4. 动态过程与特性

从时间历程角度看,在输入 $x_i(t)$ 作用下,系统输出 $x_o(t)$ 从初始状态到达新的状态,或系统从一种稳态到另一种稳态之间都会出现一个过渡过程,也称为动态过程、瞬态过程或动态历程。因此,实际系统在输入信号的作用下,其输出过程包含瞬态过程和稳态过程两部分。典型的输出响应曲线如图 1-12 所示。

实际系统发生状态变化时总存在一个动态过程,其原因是系统中总有一些储能元件(如机械系统中的阻尼器、弹簧等),使输出不能立即跟随输入的变化。在动态过程中系统的动态性能得到充分体现,如输出响应是否迅速(快速性),动态过程是否有振荡或振荡程度是否剧烈(平稳性),系统最后是否收敛稳定下来(稳定性)等。动态过程结束后,系统进入稳态过程(静态过程)。系统的

图 1-12　典型输出响应曲线

稳态过程主要反映系统工作的稳态误差(准确性)。快速性、稳定性、准确性是系统设计的三大性能要求。

1.5.2 机电控制系统的基本要求

尽管机电控制系统有不同的类型,而且每个系统也有不同的特殊要求,但对各类系统来说,在已知系统的结构和参数时,我们感兴趣的只是系统在某种典型输入信号下被控量变化的全过程。对于恒值控制系统,就是研究扰动作用引起被控量变化的全过程;对于随动系统,就是研究被控量如何克服扰动影响并跟随参据量的变化过程。每一类系统中被控量变化全过程提出的基本要求都是一样的,且可以归结为稳定性、快速性和准确性,即稳、快、准的要求。

1. 稳定性

稳定性是对控制系统的首要要求。一个控制系统能起控制作用,系统必须是稳定的,而且必须满足一定的稳定裕度。当参数发生某些变化时,系统也能够保持稳定的工作状态。

控制系统都包含有储能元件,存在着惯性,若系统的各个参数匹配不当,将会引起系统的振荡而失去工作能力。稳定性就是指系统动态过程的振荡倾向和系统能否恢复平衡状态的性能。图 1-13 所示为一个控制系统受到给定量为阶跃函数的输入扰动后,被控量的响应过程可能具有的几种不同振荡形式。其中:图(a)为振荡衰减控制过程曲线,被控量经过一定的动态过程后达到新的平衡状态,系统是稳定的;图(b)为被控量正弦振荡的控制过程曲线,系统受到扰动后不能达到新的平衡,系统处于临界稳定状态,在工程上视为不稳定的,在实际中不能采用;图(c)为被控量发散振荡的控制过程曲线,系统是不稳定的。

图 1-13　被控量响应过程的振荡形式
(a)振荡衰减　(b)正弦振荡　(c)发散

控制系统的稳定性问题是由闭环反馈造成的,而稳定是一个闭环控制系统正常工作的先决条件。对工业控制对象,尤其是动力控制对象而言,被控量对控制作用的反应总是比较迟缓的,因此在负反馈情况下,反馈“过量”,即控制作用“过大”“过小”或控制速度“过快”“过慢”,都有可能使系统发生振荡。改变反馈作用的强弱,就可能出现如图 1-13 所示的不同类型的振荡形式。

2. 快速性

快速性是指当系统被控量与给定量之间产生偏差时,消除这种偏差的快慢程度。快速性是在系统稳定性的前提下提出的,反映对控制系统动态过程持续时间方面的要求。

实际系统的被控对象和元件通常都有一定的惯性,如机械惯性、电磁惯性、热惯性等,再加上物理装置功率的限制,使得控制系统的被控量难以瞬时响应输入量的变化,因此,系统从一个平衡状态到另一个平衡状态都需要一定的时间,即存在一个动态过程(或称过渡过程)。

一般希望系统从扰动开始到系统达到新的平衡状态的过渡过程时间尽可能短,以保证下一次扰动来临时,上一次扰动所引起的控制过程已经结束。快速性好的系统,消除偏差的过渡过程时间就短,也就能复现快速变化的输入信号,因而具有较好的动态性能。

3. 准确性

准确性反映系统的控制精度,一般用系统的稳态误差来衡量。稳态误差是指系统稳定后的实际输出与期望输出之间的差值,反映了动态过程后期的性能,是衡量系统品质的一个重要指标。稳态精度当然是越高越好。

有时为了提高生产设备对变动负荷的适应能力和稳定性,有意保持一定的动态误差和稳态误差,即在不同负荷下保持不同的稳态值。例如,火力发电机组为了能较快响应外界负荷的要求,当负荷指令发生变化时,允许主蒸汽压力在一定范围变化(降低准确性要求),以利用锅炉蓄热,快速响应负荷变化。

要求一个控制系统稳定性、快速性、准确性三方面都达到很高的水平是不太可能的,三者之间往往是相互制约的。在设计与调试过程中,若过分强调系统的稳定性,可能会造成系统响应迟缓和控制精度较低;若过分强调系统响应的快速性,又会使系统的振荡加剧,甚至引起不稳定。不同的生产过程对稳定性、快速性和准确性的具体要求和重要程度是不同的,设计时,一般总是在满足稳定性要求后,对准确性和快速性进行综合考虑。

1.6　本书的体系结构

本书所涉及的知识以数学、物理及有关学科为其理论基础,以机械工程中系统动力学问题为研究对象,运用信息的传播、处理与反馈的思维方法与观点对机电系统进行控制。通过本书的学习,希望读者能掌握控制理论的基本原理,学会以动力学的基本观点对待机电控制系统,能够从整体系统的角度,研究系统中信息传递及反馈控制的动态行为,结合生产实际来考察、分析和解决机电系统控制中的实际问题。

本书在编写时力求表现如下特点:

（1）围绕工程设计的基本要求——稳定性、快速性、准确性，开展对系统的分析与校正；

（2）坚持"系统"和"动态"两个观点，将研究对象抽象为系统，运用控制理论的方法去解决机电系统控制中的实际问题；

（3）贯彻"时域"和"频域"两条分析主线，对机电控制系统性能进行分析和设计；

（4）增加有关机电控制系统理论应用的章节，建立基本控制理论与实际机电控制系统工程设计问题中间的联系。

全书体系结构如下：

第1章介绍控制理论和机电控制系统的基本概念，给出全书的组织方式；

第2章介绍控制系统的数学模型，主要介绍微分方程、传递函数和框图，这部分内容将为后续学习控制系统分析和设计方法打下基础；

第3章介绍控制系统的时域分析法，重点讲解低阶和高阶系统的时间响应、动态和稳态性能指标、稳定判据；

第4章介绍系统特征方程式的根与系统参数之间的关系，重点讲解当系统参数变化时，特征方程的根在[s]平面上轨迹的变化规律；

第5章介绍控制系统的频域分析法，主要内容包括奈奎斯特图、伯德图，频域稳定性分析、控制系统的闭环特性；

第6章介绍控制系统的校正设计方法，主要内容有串联校正和反馈校正装置的设计，PID工程设计以及复合控制系统的设计方法；

第7章介绍机电控制系统的设计方法与设计实例分析。

学习本课程时，既要十分重视抽象思维，了解一般规律，又要充分注意结合实际，联系专业，努力实践；既要善于从个性中概括出共性，又要善于从共性出发深刻了解个性；努力学习用广义系统动力学的方法去抽象与解决实际问题，去拓宽提出、分析与解决问题的思路。

习　　题

1-1　机电控制系统理论的研究对象和任务是什么？闭环控制系统的工作原理是什么？

1-2　试列举两个日常生活中控制系统的例子，用框图说明其工作原理，并指出它是开环控制系统还是闭环控制系统。

1-3　对控制系统的基本性能要求有哪些？并说明为什么。

1-4　图1-14是仓库大门自动控制系统的工作原理图。试说明系统自动控制大门开、闭的工作原理，并画出系统结构框图。

1-5　图1-15为工业炉温自动控制系统的工作原理图。试分析系统的工作原理，指出被控对象、被控量和给定量，画出系统结构框图。

图 1-14 题 1-4 图

图 1-15 题 1-5 图

1-6 许多机器,像车床、铣床和磨床等,都配有跟随器,用来复现模板的外形。图 1-16 就是这样一种跟随系统的原理图。在此系统中,刀具能在原料上复制模板的外形。试说明其工作原理,画出系统结构框图。

图 1-16 题 1-6 图

第 2 章　控制系统的数学模型

学习要点　掌握数学模型的基本概念;掌握传递函数的概念、传递函数的零点和极点,用分析法求系统传递函数;熟练掌握典型环节的传递函数及物理意义;了解相似原理的概念;了解传递函数框图的组成及意义,能根据系统微分方程绘制系统传递函数框图;掌握闭环系统中前向通道传递函数、开环传递函数、闭环传递函数的概念及传递函数的简化;了解干扰作用下系统输出及传递函数;了解建立机电控制系统数学模型的一般步骤和方法。

2.1　控制系统数学模型的基本概念

控制系统的种类很多,它可以是物理的,也可以是非物理的(如生物的,社会经济的等)。一个具体的控制系统的最终目的,是系统能够完成某些规定的任务,达到一定的要求,如建造一个室内调温系统,或是造纸机稳速系统,或是火箭制导系统等。为了能较好地利用控制系统,就必须掌握其内在规律。研究一个控制系统,仅仅去分析系统的作用原理及其大致的运动过程是不够的,必须同时进行精确的数量级层面上的分析,才能得到深入的研究成果,并将其有效地应用到实际工程中去。

2.1.1　系统的数学模型及分类

要定量描述控制系统的动态性能,揭示系统结构、参数与动态性能之间的关系,就需要建立系统的数学模型。同时,分析和设计控制系统最首要的任务也是建立系统的数学模型。控制系统的数学模型既是分析控制系统的基础,又是综合设计控制系统的依据。

控制系统的数学模型就是描述系统输入、输出之间,以及内部各变量之间相互关系的数学表达式。控制系统的数学模型是根据系统的动态特性,即通过决定系统特性的物理学定律,如机械、电气、热力、液压等方面的基本定律而建立的。它代表系统在运动中各变量之间的相互关系,既定性又定量地描述了整个系统的动态过程。

数学模型是对系统运动规律的定量描述,表现为各种形式的数学表达式,从而具有不同的类型。

1. 静态数学模型与动态数学模型

不同类型的数学模型具有不同的功能。描述系统静态(工作状态不变或慢变)特性的模型称为静态数学模型,静态数学模型一般是以代数方程表示的,数学表达式中的变量不依赖于时间,是输入、输出之间的稳态关系。描述系统动态或瞬态特性的模型称为动态数学模型,动态数学模型中的变量依赖于时间,一般是以微分方程等形式表示的。静态数学模型可以看成是动态数学模型的特殊情况。

2. 输入/输出描述模型与内部描述模型

描述系统输出、输入之间关系的数学模型称为输入/输出描述模型,如微分方程、传递函数、频率特性等数学模型。状态空间模型描述了系统内部状态与系统输入、输出之间的关系,所以称为内部描述模型。内部描述模型不仅描述了系统输入、输出之间的关系,而且描述了系统内部信息传递关系,所以比输入/输出描述模型更深入地揭示了系统的动态特性。

3. 连续时间模型与离散时间模型

根据数学模型所描述的系统中的信号是否存在离散信号,数学模型分为连续时间模型和离散时间模型,简称连续模型和离散模型。连续时间模型有微分方程、传递函数、状态空间表达式等,离散时间模型有差分方程、Z 传递函数、离散状态空间表达式等。

4. 参数模型与非参数模型

从描述方式上看,数学模型分为参数模型和非参数模型。参数模型是用数学表达式表示的数学模型,如传递函数、差分方程、状态方程等。非参数模型是直接或间接从物理系统的试验分析中得到的用响应曲线表示的数学模型,如脉冲响应、阶跃响应、频率特性曲线等。

数学模型虽然有不同的表示形式,但它们之间可以互相转换,可以由一种形式的模型转换为另一种形式的模型。例如,一个具体的控制系统,可以用参数模型表示,也可以用非参数模型表示;可以用输入/输出描述模型表示,也可以用内部描述模型表示;可以用连续时间模型表示,也可以用离散时间模型表示。具体使用哪种模型研究这个控制系统,要综合考虑工程实践的具体需求。

2.1.2　建立系统数学模型的一般方法

合理建立系统的数学模型是分析和研究系统的关键。实际的控制系统往往比较复杂,需要对其元件和系统的构造原理、工作情况等有足够的了解,需要对实际系统进行全面的分析,把握好模型简化与模型精度之间的尺度。所谓合理的数学模型,是指具有最简化的形式,但又能正确地反应所描述系统特性的数学模型。

建立数学模型有两种基本方法:机理分析法和实验辨识法。

1. 机理分析法

机理分析法是通过对系统内在机理的分析,运用各种物理、化学定律等,推导出描述系统的数学关系式(通常称为机理模型)的一种建模方法。采用机理分析法建模必须清楚地了解系统的内部结构,所以常称之为"白箱"建模方法。机理分析法得到的模型展示了系统的内在结构与联系,较好地描述了系统特性。但是,机理分析法具有局限性,特别是当系统内部过程变化机理还不很清楚时很难采用。而且,当系统结构比较复杂时,采用机理分析法所得到的模型往往比较复杂,难以满足实时控制的要求。另一方面,机理分析法建模总是基于许多简化和假设之上的,所以,模型与实际系统之间存在建模误差。

2. 系统辨识法

系统辨识法是利用系统输入、输出的实验数据或者正常运行数据,构造数学模型的实验建模方法。因为系统辨识法只依赖于系统的输入、输出之间的关系,即使对系统内部机理不了解,也可以建立模型,所以常称之为"黑箱"建模方法。系统辨识法基于建模对象的实验数据或者正常运行数据,所以建模对象必须已经存在,并能够进行实验,而且辨识得到的模型只反映系统输入/输出的特性,不能反映系统的内在信息,难以描述系统的本质。

最有效的建模方法是将机理分析法与系统辨识法结合起来。事实上,人们在建模时,只是不能准确地描述系统的定量关系,而系统的一些特性,例如系统的类型、阶次等,并不是一点都不了解。因此,系统像一只"灰箱"。实用的建模方法是尽量利用人们对物理系统的认识,由机理分析提出模型结构,然后用观测数据估计出模型参数,这种方法常称为"灰箱"建模方法。实践证明这种建模方法是非常有效的。

在工程上,建模过程常常做一些必要的假设和简化,忽略一些对系统特性影响小的次要因素,并对一些非线性因素进行线性化,在系统误差允许的范围内用简化的数学模型来表达实际系统,建立一个比较准确的近似数学模型。

2.2 控制系统的微分方程

在时域中,微分方程是控制系统最基本的数学模型。实际中常见的控制系统,如机械系统、电气系统、液压系统等,都是按照一定的运动规律进行的,这些运动规律都可以用微分方程来表示。微分方程是列写传递函数和状态空间方程的基础。

2.2.1 列写微分方程的一般步骤

要建立一个控制系统的微分方程,首先必须了解整个系统的组成结构和工作原理,然后根据系统或各组成元件所遵循的运动规律和物理定律,列写整个系统的输出变量与输入变量之间的动态关系表达式,即微分方程。用机理分析法列写微分方程的一般步骤如下:

(1) 确定系统或各组成元件的输入、输出量。找出系统或各物理量(变量)之间的关系。系统给定的输入量或干扰输入量都是系统的输入量,而系统的被控量则是系统的输出量。对一个元件或环节而言,应按照系统信号的传递情况来确定输入量和输出量。

(2) 按照信号在系统中的传递顺序,从系统的输入端开始,根据各变量所遵循的运动规律或物理定律,列写出信号在传递过程中各环节的动态微分方程,一般为一个微分方程组。

（3）按照系统的工作条件,忽略一些次要因素,对已建立的原始动态微分方程进行数学处理,如简化原始动态微分方程、对非线性项进行线性化处理等,并考虑相邻元件之间是否存在负载效应。

（4）消除所列动态微分方程的中间变量,得到描述系统输入、输出之间关系的微分方程。

（5）将微分方程标准化(规格化)。将与输出有关的各项放在微分方程等号的左边,与输入有关的各项放在微分方程等号的右边,并且各阶导数按降幂排列。

设有线性定常系统,若输入为 $r(t)$,输出为 $c(t)$,则系统的微分方程的一般形式可表达为

$$a_n \frac{\mathrm{d}^n c(t)}{\mathrm{d}t^n} + a_{n-1} \frac{\mathrm{d}^{n-1} c(t)}{\mathrm{d}t^{n-1}} + \cdots + a_1 \frac{\mathrm{d}c(t)}{\mathrm{d}t} + a_0 c(t)$$

$$= b_m \frac{\mathrm{d}^m r(t)}{\mathrm{d}t^m} + b_{m-1} \frac{\mathrm{d}^{m-1} r(t)}{\mathrm{d}t^{m-1}} + \cdots + b_1 \frac{\mathrm{d}r(t)}{\mathrm{d}t} + b_0 r(t) \quad (n \geqslant m) \quad (2\text{-}1)$$

由于系统中通常都存在储能元件而使系统具有惯性,因此输出量的阶次 n 一般大于或等于输入量的阶次 m。

2.2.2　典型系统的微分方程

1. 机械系统

在机械系统的分析中,质量块、弹簧和阻尼器是最常使用的三个理想化基本元件。理想的质量元件代表质点,此质点近似地将物体的质量全部集中到质心上。只要机械表面在滑动接触中运转,在物理系统中都存在摩擦。物体弹性变形的概念则可用螺旋弹簧表示的理想要素来说明,如表 2-1 所示。机械系统中元件的运动有直线运动和旋转运动两种基本形式,列写微分方程采用的物理定律为达朗贝尔原理,即作用于每个质点上的合力,同质点惯性力形成平衡力系。

表 2-1　机械系统基本元件的物理定律

元件名称及代号	系统及符号	所遵循的物理定律
质量元件 m		$f = m \dfrac{\mathrm{d}x^2(t)}{\mathrm{d}t^2}$
弹性元件 k		$f = k(x_2 - x_1)$

续表

元件名称及代号	系统及符号	所遵循的物理定律
阻尼元件 c	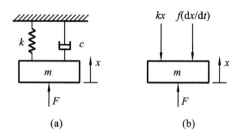	$f=c\left[\dfrac{\mathrm{d}x_2(t)}{\mathrm{d}t}-\dfrac{\mathrm{d}x_1(t)}{\mathrm{d}t}\right]$

例 2-1　由质量块 m、阻尼器 c、弹簧 k 组成的单自由度机械系统如图 2-1 所示，当外力作用于系统时，系统将产生运动。试写出外力 $f(t)$ 与质量块的位移 $x(t)$ 之间的微分方程。

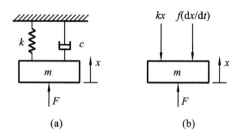

图 2-1　质量块-弹簧-阻尼器系统

(a)系统结构　(b)受力图

解　该系统在外力 $f(t)$ 的作用下，抵消了弹簧拉力 $kx(t)$ 和阻尼力 $c\dfrac{\mathrm{d}x(t)}{\mathrm{d}t}$ 后，与质点惯性力 $m\dfrac{\mathrm{d}^2x(t)}{\mathrm{d}t^2}$ 形成平衡力系，根据达朗贝尔原理，可写出力的平衡方程式为

$$f(t)-c\frac{\mathrm{d}x}{\mathrm{d}t}-kx=m\frac{\mathrm{d}^2x}{\mathrm{d}t^2}$$

即

$$m\frac{\mathrm{d}^2x}{\mathrm{d}t^2}+c\frac{\mathrm{d}x}{\mathrm{d}t}+kx=f(t) \tag{2-2}$$

方程(2-2)是线性二阶常微分方程。

例 2-2　图 2-2 所示为一作旋转运动的 $J\text{-}c\text{-}k$ 系统，其中 J 为转动惯量，c 为回转黏性阻尼系数，k 为弹簧扭转刚度，试写出输入转矩 T 与输出转角 θ 之间的微分方程。

图 2-2　作旋转运动的 $J\text{-}c\text{-}k$ 系统

解　由达朗贝尔原理可知，外加转矩 T 与输出转角 θ 之间的微分方程为

$$J \frac{\mathrm{d}^2 \theta}{\mathrm{d}t^2} + c \frac{\mathrm{d}\theta}{\mathrm{d}t} + k\theta = T \tag{2-3}$$

2. 电气系统

电气系统主要包括电阻、电容和电感等基本元件,其基本物理定律如表 2-2 所示。列写微分方程采用的是基尔霍夫电压定律和基尔霍夫电流定律。基尔霍夫电压定律表述为:任一闭合回路中电压的代数和恒为零,即 $\sum u(t) = 0$。基尔霍夫电流定律表述为:任一时刻在电路的任一节点上流出的电流总和与流入该节点的电流总和相等,即 $\sum i(t) = 0$。运用基尔霍夫定律时应注意电流的流向及元件两端电压的参考极性。

表 2-2　电气系统基本元件的物理定律

元件名称及代号	符　　　号	所遵循的物理定律
电容 C	$v_2 \overset{i}{\underset{C}{\dashv\vdash}} v_1$	$v_2 - v_1 = \dfrac{1}{C} \int i(t)\mathrm{d}t$
电感 L	$v_2 \overset{i}{\underset{L}{\frown\!\frown\!\frown}} v_1$	$v_2 - v_1 = L \dfrac{\mathrm{d}i(t)}{\mathrm{d}t}$
电阻 R	$v_2 \overset{i}{\underset{R}{\boxed{}}} v_1$	$i(t) = \dfrac{v_2 - v_1}{R}$

例 2-3　用基尔霍夫电压定律来分析分别如图 2-3、图 2-4 所示的 LRC 串联、并联电路。

图 2-3　LRC 串联电路　　　　　　　　图 2-4　LRC 并联电路

解　图 2-3 系统的运动方程为

$$L \frac{\mathrm{d}i}{\mathrm{d}t} + Ri + \frac{1}{C} \int_{-\infty}^{t} i\mathrm{d}t = e \tag{2-4}$$

$$\frac{1}{C} \int_{-\infty}^{t} i\mathrm{d}t = e_0 \tag{2-5}$$

依据电荷 $q = \int i\mathrm{d}t$,方程(2-4)变为

$$L\frac{\mathrm{d}^2 q}{\mathrm{d}t^2} + R\frac{\mathrm{d}q}{\mathrm{d}t} + \frac{1}{C}q = e \tag{2-6}$$

类似地，应用基尔霍夫电流定律，可以得到图 2-4 所示并联电路的运动方程为

$$\frac{1}{L}\int_{-\infty}^{t} e\mathrm{d}t + \frac{e}{R} + C\frac{\mathrm{d}e}{\mathrm{d}t} = i \tag{2-7}$$

依据交链磁通 $\Phi = \int e\mathrm{d}t$，可将方程（2-7）写成

$$C\frac{\mathrm{d}^2 \phi}{\mathrm{d}t^2} + \frac{1}{R}\frac{\mathrm{d}\phi}{\mathrm{d}t} + \frac{1}{L}\phi = i \tag{2-8}$$

将图 2-1 所示机械直线运动系统的方程（2-2）与图 2-3 所示电系统的方程（2-7）比较，可见它们形式相同。具有相同形式的微分方程的系统称为相似系统。力 F（力矩 T）和电势 e 在这里是相似变量。称这种相似变量为力（力矩）——电压相似。表 2-3 即为在这种相似中相似变量的一览表。

表 2-3　机械系统与电气系统中的相似量

机械（直线运动）系统		机械（旋转运动）系统		电气系统	
力	F	力矩	T	电势	e
质量	M	转动惯量	J	电感	L
黏性摩擦系数	f	黏性摩擦系数	f	电阻	R
弹簧刚度	k	扭转弹簧刚度	k	电容的倒数	$1/C$
位移	x	角位移	θ	电量	q
速度	v	角速度	ω	电流	I

研究各种系统（如电气的、机械的、热的、液压的等），相似系统的概念是非常有用的。若得到一个系统的解，它可以推广到与它相似的所有系统上去。一般，当电气系统更易于实验研究的时候，依据它们的电相似来研究机械系统是很方便的。这就是所谓的"机电模拟"。

3. 机电系统

例 2-4　图 2-5 为他励控制式直流电动机原理图。设 u_a 为电枢两端的控制电压，ω 为电动机旋转角速度，M_L 为折合到电动机轴上的总的等效负载力矩，系统中 e_d 是电动机旋转时电枢两端的反电势，i_a 为电枢电流，M 为电动机的电磁力矩。

解　当励磁不变时，用电枢电压控制电动机输出转速。根据基尔霍夫定律，电动机电枢回路的电压平衡方程为

$$L\frac{\mathrm{d}i_a}{\mathrm{d}t} + i_a R + e_d = L\frac{\mathrm{d}i_a}{\mathrm{d}t} + i_a R + k_d \omega = u_a \tag{2-9}$$

式中，k_d 为反电势常数。

根据刚体的转动定律，电动机转子的运动方程为

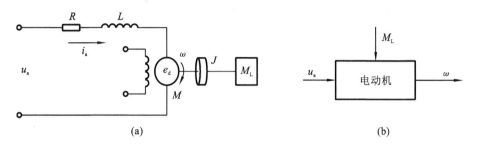

图 2-5　他励控制式直流电动机

(a)原理图　(b)输入、输出

$$J \frac{\mathrm{d}\omega}{\mathrm{d}t} = M - M_{\mathrm{L}} = k_{\mathrm{m}} i_{\mathrm{a}} - M_{\mathrm{L}} \tag{2-10}$$

式中，J 为转动部分折合到电动机轴上的总的转动惯量，并且略去了与转速成正比的阻尼力矩。当励磁磁通固定不变时，电动机的电磁力矩 M 与电枢电流 i_{a} 成正比。

由式(2-9)和式(2-10)，消去中间变量 i_{a}，可得

$$\frac{LJ}{k_{\mathrm{d}}k_{\mathrm{m}}} \frac{\mathrm{d}^2 \omega}{\mathrm{d}t^2} + \frac{RJ}{k_{\mathrm{d}}k_{\mathrm{m}}} \frac{\mathrm{d}\omega}{\mathrm{d}t} + \omega = \frac{1}{k_{\mathrm{d}}} u_{\mathrm{a}} - \frac{L}{k_{\mathrm{d}}k_{\mathrm{m}}} \frac{\mathrm{d}M_{\mathrm{L}}}{\mathrm{d}t} - \frac{R}{k_{\mathrm{d}}k_{\mathrm{m}}} M_{\mathrm{L}}$$

令　　　　$L/R = T_{\mathrm{a}}, \quad RJ/(k_{\mathrm{d}}k_{\mathrm{m}}) = T_{\mathrm{m}}, \quad 1/k_{\mathrm{d}} = C_{\mathrm{d}}, \quad T_{\mathrm{m}}/J = C_{\mathrm{m}}$

则有　　　$$T_{\mathrm{a}}T_{\mathrm{m}} \frac{\mathrm{d}^2 \omega}{\mathrm{d}t^2} + T_{\mathrm{m}} \frac{\mathrm{d}\omega}{\mathrm{d}t} + \omega = C_{\mathrm{d}} u_{\mathrm{a}} - C_{\mathrm{m}} T_{\mathrm{a}} \frac{\mathrm{d}M_{\mathrm{L}}}{\mathrm{d}t} - C_{\mathrm{m}} M_{\mathrm{L}} \tag{2-11}$$

式(2-11)即为电枢控制式直流电动机的数学模型。可见，转速 ω 既由 u_{a} 控制，又受 M_{L} 影响。

2.2.3　非线性数学模型的线性化

在建立控制系统的数学模型时，常常会遇到非线性问题。严格地说，实际的物理系统都包含不同程度的非线性因素，而求解非线性微分方程非常困难。大部分非线性系统在一定的条件下可近似地视作线性系统，这种有条件地把非线性数学模型化为线性数学模型来处理的方法，称为非线性数学模型的线性化。对具有非线性特性的系统来说，如果在一定条件下，通过近似处理能够将线性系统的理论和方法用于非线性系统，就会使问题简化，给控制系统的研究工作带来很大的方便。因此，非线性系统线性化处理的方法也是工程实践中的一种常见的、比较有效的方法。以图 2-6 所示发电机励磁特性为例，图中的点 A 为发电机稳定状态励磁的工作点，励磁电流和发电机电压分别为 i_{f0} 和 u_{f0}，当励磁特性磁电流改变时，发电机电压 u_{f} 沿着励磁曲线变化。u_{f} 与 i_{f} 变化不成比例，也就是说，u_{f} 和 i_{f} 之间成非线性关系。但

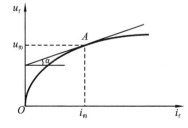

图 2-6　发电机励磁特性

是,如果仅在点 A 附近作微小的变化,那么就可以近似地认为 u_f 是沿着励磁曲线上点 A 的切线变化,磁特性即可用切线这一直线来代替,即变化的增量为

$$\Delta U_f = \Delta I_f \tan\alpha$$

这样就把非线性问题线性化了。

　　由数学的级数理论可知,若非线性函数在给定区域内有各阶导数存在,便可在工作点的邻域将非线性函数展开为泰勒级数。当偏差范围很小时,可略去二次以上的高阶项,从而得到只包含偏差一次项的线性化方程式,实现函数的线性化。这种线性化方法称为小范围线性化。

　　对于具有一个自变量的非线性元件或系统,设其输入量为 r,输出量为 $y=f(r)$,在静态工作点 $y_0=f(r_0)$ 处各阶导数均存在,则可将输出函数在 $y_0=f(r_0)$ 的邻域展开成泰勒级数,即

$$y = f(r_0) + \frac{\mathrm{d}f(r)}{\mathrm{d}r}\bigg|_{r=r_0} + \frac{1}{2!}\frac{\mathrm{d}^2 f(r)}{\mathrm{d}r^2}\bigg|_{r=r_0} (r-r_0)^2 + \cdots$$

当 $(r-r_0)$ 很小时,可忽略上式中 $(r-r_0)$ 二次以上的各项,得

$$y = f(r_0) + \frac{\mathrm{d}f(r)}{\mathrm{d}r}\bigg|_{r=r_0} \quad (r=r_0)$$

或
$$y - y_0 = K\Delta r \qquad\qquad (2\text{-}12)$$

这就是该非线性元件或系统的线性化数学模型。

　　具有两个自变量输入的非线性系统,可设其输入量分别为 r_1 和 r_2,输出量 $y=f(r_1,r_2)$。在系统静态工作点处,$y_0=f(r_{10},r_{20})$。将输出函数在静态工作点的邻域内展开成泰勒级数,即

$$y = f(r_{10},r_{20}) + \left[\frac{\partial f}{\partial r_1}(r_1-r_{10}) + \frac{\partial f}{\partial r_2}(r_2-r_{20})\right] + \frac{1}{2!}\left[\frac{\partial^2 f}{\partial r_1^2}(r_1-r_{10})^2\right.$$
$$\left. + \frac{\partial^2 f}{\partial r_1 \partial r_2}(r_1-r_{20})(r_2-r_{20}) + \frac{\partial^2 f}{\partial r_2^2}(r_2-r_{20})^2\right] + \cdots$$

式中,各阶导数均为在 $r_1=r_{10}$、$r_2=r_{20}$ 处的偏导数。

　　当偏差 (r_1-r_{10})、(r_2-r_{20}) 很小时,忽略二阶以上的各项,则上式可改写为

$$y = f(r_{10},r_{20}) + \frac{\partial f}{\partial r_1}(r_1-r_{10}) + \frac{\partial f}{\partial r_2}(r_2-r_{20})$$

或
$$y - y_0 = K_1(r_1-r_{10}) + K_2(r_2-r_{20}) \qquad (2\text{-}13)$$

式中
$$K_1 = \frac{\partial f}{\partial r_1}, \quad K_2 = \frac{\partial f}{\partial r_2}$$

令
$$\Delta y = y - y_0, \quad \Delta r_1 = r_1 - r_{10}, \quad \Delta r_2 = r_2 - r_{20}$$

式(2-13)可改写为

$$\Delta y = K_1 \Delta r_1 + K_2 \Delta r_2$$

这就是两个自变量的非线性系统的线性化数学模型。

例 2-5　某三相桥式晶闸管整流电路的输入量为控制角 α,输出量为 E_d,E_d 与 α 之间的关系为

$$E_d = 2.34E_2\cos\alpha = E_{d0}\cos\alpha$$

式中,E_2 为交流电源相电压的有效值;E_{d0} 为 $\alpha = 0°$ 时的整流电压。该装置的整流特性曲线如图 2-7 所示。

解　图 2-7 所示为晶闸管的整流特性,由图可知,输出量 E_d 与输入量 α 成非线性关系。如果正常工作点为 A,该处 $E_d(\alpha_0) = E_{d0}\cos\alpha_0$,那么当控制角 α 在小范围内变化时,可以作为线性环节来处理。令 $r_0 = \alpha_0$,$y_0 = E_{d0}\cos\alpha_0$,由式(2-12)得

$$E_d - E_{d0}\cos\alpha_0 = K(\alpha - \alpha_0) \qquad (2\text{-}14)$$

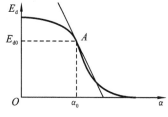

图 2-7　晶闸管整流特性

式中　　　　　$K = \dfrac{\mathrm{d}E_d}{\mathrm{d}\alpha}\bigg|_{\alpha = \alpha_0} = -E_{d0}\sin\alpha_0$

将式(2-14)改写成增量方程,得

$$\Delta E_d = K\Delta\alpha$$

式中　　　　　$\Delta E_d = E_d - E_{d0}\cos\alpha_0, \quad \Delta\alpha = \alpha - \alpha_0$

这就是晶闸管整流装置线性化后的特性方程。在一般情况下,为简化起见,在建立晶闸管整流装置的特性方程式时,常把增量方程改写为如下一般形式:

$$E_d = K\alpha$$

但是,应明确的是,该式中的变量 E_d、α 均为增量。

2.3　控制系统的传递函数

2.2 节介绍了控制系统在一定输入作用下,建立输入、输出关系线性微分方程式的方法。为了研究控制系统在一定输入作用下系统的输出和性能情况,最直接的方法,就是求解系统微分方程,取得输出量的时间函数曲线,然后再根据该函数曲线来对系统性能进行分析。然而,对于复杂的系统,直接求解其微分方程常常非常困难,于是,人们引入了拉普拉斯(Laplace)变换来求解线性微分方程。通过拉普拉斯变换,微分方程的求解问题就转化为代数方程求解和查表的问题,使计算变得简单。在此基础上,人们引入了传递函数这一概念。传递函数是在拉普拉斯变换基础上的复数域中的数学模型。传递函数不仅可以表征系统的动态特性,而且可以用来研究系统的结构或参数变化对系统性能的影响。经典控制理论中广泛应用的时域分析法、根轨迹法和频域分析法,就是以传递函数为基础建立起来的,因此传递函数是经典控制理论中最基本也是最重要的数学模型。

有关教科书中已详细介绍了拉普拉斯变换法,本书不再赘述,附录中给出了一些结论性的内容,以便于读者查阅和应用。

2.3.1 传递函数的基本概念及主要特点

1. 基本概念

在零初始状态条件下,定义线性定常系统的传递函数为系统输出量的拉普拉斯变换对输入量的拉普拉斯变换之比。

这里特别指出,零初始状态条件为:

(1) $t<0$ 时,输入量及其各阶导数均为零;

(2) 输入量施加于系统之前,系统处于稳定工作状态,即 $t<0$ 时,输出量及其各阶导数也均为零。

大多数实际工程系统都满足这样的条件。零初始条件的规定不仅能简化运算,而且有利于在同等条件下比较系统性能,所以,这样规定是必要的。

控制系统(或环节)微分方程式的一般形式可写为

$$a_n \frac{\mathrm{d}^n c(t)}{\mathrm{d}t^n} + a_{n-1} \frac{\mathrm{d}^{n-1} c(t)}{\mathrm{d}t^{n-1}} + \cdots + a_1 \frac{\mathrm{d}c(t)}{\mathrm{d}t} + a_0 c(t)$$

$$= b_m \frac{\mathrm{d}^m r(t)}{\mathrm{d}t^m} + b_{m-1} \frac{\mathrm{d}^{m-1} r(t)}{\mathrm{d}t^{m-1}} + \cdots + b_1 \frac{\mathrm{d}r(t)}{\mathrm{d}t} + b_0 r(t) \tag{2-15}$$

式中,$r(t)$ 为输入量;$c(t)$ 为输出量。

若初始条件为零,输入量 $r(t)$ 的拉普拉斯变换为 $R(s)=\mathrm{L}[r(t)]$,输出量 $c(t)$ 的拉普拉斯变换 $C(s)=\mathrm{L}[c(t)]$ 为根据拉普拉斯变换的微分定理。对微分方程(2-15)等号的两边同时进行拉普拉斯变换,可得

$$(a_n s^n + a_{n-1} s^{n-1} + \cdots + a_1 s + a_0)C(s) = (b_m s^m + b_{m-1} s^{n-1} + \cdots + b_1 s + b_0)R(s)$$

有

$$C(s) = \frac{b_m s^m + b_{m-1} s^{n-1} + \cdots + b_1 s + b_0}{a_n s^n + a_{n-1} s^{n-1} + \cdots + a_1 s + a_0} R(s) \tag{2-16}$$

则系统的传递函数表达式为

$$G(s) = \frac{C(s)}{R(s)} = \frac{b_m s^m + b_{m-1} s^{m-1} + \cdots + b_1 s + b_0}{a_n s^n + a_{n-1} s^{n-1} + \cdots + a_1 s + a_0} \tag{2-17}$$

2. 主要特点

由上述定义可知,传递函数具有如下一些主要特点:

(1) 传递函数是 s 的复变函数。传递函数中的各项系数,完全取决于系统的结构和参数。

(2) 传递函数分母的阶次与各项系数只取决于系统本身的固有特性而与外界无关,分子的阶次与各项系数取决于系统与外界之间的关联。所以,传递函数的分母与分子分别反映了由系统的结构和参数所决定的系统的固有特性和系统与外界之间的联系。

(3) 系统在零初始状态时,对于给定的输入,系统输出的拉普拉斯逆变换完全取决于系统的传递函数,通过拉普拉斯逆变换,可求得系统在时域中的输出为

$$c(t) = L^{-1}[C(s)] = L^{-1}[G(s)R(s)] \qquad (2-18)$$

由于已设初始状态为零,因而这一输出与系统在输入作用前的初始状态无关。但是,一旦初始状态不为零,系统的传递函数就不能完全反映系统的动态过程。

(4) 传递函数分母中 s 的阶次 n 不会小于分子中 s 的阶次 m,即 $n \geqslant m$。这是由于实际系统中总是存在的储能元件具有惯性,使输出滞后于输入。如单自由度二阶机械振动系统,输入力后先要克服系统的惯性,产生加速度,再产生速度,才可能有位移输出,而与输入有关的各项的阶次是不可能高于二阶的。

(5) 物理性质不同的系统、环节或元件,可以具有相同类型的传递函数。这是因为,既然可以用相同类型的微分方程来描述不同物理系统的动态过程,那么,同样也可以用相同类型的传递函数来描述不同物理系统的动态过程。因此,传递函数的分析方法可以用于不同的物理系统。

(6) 传递函数是一种以系统参数表示的线性定常系统输入与输出之间的关系式,传递函数的概念通常只适用于线性定常系统。一个传递函数只能表示一个输入对一个输出之间的关系,对于多输入/输出的线性定常系统,可对不同输入和对应的输出分别求传递函数,而后进行叠加。另外,系统传递函数只表示系统输入和输出的数学关系(描述系统的外部特性),而没有表示系统中间变量之间的关系(描述系统的内部特性)。针对这种局限性,在现代控制理论中,往往采用状态空间描述法对系统的动态特性进行描述。

2.3.2 控制系统的特征方程和零点和极点

系统的传递函数 $G(s)$ 是复变量 s 的函数,经因式分解后,可写成如下的形式:

$$G(s) = \frac{b_m s^m + b_{m-1} s^{m-1} + \cdots + b_1 s + b_0}{a_n s^n + a_{n-1} s^{n-1} + \cdots + a_1 s + a_0} = \frac{K(s-z_1)(s-z_2)\cdots(s-z_m)}{(s-p_1)(s-p_2)\cdots(s-p_n)}$$

$$(2-19)$$

传递函数分母的多项式

$$a_n s^n + a_{n-1} s^{n-1} + \cdots + a_1 s + a_0$$

反映系统的固有特性,称为系统的特征多项式,令特征多项式等于零得到的方程称为特征方程,特征方程的解称为特征根。

经因式分解后得到的传递函数形式也称为传递函数的零点和极点增益模型。由复变函数可知,在式(2-19)中,当 $s = z_j (j=1,2,\cdots,m)$ 时均能使 $G(s)=0$,故称 z_1,$z_2,\cdots,z_m$ 为系统的零点;当 $s=p_i (i=1,2,\cdots,n)$ 时,均能使 $G(s)$ 取极值,即

$$\lim_{s \to p_i} G(s) = \infty \qquad (i = 1, 2, \cdots, n)$$

故称 $p_1,p_2,\cdots,p_n$ 为 $G(s)$ 的极点。系统传递函数的极点也就是系统特征方程的特征根。

系统传递函数的零点、极点和放大倍数 K 对系统的分析研究非常重要。

　　系统极点的性质决定系统是否稳定。根据拉普拉斯变换求解微分方程可知,系统的瞬态响应主要由 e^{pt}、$e^{\sigma t}\sin\omega t$、$e^{\sigma t}\cos\omega t$ 等形式的分量构成,在此,p 是系统传递函数实极点,σ 是系统传递函数复极点($\sigma+j\omega$)中的实数,p 和($\sigma+j\omega$)也就是微分方程的特征根。假定所有的极点是负数或具有负实部的负数,即 $p<0$,$\sigma<0$,系统传递函数所有的极点均在复平面[s]的左半部,当 $t\rightarrow\infty$ 时,上述分量都将趋于零,瞬态响应是收敛的。在这种情况下,我们说系统是稳定的。也就是说,系统是否稳定由系统的极点性质来决定。

　　当系统的输入信号一定时,系统的零点和极点决定着系统的动态性能,即零点对系统的稳定性没有影响,但零点对系统瞬态响应曲线的形状有影响。当系统的输入为单位阶跃函数 $R(s)=1/s$,根据拉普拉斯变换的终值定理,系统的稳态输出值为

$$\lim_{t\rightarrow\infty}c(t)=c(\infty)=\lim_{s\rightarrow0}sC(s)=\lim_{s\rightarrow0}sG(s)R(s)=\lim_{s\rightarrow0}G(s)=G(0)$$

所以 $G(0)$ 决定着系统的稳态输出值。由式(2-19)可知

$$G(0)=\frac{b_0}{a_0}$$

就是系统的放大倍数,它由系统微分方程的常数项决定。由此可见,系统的稳态性能由传递函数的常数项来决定。

　　由上可知,系统传递函数的零点、极点和放大倍数决定着系统的瞬态性能和稳态性能。所以,对系统的性能研究可变成对系统传递函数零点、极点和放大倍数的研究。利用控制系统传递函数零点、极点的分布,可以简明、直观地表达控制系统的性能的许多规律。对系统时域、频域特性的控制集中地以其传递函数零点和极点特征表现出来,从系统的观点来看,对于输入/输出的控制模型的描述,往往只需从系统的输入、输出的特征,即控制系统传递函数的零点、极点的特征来考察、分析和处理控制系统中的各种问题。

2.3.3　典型环节的传递函数

1. 传递函数的建立

　　即使只限于各种线性连续系统,要逐一加以研究也是不可能的。控制理论采用的方法是研究系统的数学模型。这样,不仅避开了各种实际系统的物理背景,容易揭示控制系统的共性,而且使研究的工作量大为减小,因为许多不同性质的物理系统常常有相同的数学模型。但这还不够,要逐一研究数学模型的各种可能形式也是不可能的。

　　事实上,任何线性连续系统的数学模型总能由这些基本环节中的一部分组合而成。这样就可以研究这些为数不多的基本环节以及一些重要的组合系统。当弄清了这些基本环节的特性后,也就容易分析任何系统的特性了。

线性常微分方程所描述的系统的传递函数可写成

$$G(s) = \frac{C(s)}{R(s)} = \frac{b_m s^m + b_{m-1} s^{m-1} + \cdots + b_1 s + b_0}{a_n s^n + a_{n-1} s^{n-1} + \cdots + a_1 s + a_0} \tag{2-20}$$

为了便于进一步对复杂系统的研究,把式(2-20)的分子和分母分解成因式的积的形式,即零点和极点增益模型

$$G(s) = \frac{b_m (s - z_1)(s - z_2) \cdots (s - z_m)}{a_n (s - p_1)(s - p_2) \cdots (s - p_n)} \tag{2-21}$$

式中,$z_1, z_2, \cdots, z_m$ 为 $G(s)$ 的零点;$p_1, p_2, \cdots, p_n$ 为 $G(s)$ 的极点。

由于式(2-20)中的系数均为实数,所以 $G(s)$ 的零点和极点为实数或共轭复数。对于共轭复数的零点和极点所组成的因子合并成二次因式,二次因式的系数均为实数。这时,式(2-21)可表示为

$$G(s) = \frac{K \prod\limits_{i=1}^{\mu} (T_i s + 1) \prod\limits_{i=1}^{\eta} (T_i^2 s^2 + 2\xi_i T_i s + 1)}{s^v \prod\limits_{j=1}^{\rho} (T_j s + 1) \prod\limits_{j=1}^{\sigma} (T_j^2 s^2 + 2\xi_j T_j s + 1)} \tag{2-22}$$

式中,v 为零、正整数或负整数。当 $v=0$ 时,$\mu + 2\eta = m$,$\rho + 2\sigma = n$;当 $v > 0$ 时,$\mu + 2\eta = m$,$v + \rho + 2\sigma = n$;当 $v < 0$ 时,$-v + \mu + 2\eta = m$,$\rho + 2\sigma = n$。

式(2-22)表明,线性定常连续系统的传递函数均可分解成以上七种简单因子的积,其中的每一种因子所构成的传递函数表示一种运动特性,我们把这七种因子所构成的传递函数或其所对应的微分方程称为典型环节。这七种典型环节是:

(1) 比例环节,传递函数为 $G(s) = K$;

(2) 惯性环节,传递函数为 $G(s) = \dfrac{1}{Ts+1}$ ($T > 0$);

(3) 积分环节,传递函数为 $G(s) = \dfrac{1}{s}$ 或 $G(s) = \dfrac{1}{Ts}$ ($T > 0$);

(4) 微分环节,传递函数为 $G(s) = s$ 或 $G(s) = Ts$ ($T > 0$);

(5) 一阶微分环节,传递函数为 $G(s) = Ts + 1$ ($T > 0$),此环节虽可由比例加微分两环节组合得到,但把它作典型环节还是方便的;

(6) 二阶振荡环节,传递函数为 $G(s) = \dfrac{1}{T^2 s^2 + 2\xi Ts + 1}$ 或

$$G(s) = \frac{\omega_n^2}{s^2 + 2\xi \omega_n s + \omega_n^2} \quad (T > 0, \omega_n > 0, 0 < \xi < 1)$$

(7) 二阶微分环节,传递函数为 $G(s) = T^2 s^2 + 2\xi Ts + 1$。

2. 不同环节的传递函数

以下将以实际元件为例,根据它们的微分方程表达式,推导出典型环节的传递函

数,并提出它们的表示方法和分析它们的工作特性。

1) 比例环节

比例环节具有输出不失真、不延滞、成比例地复现输入的特性。

图 2-8　运算放大器

图 2-8 所示为一运算放大器,若认为运算放大器的增益为无限大,则输出电压、输入电压的关系式为

$$u_c = Ku_r$$

式中,u_c 为输出电压;u_r 为输入电压;K 为比例环节的放大系数,$K = R_r/R_0$。

在应用运算放大器时,往往是反相端输入,因此输出电压、输入电压的相位相反,在上述关系式中就出现了负号。在求这种元件的传递函数时,为了方便,可以暂不考虑输出、输入间的符号关系,仍取传递函数为正号,本书以后就按此规定办理。整个系统当然必须也很容易处理这些符号关系,特别在实际系统的连接中,一定要注意电路中电压的极性,避免把负反馈接成正反馈。

若撇开元件的具体物理属性,上述元件的输入和输出的关系可表示为

$$C(s) = KR(s)$$

由此可知比例环节的传递函数为

$$G(s) = \frac{C(s)}{R(s)} = K$$

比例环节没有惯性,没有过渡过程,故称之为无惯性环节或放大环节。其一般输入信号响应如图 2-9 所示。

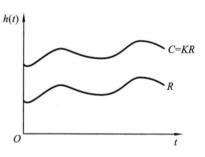

图 2-9　比例环节一般输入信号响应

2) 惯性环节

惯性环节的传递函数为

$$G(s) = \frac{1}{Ts+1} \quad (T > 0)$$

其运动方程为

$$T\frac{\mathrm{d}y(t)}{\mathrm{d}t} + y(t) = Kx(t)$$

式中,K 为放大系数;T 为时间常数。

惯性环节的特点是:当输入阶跃变化时,环节具有惯性,输出不能立即按比例复现输入,而是按单指数曲线规律变化。这是由于惯性环节的物理系统中含有一个储能元件,如 RC 电路中的电容 C 储存电场能量。因为系统中有储能元件,所以能量的储存与释放需要一个过程,所以当输入突变时,输出量不能突变。惯性环节的单位阶跃响应如图 2-10 所示。

3）积分环节

积分环节的传递函数为

$$G(s) = \frac{1}{s} \quad 或 \quad G(s) = \frac{1}{Ts} \quad (T > 0)$$

其运动方程为

$$\frac{\mathrm{d}y(t)}{\mathrm{d}t} = Kx(t)$$

式中，K 为放大系数（s^{-1}）。

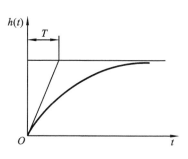

图 2-10　惯性环节单位阶跃响应

积分环节具有下列特性：输出的变化速度和

输入的变化速度成正比。因此，即使在稳态时，因仍然要保持上述关系，就不存在输入的稳态值和输出的稳态值之间的固定关系。如图 2-11 所示的积分放大器，当放大器的开环增益趋于无穷大时，其传递函数为 $G(s) = \dfrac{1}{RCs}$。图 2-12 所示为积分环节的单位阶跃响应曲线。

图 2-11　积分放大器

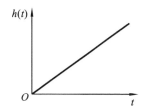

图 2-12　积分环节单位阶跃响应

4）微分环节

微分环节的传递函数为

$$G(s) = s \quad 或 \quad G(s) = Ts \quad (T > 0)$$

其运动方程为

$$y(t) = K \frac{\mathrm{d}x(t)}{\mathrm{d}t}$$

式中，K 为放大系数（s）。

微分环节的特点是：输出 $y(t)$ 与输入 $x(t)$ 的导数成正比。在物理系统中，微分环节不独立存在，而是和其他环节一起出现。有些元件如果自身惯性很小，其传递函数可以近似地看作微分环节。如电枢控制的直流电动机原理图（见图 2-13），当负载电阻很大时，可近似地看作微分环节。下面推导其传递函数。

电动机的转速与电动势成正比，即

$$e = K_e \frac{\mathrm{d}\theta}{\mathrm{d}t}$$

式中，K_e 为比例系数；θ 为电动机转角。

图 2-13　电枢控制直流电动机

当电动机接入负载 R_L 时,其电压平衡方程为

$$L_a \frac{\mathrm{d}i_a}{\mathrm{d}t} + (R_a + R_L)i_a = e$$

式中,L_a 为电动机电枢绕组电感;R_a 为电枢绕组电阻。

其输出电压为

$$u_L = R_L i_a$$

将以上三式联立,整理得

$$T \frac{\mathrm{d}u_L}{\mathrm{d}t} + u_L = K \frac{\mathrm{d}\theta}{\mathrm{d}t}$$

其传递函数为

$$G(s) = \frac{Ks}{Ts + 1}$$

式中　　　　　$T = L/(R_a + R_L), \quad K = K_e R_L/(R_a + R_L)$

可见,当负载电阻 R_L 很大时,$T=L/(R_a+R_L)$ 很小,可忽略不计。这时传递函数就变为

$$G(s) = K_L s$$

当输入为单位阶跃函数时,微分环节的单位阶跃响应为在时刻 $t=0$ 出现的脉冲(见图 2-14)。

图 2-14　微分环节单位阶跃响应

5)一阶微分环节

一阶微分环节的传递函数为

$$G(s) = Ts + 1 \quad (T > 0)$$

其运动方程为

$$y(t) = T \frac{\mathrm{d}x(t)}{\mathrm{d}t} + x(t)$$

式中,T 为时间常数。

一阶微分环节的特点是:输出 $y(t)$ 与输入 $x(t)$ 及其一阶导数之和成正比。与微

分环节一样,一阶微分环节在物理系统中不独立存在,作为运动特性来讲,它是一个类型。一阶微分环节的单位阶跃响应如图 2-15 所示,它在时刻 $t=0$ 有一个脉冲,在 $t>0$ 时与输入 $x(t)$ 成正比。

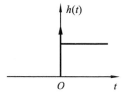

图 2-15　一阶微分环节单位阶跃响应

6) 二阶振荡环节

二阶振荡环节的传递函数为

$$G(s) = \frac{1}{T^2 s^2 + 2\xi T s + 1}$$

或

$$\frac{\omega_n^2}{s^2 + 2\xi\omega_n s + \omega_n^2} \quad (0 < \xi < 1)$$

其运动方程为

$$\frac{1}{\omega_n^2}\frac{\mathrm{d}^2 y(t)}{\mathrm{d}t^2} + 2\xi\frac{1}{\omega_n}\frac{\mathrm{d}y(t)}{\mathrm{d}t} + y(t) = x(t)$$

式中,T 为时间常数;ω_n 为无阻尼自由振荡频率,$\omega_n = 1/T$;ξ 为阻尼比。

属于振荡环节的例子有图 2-3 所示的 LRC 电路等。这一环节的特点是:在组成这一环节的系统中含有两种储能元件。如在 LRC 电路中,一种储能元件是电容 C,它储存电场能量,另一种储能元件是电感 L,它储存磁场能量。因此,当输入量突变时,在一定条件下,系统中的两种能量互相转换而产生振荡。在振荡过程中,能量逐渐消耗在耗能元件电阻上,最后振荡结束,系统达到新的平衡状态。图 2-16 所示为振荡环节的单位阶跃响应。

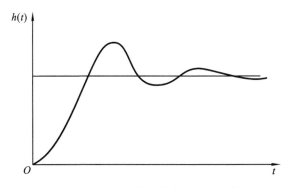

图 2-16　二阶振荡环节单位阶跃响应

7) 二阶微分环节

二阶微分环节的传递函数为

$$G(s) = T^2 s^2 + 2\xi T s + 1$$

其运动方程为

$$y(t) = T^2\frac{\mathrm{d}^2 x(t)}{\mathrm{d}t^2} + 2\xi T\frac{\mathrm{d}x(t)}{\mathrm{d}t} + x(t) \quad (0 < \xi < 1)$$

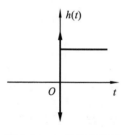

图 2-17　二阶微分环节单位阶跃响应

二阶微分环节的特点是输出 $y(t)$ 与输入 $x(t)$ 及其一阶导数和二阶导数之和成正比。二阶微分环节在物理上也不独立存在。二阶微分环节的单位阶跃响应如图 2-17 所示。

以上七种典型环节表示系统或元件存在的基本运动形式，并不是具体的物理装置或元件。一个典型环节可以表示多种物理元件或系统的运动规律；同样，同一元件，如果取不同的变量作为输入量和输出量，其传递函数也会由不同的典型环节组成。表 2-4 列出了典型环节所对应的若干实例。

表 2-4　典型环节及其实例

环　　节	液 压 系 统	机 械 系 统	电 系 统
放大环节 K	$Q \rightarrow \boxed{\dfrac{J}{A}} \rightarrow V$	$V_1 \rightarrow \boxed{\dfrac{n_1}{n_2}} \rightarrow V_2$	$U \rightarrow \boxed{\dfrac{1}{R}} \rightarrow I$
惯性环节 $\dfrac{K}{Ts+1}$	$P \rightarrow \boxed{\dfrac{\frac{A}{k}}{\frac{c}{k}s+1}} \rightarrow X$	$Y \rightarrow \boxed{\dfrac{1}{\frac{c}{k}s+1}} \rightarrow X$	$E_i \rightarrow \boxed{\dfrac{1}{RCs+1}} \rightarrow E_o$
积分环节 $\dfrac{K}{s}$	$Q \rightarrow \boxed{\dfrac{\frac{1}{A}}{s}} \rightarrow X$	$N \rightarrow \boxed{\dfrac{zD}{s}} \rightarrow X$	$I \rightarrow \boxed{\dfrac{\frac{1}{C}}{s}} \rightarrow E_o$

环 节	液 压 系 统	机 械 系 统	电 系 统
微分环节 Ks			
振荡环节 $\dfrac{K}{T^2 s^2 + 2\xi T s + 1}$			

2.4 控制系统的框图及其简化

微分方程、传递函数等数学模型都是用纯数学表达式来描述系统特性,不能反映系统中各元部件对整个系统性能的影响;系统原理图虽然反映了系统的物理结构,但又缺少系统中各变量间的定量关系。本节介绍的框图(或称结构图、方框图等)既能描述系统中各变量间的定量关系,又能明显地表示系统中各部件对系统性能的影响。

一个系统,特别是一个复杂系统,总是由若干个环节按一定的关系组成的,将这些环节用方框来表示,其间用相应的变量及其信号流向联系起来,就构成了系统的框图(见图 2-18)。系统框图具体而形象地表示了系统内部各环节的数学模型、各变量之间的相互关系以及信号的流向。系统框图本身就是控制系统数学模型的一种图解表示法,具有很多优点:①可以形象地反映系统中各环节、各变量之间的定性和定量关系;②提供了关于系统动态特性的有关信息,并且可以揭示和评价每个组成环节对系统的影响;③利用框图可以简化系统,并方便地列写整个系统的数学表达式形式的

(a)   (b)

图 2-18 控制系统的框图

(a)用文字表述 (b)用符号表述

传递函数;④系统框图可以很方便地转换成系统的频率特性,便于在频域中对系统进行分析和研究。

2.4.1　控制系统框图的构成要素及建立

1. 构成要素

控制系统框图是由许多对信号进行单向运算的方框和一些连线组成的,它包括四种基本单元。

（1）信号线　信号线为带有箭头的直线,箭头表示信号的传递方向,线上标记该信号的拉普拉斯变换。

（2）方框　方框表示对信号进行的数学变换,方框中写入环节或系统的传递函数,如图 2-19 所示。方框的输出量等于输入量与传递函数的积,即 $C(s)=G(s)R(s)$。

（3）相加点（比较点）　相加点对两个以上的信号进行加减运算,"+"号表示相加,"-"号表示相减,如图 2-20 所示,有时"+"号省略不写。

（4）分支点（引出点、测量点）　分支点表示信号引出或测量的位置。从同一位置引出的信号,在数值和性质方面完全相同,如图 2-21 所示。

图 2-19　传递函数方框　　　　图 2-20　相加点　　　　图 2-21　分支点

2. 建立系统框图的步骤

（1）建立控制系统各元部件的微分方程。在建立微分方程时,应分清输入量、输出量,同时考虑相邻元件之间是否有负载效应。

（2）对各元件的微分方程进行拉普拉斯变换,并作出各元件的框图。

（3）按照控制系统中各变量信号传递的顺序,依次将各元件的框图连接起来,置系统输入量于左端,输出量(即被控量)于右端,便得到系统的框图。

例 2-6　试绘制图 2-22 的 RC 无源网络的框图。

解　将 RC 无源网络看成一个系统,系统的输入量为 $u_i(t)$,输出量为 $u_o(t)$。

图 2-22　RC 无源网络

① 根据基尔霍夫定律写出系统各部件的微分方程,即

$$u_i = i_1 R_1 + u_o$$

$$u_o = i R_2$$

$$\frac{1}{C}\int i_2 \, dt = i_1 R_1$$

$$i_1 + i_2 = i$$

② 在零初始条件下对上述微分方程进行拉普拉斯变换，得

$$U_i(s) = I_1(s)R_1 + U_o(s) \tag{a}$$

$$U_o(s) = I(s)R_2 \tag{b}$$

$$I_2(s)\frac{1}{Cs} = I_1(s)R_1 \tag{c}$$

$$I_1(s) + I_2(s) = I(s) \tag{d}$$

根据以上各式画出各元件的框图，如图 2-23(a)～(d)所示。

③ 用信号线按信号流向依次将各框图连接起来，得到 RC 无源网络框图，如图 2-16(e)所示。

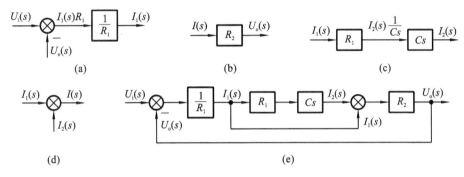

图 2-23　RC 无源网络框图的建立

(a)式(a)的框图　(b)式(b)的框图　(c)式(c)的框图　(d)式(d)的框图　(e)整个系统的框图

例 2-7　图 2-24 所示为一个电压测量装置，也是一个反馈控制系统，e_1 是待测量电压，e_2 是指示的电压测量值。如果 e_2 不同于 e_1，就产生误差电压 $e = e_1 - e_2$，经调制、放大以后，驱动两相伺服电动机运转，并带动测量指针移动，直至 $e_2 = e_1$，这时指针指示的电压即是待测量的电压值。试绘制系统的框图。

图 2-24　电压测量装置原理图

解　由图 2-24 可知,系统由比较电路、机械调制器、两相伺服电动机及指针机构组成。

① 列写各元件的运动方程。

对于比较电路,有

$$e = e_1 - e_2$$

对于调制器,有

$$u_\sim = e$$

对于放大器,有

$$u_d = K_A e$$

两相伺服电动机机械特性线性化方程为

$$M_m = -C_\Omega \frac{\mathrm{d}\theta_m}{\mathrm{d}t} + M_s$$

式中,M_m 为电动机输出转矩;θ_m 为电动机角位移;M_s 为电动机堵转转矩;C_Ω 为电动机阻尼系数,即机械特性线性化的直线斜率。

堵转转矩为

$$M_s = C_M u_d$$

式中,C_M 为电动机转矩常数。

暂不考虑负载转矩,则电动机输出转矩 M_m 用来驱动负载并克服黏性摩擦,故得转矩平衡方程为

$$M_m = J_m \frac{\mathrm{d}^2 \theta_m}{\mathrm{d}t^2} + f_m \frac{\mathrm{d}\theta_m}{\mathrm{d}t}$$

式中,J_m 为折算到电动机上的总转动惯量;f_m 为折算到电动机上的总黏性摩擦系数。

对于绳轮传动机构,有

$$L = r\theta_m$$

式中,r 为绳轮半径;L 为指针位移。

对于测量电位器,有

$$e_2 = K_1 L$$

式中,K_1 为电位器传递系数。

② 在零初始条件下对以上各式进行拉普拉斯变换。

对于比较电路,有

$$E(s) = E_1(s) - E_2(s)$$

对于调制器,有

$$U_\sim(s) = E(s)$$

对于放大器,有

$$U_d(s) = K_A E(s)$$

对于两相伺服电动机,有

$$M_{\mathrm{m}} = -C_{\Omega}s\theta_{\mathrm{m}}(s) + M_{\mathrm{s}}$$

$$M_{\mathrm{s}} = C_{\mathrm{M}}U(d)$$

$$M_{\mathrm{m}} = J_{\mathrm{m}}s^2\theta_{\mathrm{m}}(S) + f_{\mathrm{m}}s\theta_{\mathrm{m}}(s)$$

对于绳轮传动机构,有

$$L(s) = r\theta_{\mathrm{m}}(s)$$

对于测试电位器,有

$$E_2(s) = K_1L(s)$$

根据以上各式画出各元部件的框图,如图 2-25(a)~(f)所示。

③ 画系统结构图。

用信号线按信号传递方向依次将各元部件的框图连接起来,再在放大器环节的部分加入反馈环节(见图 2-25(g)),便得到系统的框图(见图 2-25(h))。

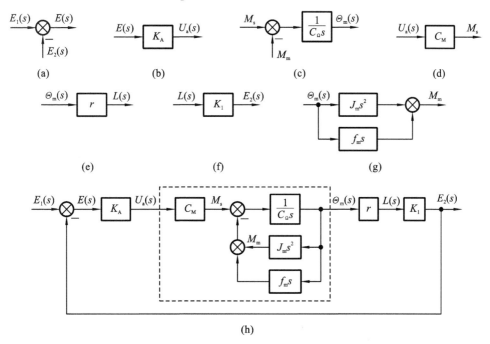

图 2-25　电压测量装置系统框图的建立

(a)比较电路的框图　(b)调制器的框图　(c)放大器的框图

(d)两相伺服电动机的框图　(e)绳轮传动机构的框图　(f)测试电位器的框图

(g)在放大器环节加入反馈环节的框图　(h)整个系统的框图

2.4.2　控制系统框图的连接方式

传递函数框图的连接方式主要有三种:串联、并联和反馈连接。

1. 环节的串联

环节的串联是很常见的一种结构形式,其特点是,前一个环节的输出信号为后一个环节的输入信号,如图 2-26 所示。

图 2-26　环节的串联

对于每一个环节的框图,有

$$G_1(s) = \frac{X_1(s)}{R(s)}, \quad G_2(s) = \frac{X_2(s)}{X_1(s)}, \quad G_3(s) = \frac{C(s)}{X_2(s)}$$

它们的乘积为

$$G(s) = G_1(s)G_2(s)G_3(s) = \frac{C(s)}{R(s)} \qquad (2\text{-}23)$$

式(2-23)表明,若干环节的串联可以用一个等效环节去代替,等效环节的传递函数为各个串联环节的传递函数之积,即

$$G(s) = \prod_{i=1}^{n} G_i(s)$$

应当指出,只有当无负载效应即前一环的输出量不受后面环节影响时,上式才有效。例如,图 2-27(c)中的电路是由图 2-27(a)和(b)的电路串联组成的,然而前者的传递函数却并不等于后两者传递函数之积,原因是存在负载效应。如果在后两个电路之间加入隔离放大器,如图 2-27(d)所示,由于放大器的输入阻抗很大,输出阻抗很小,负载效应可以忽略不计,这时式(2-23)就完全有效了。

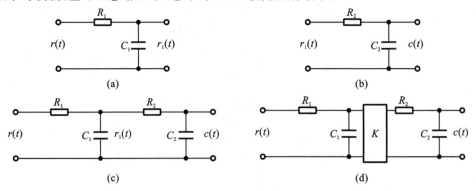

图 2-27　电路的串联

(a)电路1　(b)电路2　(c)两电路串联　(d)加放大器

2. 环节的并联

环节的并联的特点是各环节的输入信号相同,输出信号相加(或相减),如图2-28所示。由图可知

$$C(s) = C_1(s) + C_2(s) + C_3(s)$$

而

$$G_1(s) = \frac{C_1(s)}{R(s)}, \quad G_2(s) = \frac{C_2(s)}{R(s)}, \quad G_3(s) = \frac{C_3(s)}{R(s)}$$

故总的传递函数为

$$G(s) = \frac{C(s)}{R(s)} = G_1(s) + G_2(s) + G_3(s)$$

以上结论可推广到一般情况,当由 n 个环节并联连接,其输出信号相加时,有

$$G(s) = \sum_{i=1}^{n} G_i(s) \tag{2-24}$$

图 2-28 环节的并联

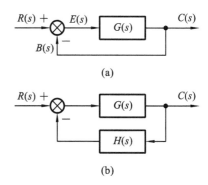

图 2-29 反馈系统

(a)单位负反馈系统 (b)非单位反馈系统

3. 反馈连接

若将系统或环节的输出信号反馈到输入端,与输入信号进行比较,如图 2-19 所示,就构成了反馈连接。若反馈信号与参考输入信号的极性相反,称为负反馈连接。反之,则为正反馈连接。图 2-29(a)为单位负反馈系统的框图。在有些情况下,系统的输出量和输入量不是相同的物理量。为了进行比较,需要在反馈通道中设置一个变换装置,使反馈回来的信号具有与输入信号相同的量纲,如图 2-29(b)所示。这样,就形成了非单位反馈系统。

构成反馈连接后,信息的传递形成了封闭的路线,形成了闭环控制。通常把闭环路线视作由信号两条传递信号的通道组成:一条是前向通道,即由信号输入点伸向信号引出点的通道;另一条为反馈通道,即把输出信号反馈到输入端的通道。

对于负反馈连接,比较环节输出端为参考输入信号 $r(t)$ 和反馈信号 $b(t)$ 之差,称为偏差信号 $e(t)$,即

$$e(t) = r(t) - b(t)$$

或
$$E(s) = R(s) - B(s)$$

通常把反馈信号与偏差信号的拉普拉斯变换式之比,定义为开环传递函数,即

$$G(s) = \frac{C(s)}{E(s)}$$

显然,当采用单位负反馈,即 $H(s)=1$ 时,开环传递函数即为前向通道传递函数。

对于负反馈连接,有

$$C(s) = \left[R(s) - H(s)C(s) \right] G(s)$$

由此可得闭环传递函数

$$G_{\mathrm{B}}(s) = \frac{C(s)}{R(s)} = \frac{G(s)}{1 + G(s)H(s)} \tag{2-25}$$

对于正反馈连接,则有

$$\frac{C(s)}{R(s)} = \frac{G(s)}{1 - G(s)H(s)} \tag{2-26}$$

2.4.3　控制系统框图的等效变换与简化

对于实际系统,特别是自动控制系统,通常要用多回路的框图来表示,如大环回路套小环回路,很复杂。在对系统进行分析时,常常需要对框图作一定的变换。特别是在多回路和几个输入信号的情况下,更需要对框图进行变换、组合与简化,以便求出总的传递函数。这里的变换主要是指某些框图作位置上的变换,以及增加或取消一些框图。所谓等效变换是指变换前后输入、输出总的数学关系保持不变。

对于一些多回路的实际系统,常会出现框图交错连接的情况,这就要通过分支点或相加点的移动来消除各种连接方式之间的交叉,然后再进行等效变换和简化。

1. 分支点移动规则

同一信号由一节点分开向不同方向传递的点称为分支点。分支点可以相对于方框作前移或后移。

(1) 分支点前移　若分支点由方框之后移到方框之前,为保持等效,必须在分支回路上串入具有相同函数的方框,如图 2-30(a)所示。

(2) 分支点后移　若分支点由方框之前移到方框之后,为保持等效,必须在分支回路上串入具有相同函数倒数的方框,如图 2-30(b)所示。

2. 相加点移动规则

信号在该节点进行代数和运算的点称为相加点。相加点可以相对于方框作前移或后移。

(1) 相加点前移　若相加点由方框之后移到方框之前,为保持等效,必须在分支回路上串入具有相同函数的倒数的方框,如图 2-31(a)所示。

(2) 相加点后移　若相加点由方框之前移到方框之后,为保持等效,必须在分支

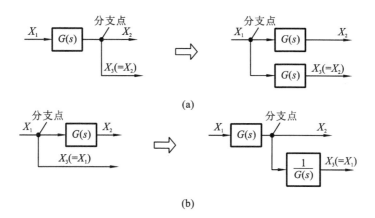

图 2-30　分支点移动规则

（a）分支点前移　　（b）分支点后移

回路上串入具有相同函数的方框，如图 2-31（b）所示。

图 2-31　相加点移动规则

（a）相加点前移　　（b）相加点后移

3. 相加点之间、分支点之间相互移动规则

相加点之间、分支点之间的相互移动，均不改变原有的数学关系，因此，可以互相移动，如图 2-32 所示。但分支点和相加点之间不能互相移动，因为它们并不等效。

有了以上这些基本规则，就可以对较为复杂的框图进行简化，其基本步骤为：

（1）将框图化为标准表达形式，输入 $R(s)$ 在左，输出 $C(s)$ 在右；

（2）利用移动规则，消除交叉；

（3）利用串、并联规则，简化支路；

（4）利用反馈规则，简化内环、外环；

（5）最终得到的一个框图，就是系统的传递函数。

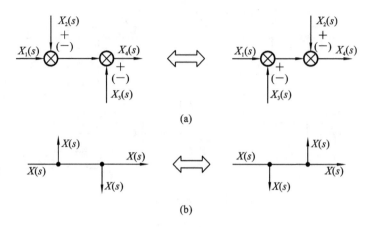

图 2-32　相加点之间、分支点之间互相移动

（a）相加点互移　（b）分支点互移

下面举例说明框图的变换和简化过程。

例 2-8　设系统传递函数框图为图 2-33(a)，试对其进行简化，并求其传递函数。

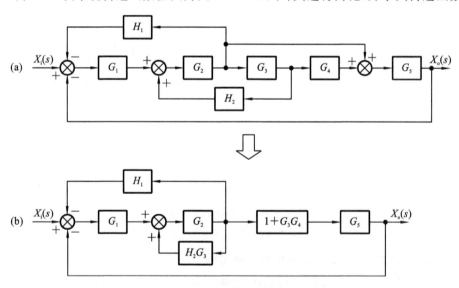

图 2-33　系统框图的简化

（a）简化前的框图　（b）简化后的框图

解　本例中，与 G_3、G_4 有一个并联的支路，又与 H_2 交叉。可先将 H_2 的分支点后移，然后合并并联支路，最后根据反馈规则逐一消去反馈回路，即可得到简化后的框图（见图 2-33(b)），该系统的闭环传递函数如下：

$$G_{\mathrm{B}}(s) = \frac{G_1 G_2 G_5 (1 + G_3 G_4)}{1 + G_1 G_2 H_1 + (1 + G_3 G_4) G_1 G_2 G_5 - G_2 G_3 H_2}$$

例 2-9　设多环系统的框图为图 2-34(a)，试对其进行简化。

解　该系统的标准形式已经给出，因此系统的简化可以直接从第二步开始。系统中有两个相互交替的局部反馈回路，因此在简化时首先应将信号引出点式信号会合点移到适当的位置，将系统框图变换为无交错反馈的图形，将 G_5 输入端的信号引出点移至点 A，移动时遵守上述的两条原则。然后利用环节串联和反馈连接的规则依次简化支路、内环、外环，其中，图 2-34(b)简化了 G_6 内环的所有环节，图 2-34(c)简化了 G_7 内环的所有环节，最后得到了简化后的框图（见图 2-34(d)）。

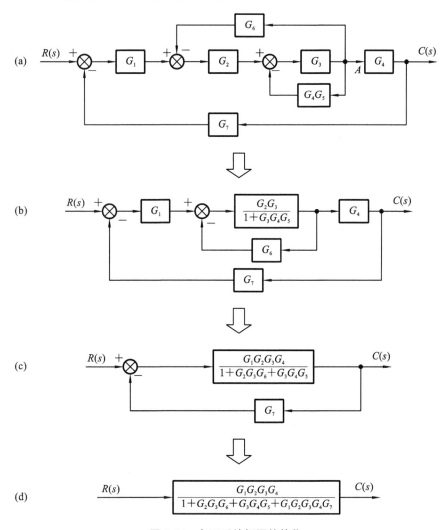

图 2-34　多环系统框图的简化

(a)简化前的框图　(b)简化 G_6 内环　(c)简化 G_7 内环　(d)简化后的框图

2.4.4　输入和干扰同时作用下的系统传递函数

控制系统在工作过程中一般会受到两类输入作用。一类是有用的输入,也称为给定输入、参考输入或理想输入等;另一类则是干扰,也称为扰动。给定输入通常加在控制装置的输入端,也就是系统的输入端;干扰输入一般作用在被控对象上。为了尽可能消除干扰对系统输出的影响,一般采用反馈控制的方式,将系统设计成闭环反馈系统。一个考虑扰动的反馈控制系统的典型结构可用图 2-35 来表示。

图 2-35　考虑扰动的反馈控制系统的典型框图

1. 给定输入信号 $R(s)$ 作用下的系统传递函数

令干扰信号 $N(s)=0$,则系统的框图为图 2-36,闭环系统的传递函数为

$$G_{B_i}(s) = \frac{C_1(s)}{R(s)} = \frac{G_1(s)G_2(s)}{1+G_1(s)G_2(s)H(s)} \tag{2-27}$$

可见,在给定输入 $R(s)$ 作用下的输出 $C(s)$ 只取决于系统的闭环传递函数和给定的输入 $R(s)$ 的形式。

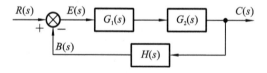

图 2-36　给定输入信号作用下的系统框图

2. 干扰信号 $N(s)$ 作用下的系统传递函数

令系统的给定输入信号 $R(s)=0$,则系统框图为图 2-37。

图 2-37　干扰信号作用下的系统框图

$N(s)$ 作用下的系统传递函数为

$$G_N(s) = \frac{C_2(s)}{N(s)} = \frac{G_2(s)}{1+G_1(s)G_2(s)H(s)} \tag{2-28}$$

3. 给定输入信号 $R(s)$ 和干扰信号 $N(s)$ 共同作用下的系统输出

给定输入信号 $R(s)$ 和干扰信号 $N(s)$ 共同作用于线性系统时,系统总输出是两输出的线性叠加,故总输出为

$$C(s) = C_1(s) + C_2(s)$$

$$= \frac{G_1(s)G_2(s)}{1 + G_1(s)G_2(s)H(s)} R(s) + \frac{G_2(s)}{1 + G_1(s)G_2(s)H(s)} N(s)$$

$$= \frac{G_2(s)}{1 + G_1(s)G_2(s)H(s)} [G_1(s)R(s) + N(s)] \tag{2-29}$$

如果在系统设计中确保 $|G_1(s)G_2(s)H(s)| \gg 1$ 和 $|G_1(s)H(s)| \gg 1$ 时,干扰信号引起的输出将很小。于是有

$$C_2(s) = \frac{G_2(s)}{1 + G_1(s)G_2(s)H(s)} N(s) \approx \frac{1}{G_1(s)H(s)} N(s)$$

这时,系统总的输出为

$$C(s) \approx \frac{1}{H(s)} R(s) + \frac{1}{G_1(s)H(s)} N(s) \approx \frac{1}{H(s)} N(s) \tag{2-30}$$

因此,闭环系统能使干扰引起的输出很小。或者说,闭环反馈系统能有效地抑制干扰对系统的影响,这是闭环控制能获得很高控制精度的一个重要原因。通过反馈回路组成的闭环系统能使系统输出只随输入而变化,不管外来干扰如何变化,系统的输出总是保持不变或变化很小。

如果系统没有反馈回路,即 $N(s) = 0$,则系统成为一个开环系统,这时,干扰 $N(s)$ 引起的输出 $C_2(s) = G_2(s)N(s)$ 将无法消除,全部形成误差从系统输出。

由此可见,通过负反馈回路所组成的闭环控制系统具有较强的抗干扰能力。同时,系统的输出主要取决于反馈回路的传递函数和输入信号,与前向通道的传递函数几乎无关。特别地,若 $H(s) = 1$,则系统为单位反馈系统,这时,系统的输出 $C(s) \approx R(s)$,从而系统几乎实现了对输入信号的完全复现,这在实际工程设计中是非常有意义的。干扰不可避免的,但只要对控制系统中的元器件选择合适的参数,就可以使干扰的影响达到最小,这正是反馈控制的规律之一。

2.5　机电控制系统传递函数推导举例

前述章节主要介绍了控制系统数学模型的基本概念、解析建模的方法和步骤,以及数学模型的图解表示方法。下面通过实例进一步说明如何把机电控制系统抽象为数学模型,如何用解析方法和图解方法来推导系统的传递函数。必须重申,建立机电控制系统数学模型是分析系统性能关键性的步骤。通常,处理问题的方法是:首先建立一个简单的模型,并尽可能是线性的,而不管系统中可能存在的某些严重非线性和其他实际特性,从而得到近似的系统动态响应;然后为了更完整的分析,再建立一个更加精确的模型。

1. 机床进给传动链

图 2-38 所示为机床进给传动链，伺服电动机通过二级减速齿轮及丝杠螺母驱动工作台。这种传动链常用于工作台的位置伺服控制系统。为研究机床工作台的定位精度，必须建立机床进给传动链的数学模型，以了解其动态性能对加工精度的影响。

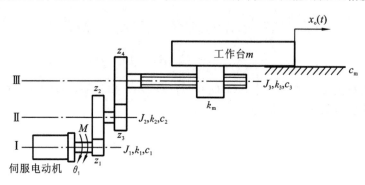

图 2-38　机床进给传动链

图 2-38 中，J_1、J_2、J_3 分别为轴 Ⅰ、轴 Ⅱ、轴 Ⅲ 上的转动惯量；c_1、c_2、c_3 分别为轴 Ⅰ、轴 Ⅱ、轴 Ⅲ 上的黏性阻尼系数；k_1、k_2、k_3 分别为轴 Ⅰ、轴 Ⅱ、轴 Ⅲ 上的刚度系数；m 为工作台等移动部件的质量；c_m 为工作台移动时的黏性阻尼系数；k_m 为丝杠螺母副的刚度系数；T 为作用转矩。

下面推导以伺服电动机的转角 $\theta_1(t)$ 为输入量、工作台的位移 $x_o(t)$ 为输出量时该进给传动链的传递函数。首先可将其抽象为一个简单的动力学系统模型，抽象的过程就是质量、转动惯量、黏性阻尼系数、刚度系数等的折算过程。

当负载为零时，轴 Ⅰ 的转矩平衡方程式为

$$J \frac{\mathrm{d}^2 \theta_m(t)}{\mathrm{d}t^2} + c \frac{\mathrm{d}\theta_m(t)}{\mathrm{d}t} + k(\theta_m - \theta_1) = 0 \tag{2-31}$$

式中，θ_1 为伺服电动机输入至轴 Ⅰ 的转角；θ_m 为工作台位移 $x_o(t)$ 折算到轴 Ⅰ 上的等效当量转角，且

$$\theta_m = \frac{1}{n_1 n_2} \frac{2\pi}{L} x_o(t) \tag{2-32}$$

其中，$n_1 = z_1/z_2$，$n_2 = z_3/z_4$，L 为丝杠螺距。

$\theta_m - \theta_1$ 为轴 Ⅰ 在转矩作用下的相对转角；J、c、k 分别为工作台及各轴折算到轴 Ⅰ 上的等效总转动惯量、等效总黏性阻尼系数和等效总刚度系数，其值可按下式计算：

$$J = J_1 + n_1^2 J_2 + (n_1 n_2)^2 J_3 + \left(\frac{L}{2\pi} n_1 n_2\right)^2 m \tag{2-33}$$

$$c = c_1 + n_1^2 c_2 + (n_1 n_2)^2 c_3 + \left(\frac{L}{2\pi} n_1 n_2\right)^2 c_m \tag{2-34}$$

$$k = \cfrac{1}{\cfrac{1}{k_1} + \cfrac{1}{n_1^2 k_2} + \cfrac{1}{(n_1 n_2)^2 k_3} + \cfrac{1}{\left(\cfrac{L}{2\pi} - n_1 n_2\right)^2 k_m}} \qquad (2\text{-}35)$$

将式(2-32)代入式(2-31),得

$$J \frac{\mathrm{d}^2 x_o(t)}{\mathrm{d}t^2} + c \frac{\mathrm{d}x_o(t)}{\mathrm{d}t} + k x_o(t) = \frac{L}{2\pi} n_1 n_2 k \theta_o(t) \qquad (2\text{-}36)$$

对式(2-36)等号两边进行拉普拉斯变换,整理后可得系统传递函数为

$$G(s) = \frac{X_o(s)}{\theta_o(s)} = \frac{\dfrac{L}{2\pi} n_1 n_2 k}{J s^2 + cs + k} \qquad (2\text{-}37)$$

由式(2-37)可见,这是一个二阶系统,由比例环节 $\dfrac{L}{2\pi} n_1 n_2$ 和二阶振荡环节组成。

2. 车削过程建模

图 2-39 所示为机床的车削过程。由图可知,实际切削深度 u 引起切削力 $f(t)$,切削力 $f(t)$ 作用于刀具、机床,引起刀具和机床、工件的变形,可将它们都折算到刀架上,看成是刀架产生的变形 $x_o(t)$。刀架变形 $x_o(t)$ 又反馈回来引起切削深度 u 变化,从而使工件、刀具到机床构成一闭环系统。

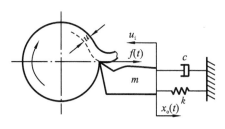

图 2-39　机床的车削过程

忽略切削过程中工件上前次切纹对切削深度的影响,当以名义切削深度 u_i 作为输入量,以刀架变形 $x_o(t)$ 作为输出量,则车削过程的传递函数可推导如下:

实际切削深度为 $u = u_i - u_o$,其拉普拉斯变换为

$$U(s) = U_i(s) - X_o(s) \qquad (2\text{-}38)$$

根据切削力动力学方程,实际切削深度 u 引起的切削力 $f(t)$ 为

$$f(t) = K_0 u(t) + C_0 \frac{\mathrm{d}u(t)}{\mathrm{d}t} \qquad (2\text{-}39)$$

式中,K_0 为切削过程系数,表示相应的切削力与切除量之比;C_0 为切削阻尼系数,表示相应的切削力与切除量变化率 $\dfrac{\mathrm{d}u(t)}{\mathrm{d}t}$ 之比。

对式(2-39)进行拉普拉斯变换,可得切削深度 $U(s)$ 与切削力 $F(s)$ 之间的切削传递函数为

$$G_0(s) = \frac{F(s)}{U(s)} = K_0(Ts + 1) \qquad (2\text{-}40)$$

式中,T 为时间常数,$T = C_0 / K_0$。

机床刀架可以抽象为一外力作用在质量块上的质量块-弹簧-阻尼器系统。所

以,$F(s)$为输入,$X_o(s)$为输出时的传递函数为

$$G_m(s) = \frac{X_o(s)}{F(s)} = \frac{1}{ms^2 + cs + k} \tag{2-41}$$

根据式(2-38)、式(2-40)和式(2-41)可绘出系统框图(见图2-40)。

$$\textbf{图 2-40}\quad\text{车削过程系统框图}$$

对车削过程这一系统来说,其开环传递函数为

$$G_K(s) = G_c(s)G_m(s) = \frac{K_0(Ts+1)}{ms^2 + cs + k} \tag{2-42}$$

该系统由比例环节、一阶微分环节和二阶振荡环节组成。

系统闭环传递函数为

$$G_B(s) = \frac{X_o(s)}{U_i(s)} = \frac{G_0(s)G_m(s)}{1 + G_0(s)G_m(s)} = \frac{K_0(Ts+1)}{ms^2 + (K_0T+c)s + (K_0+k)}$$

$$\tag{2-43}$$

3. 位置随动系统

某位置随动系统原理图为图 2-41,直流稳压电源为 E,电位器最大工作角度为 Q_m,第一级和第二级运算放大器(简称运放)的放大系数 K_1、K_2,功率放大器(简称功放)放大系数为 K_3,系统输入为 Q_r,系统输出为 Q_c。

$$\textbf{图 2-41}\quad\text{随动系统原理图}$$

根据直流稳压电源 E 和电位器最大工作角度 Q_m,可求得电位器的传递函数 $K_0 = \dfrac{E}{Q_m}$,然后根据原理图中各环节的输入、输出关系,可画出系统结构传递函数框图(见图2-42)。

进一步对图 2-42 进行简化,求得该随动系统的闭环传递函数为

图 2-42　系统传递函数框图

$$\frac{Q_o(s)}{Q_i(s)} = \cfrac{\cfrac{K_0 K_1 K_2 K_3 K_m}{s(T_m s + 1)}}{1 + \cfrac{K_2 K_3 K_m K_t}{T_m s + 1} + \cfrac{K_0 K_1 K_2 K_3 K_m}{s(T_m s + 1)}}$$

$$= \cfrac{1}{\cfrac{T_m}{K_0 K_1 K_2 K_3 K_m} s^2 + \cfrac{1 + K_2 K_3 K_m K_t}{K_0 K_1 K_2 K_3 K_m} s + 1}$$

4. 转速单闭环直流调速系统

图 2-43 为具有转速负反馈的直流电动机调速系统原理图,被调量是电动机的转速 n,给定量是给定电压 U_n^*。在电动机轴上安装测速发电机 TG,引出与被调量转速成正比的负反馈电压 U_n,U_n 与给定电压 U_n^* 相比较后,得到转速偏差电压 ΔU_n,经过比例放大器 A,产生电力电子变换器 UPE 所需的控制电压 U_c,以控制电动机转速 n。下面根据其工作原理的职能框图转化得到系统的稳态结构框图和动态传递函数的框图。

图 2-43　带转速负反馈的闭环直流调速系统原理图

(1) 确定控制系统的稳态结构框图。首先根据动力学方程求得各环节输入输出的稳态关系:

对于电压比较环节,有

$$\Delta U_n = U_n^* - U_n$$

对于放大器 A,有

$$U_c = K_p \Delta U_n$$

对于电力电子变换器 UPE,有

$$U_{d0} = K_s U_c$$

对于测速反馈环节,有

$$U_n = \alpha n$$

对于调速系统开环机械特性,有

$$n = \frac{U_{d0} - I_d R}{C_e}$$

以上诸式中,K_p 为放大器的比例系数;α 为转速反馈系数;U_{d0} 为电力电子变换器理想空载输出电压;R 为电枢回路总电阻;C_e 为机械特性系数。

根据上述五个关系式,整理消去中间变量后,即得转速负反馈闭环直流调速系统的静特性方程式为

$$n = \frac{K_p K_s U_n^* - I_d R}{C_e(1 + K_p K_s \alpha / C_e)} = \frac{K_p K_s U_n^*}{C_e(1 + K)} - \frac{R I_d}{C_e(1 + K)} \tag{2-44}$$

式中,K 为闭环系统的开环放大系数,$K = \dfrac{K_p K_s \alpha}{C_e}$。

利用上述各环节的稳态关系式可以画出闭环系统的稳态结构框图(见图 2-44)。图中有两个输入量:给定量 U_n^* 和扰动量 $-I_d R$。

图 2-44　转速负反馈闭环直流调速系统稳态结构框图

(2) 确定控制系统的动态传递函数框图。为了分析调速系统的稳定性和动态品质,必须首先建立描述系统动态物理规律的数学模型。对于连续的线性定常系统,其数学模型是常微分方程,经过拉普拉斯变换可用传递函数和框图表示。

带转速负反馈的闭环直流电动机调速系统是一个典型的运动系统,它由四个环节组成,根据系统中各环节的物理规律,列出描述该环节动态过程的微分方程,求出各环节的传递函数,组成系统的动态结构图并求出系统的传递函数。

从给定电压开始,第一个环节是比例放大器,其相应可以认为是瞬时的,所以它的传递函数就是它的放大系数,即

$$W_p(s) = \frac{U_c(s)}{\Delta U_n(s)} = K_p \tag{2-45}$$

第二个环节是电力电子变换器 UPE,不管是采用晶闸管触发整流装置还是采用

PWM 控制与变换装置来作为直流电动机调速的可控电源,都是一个纯滞后环节,其滞后作用由装置的失控时间 T_s 来决定,它们的传递函数的表达式都是相同的,即

$$W_s(s) = \frac{U_{d0}(s)}{U_c(s)} \approx \frac{K_p}{1 + T_s s} \tag{2-46}$$

式中,T_s 为晶闸管触发整流装置或 PWM 控制与变换装置的平均失控时间。

　　第三个环节是直流电动机,为了推导带转速负反馈的闭环直流电动机调速系统的传递函数框图,有必要消去电流变量 I_d,可将 I_d 的会合点前移,再进行等效变换,得到图 2-45 的形式。

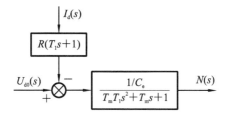

图 2-45　直流电动机动态传递函数框图变换

　　第四个环节是测速反馈环节,一般认为其响应时间是瞬时的,传递函数就是它的放大系数,即

$$W_{fn}(s) = \frac{U_n(s)}{N(s)} = \alpha \tag{2-47}$$

　　得到四个环节的传递函数以后,把它们按照信号传递的顺序相连,即可画出带转速负反馈的闭环直流电动机调速系统的传递函数框图(见图 2-46)。

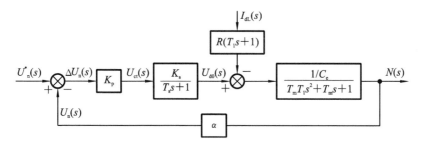

图 2-46　反馈控制闭环直流调速系统的动态传递函数框图

　　此时的调速系统可以近似看成是一个三阶线性系统。由图 2-46 可求得采用放大器的闭环直流调速系统的开环传递函数为

$$W(s) = \frac{U_n(s)}{\Delta U_n(s)} = \frac{K}{(T_s s + 1)(T_m T_1 s^2 + T_m s + 1)}$$

式中

$$K = K_p K_s \alpha / C_e$$

因此,该系统的闭环传递函数为

$$W_B(s) = \frac{N(s)}{U_n^*} = \frac{\dfrac{K_p K_s / C_e}{(T_s s + 1)(T_m T_1 s^2 + T_m s + 1)}}{1 + \dfrac{K_p K_s \alpha / C_e}{(T_s s + 1)(T_m T_1 s^2 + T_m s + 1)}}$$

$$= \frac{K_p K_s / C_e}{(T_s s + 1)(T_m T_1 s^2 + T_m s + 1) + K}$$

$$= \frac{\dfrac{K_p K_s}{C_e(1 + K)}}{\dfrac{T_m T_1 T_s}{1 + K} s^3 + \dfrac{T_m(T_1 + T_s)}{1 + K} s^2 + \dfrac{T_m + T_s}{1 + K} s + 1} \tag{2-48}$$

利用框图(见图 2-46)和传递函数式(2-48),可以进一步分析该系统的稳定性和动态性能。

习　　题

2-1　图 2-47(a)、(b)、(c)分别表示三个机械系统,x_i 为输入位移,x_o 为输出位移,试求其微分方程及传递函数。

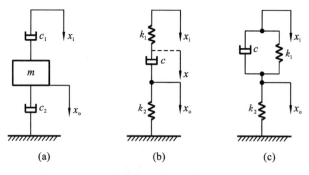

图 2-47　题 2-1 图

2-2　求下列时间函数的拉普拉斯变换:

(1) $f(t) = 0.5(1 - \cos 5t)$ 　　　　　　(2) $f(t) = e^{-0.2t} \cos 314t$

(3) $f(t) = \sin\left(5t + \dfrac{\pi}{3}\right)$ 　　　　　　(4) $f(t) = t^2 e^{-3t}$

2-3　试求图 2-48 所示无源网络的传递函数 $U_o(s)/U_i(s)$。

图 2-48　题 2-3 图

2-4　试证明图 2-49 所示电路系统(见图(a))与机械系统(见图(b))是相似系统。

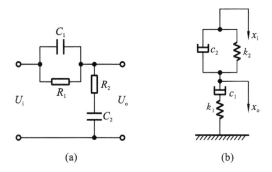

(a)　　　　　　　　(b)

图 2-49　题 2-4 图

2-5　已知控制系统结构如图 2-50 所示,试通过简化框图求系统传递函数 $C(s)/R(s)$。

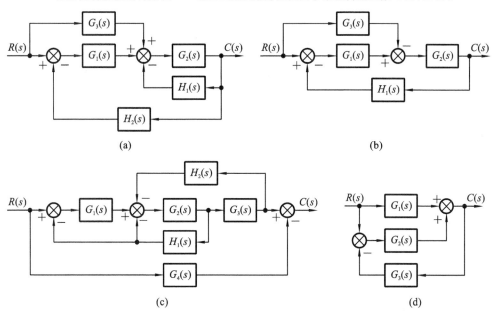

(a)　　　　　　　　(b)

(c)　　　　　　　　(d)

图 2-50　题 2-5 图

2-6　简化图 2-51 所示的系统框图,并求 $C(s)$ 的表达式。

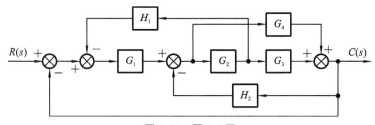

图 2-51　题 2-6 图

2-7　求图 2-52 所示系统的 $C(s)$ 输出表达式。

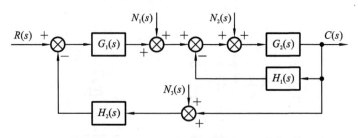

图 2-52　题 2-7 图

2-8　求图 2-53 所示系统的传递函数 $C(s)/R(s)$、$C(s)/N(s)$。欲消除干扰的影响，$G_0(s)$ 应如何选取？

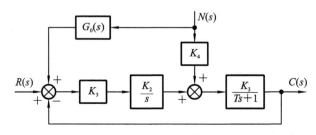

图 2-53　题 2-8 图

第3章 控制系统的时域分析

学习要点 了解系统时间响应概念及组成、典型输入信号,掌握系统特征根与系统稳定性及动态性能的关系;掌握一阶系统定义和基本参数,求解一阶系统的单位脉冲响应、单位阶跃响应;掌握二阶系统定义和基本参数,掌握二阶系统单位脉冲响应曲线、单位阶跃响应曲线形状及其振荡与系统阻尼比之间的对应关系;掌握二阶系统性能指标的定义、计算及其与系统特征参数之间的关系;了解主导极点定义及作用;掌握系统稳定性概念及其与特征根之间的关系,掌握劳斯稳定判据的应用;掌握系统误差基本概念、误差与偏差的关系,稳态误差的求法,系统输入、结构和参数及干扰对系统误差的影响。

3.1 控制系统的时域响应及其性能指标

分析和设计系统的首要工作是建立系统的数学模型。一旦建立了合理的、便于分析的数学模型,就可以对已组成的控制系统进行分析,从而得出系统性能的改进方法。

经典控制理论中常用时域分析法、根轨迹法或频域分析法来分析控制系统的性能,不同的方法有不同的特点和适用范围。所谓控制系统的时域分析法,就是给控制系统施加一个特定的输入信号,通过分析控制系统的输出响应对系统的性能进行分析。由于系统的输出量一般是时间的函数,故称这种响应为时域响应。时域分析法是一种直接在时间域中对系统进行分析的方法,具有直观、准确的优点,并且可以提供系统时间响应的全部信息,尤其适用于一、二阶系统性能的分析和计算。对二阶以上的高阶系统则多采用频域分析法和根轨迹法。

3.1.1 时间响应及组成

1. 基本概念

(1) 响应 在经典控制理论中,响应即输出,一般都能测量和观察到。能直接观察到的响应为输出。响应不仅取决于系统的内部结构和参数,而且也和系统的初始状态以及加于系统上的外界作用有关。初始状态及外界作用不同,响应则完全不同。

(2) 时间响应 系统在输入信号作用下,其输出随时间变化的规律称为时间响应。一个实际系统的输出时间响应通常如图 3-1 所示。若系统稳定,时间响应由动态响应和稳态响应组成。

图 3-1　系统的时间响应曲线

（3）动态响应　动态响应又称为瞬态响应，指系统在输入信号作用下，系统从初始状态到最终状态的响应过程。根据系统结构和参数选择情况，动态响应表现为衰减、发散或等幅振荡等几种形式。显然，一个实际运行的控制系统，其动态响应必须是衰减的，也就是说，系统必须是稳定的。对稳定系统而言，系统在某一输入信号作用下，其输出量从初始状态到稳定状态的响应过程，称为系统的动态响应，它反映了控制系统的稳定性和快速性。

（4）稳态响应　如果一个线性系统是稳定的，那么从任何初始条件开始，经过一段时间就可以认为它的过渡过程已经结束，进入了与初始条件无关而仅由外作用决定的状态，这一过程为稳态响应，即系统在某一输入信号作用下，理论上定义为当 $t \rightarrow \infty$ 时的时间响应。工程实际常给出一个稳态误差 Δ，当满足

$$|c(t) - c(\infty)| \leqslant |\Delta \cdot c(\infty)|$$

时，称系统已经进入稳态过程。稳态响应表征系统输出量最终复现输入量的程度，提供系统有关稳态误差的信息，用稳态性能来描述。

（5）过渡过程　从时间历程角度，在输入 $r(t)$ 作用下，系统从初态到达稳定状态之间会出现一个过渡过程。实际系统发生状态变化时总存在一个过渡过程，其原因是系统中总有一些储能元件，使输出量不能立即跟随其输入量的变化。在过渡过程中系统动态性能充分体现。如输出响应是否迅速（快速性），过渡过程是否有振荡及振荡程度是否剧烈（平稳性），系统最后是否收敛稳定下来（稳定性）等。

2. 时间响应的数学概念

时间响应概念可以从数学观念方面理解。线性定常系统的微分方程是非齐次常系数线性微分方程，其全解包括通解和特解。通解对应于齐次方程，由系统初始条件引起（零输入响应、自由响应）；特解由输入信号引起，包括瞬态和稳态响应。例如，考虑质量 m 和弹簧刚度 k 的单自由度系统如图 3-2 所示。

在外力 $F\cos\omega t$ 的作用下，系统的动力学方程为如下线性常微分方程：

$$m\frac{\mathrm{d}^2 y(t)}{\mathrm{d}t^2} + ky(t) = F\cos\omega t$$

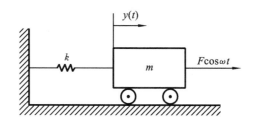

图 3-2　考虑质量 m 和弹簧刚度 k 的单自由度系统

根据微分方程解的结构理论,全解为通解和特解之和

$$y(t) = A\sin\omega_n t + B\cos\omega_n t + \frac{F}{k}\frac{1}{1-\lambda^2}\cos\omega t$$

式中,ω_n 为系统的无阻尼自由振荡频率,$\omega_n = \sqrt{k/m}$。

设 $t=0$ 时,有

$$y(t) = y(0), \quad \dot{y}(t) = \dot{y}(0)$$

则

$$A = \frac{\dot{y}(0)}{\omega_n}, \quad B = y(0) - \frac{F}{k} - \frac{1}{1-\lambda^2}$$

$$y(t) = \frac{\dot{y}(0)}{\omega_n}\sin\omega_n t + y(0)\cos\omega_n t + \frac{F}{k}\frac{1}{1-\lambda^2}\cos\omega_n t + \frac{F}{k}\frac{1}{1-\lambda^2}\cos\omega t$$

上式等号右边,第一、二项是由微分方程的初始条件引起的自由振动即自由响应;第三项是由作用力引起的自由振动,其振动频率均为自由振荡频率 ω_n,此处称之为自由振动,是指其频率 ω_n 与作用力频率 ω 完全无关,其实其幅值还是受到 F 的影响的;第四项是由作用力引起的强迫振动即强迫响应,其振动频率即为作用力频率 ω。因此,系统的时间响应可从两方面分类:按振动性质可分为自由响应与强迫响应,按振动来源可分为零输入响应与零状态响应。控制工程所要研究的往往是零状态响应。

一般情况下,设系统的动力学方程为

$$a_n\frac{\mathrm{d}x_o^{(n)}(t)}{\mathrm{d}t^n} + a_{n-1}\frac{\mathrm{d}x_o^{(n-1)}(t)}{\mathrm{d}t^{n-1}} + \cdots + a_1\frac{\mathrm{d}x_o(t)}{\mathrm{d}t} + a_0 x_o(t) = x_i(t)$$

则方程的解的一般形式为

$$x_o(t) = \sum_{i=1}^{n} A_{1i}\mathrm{e}^{s_i t} + \sum_{i=1}^{n} A_{2i}\mathrm{e}^{s_i t} + B(t)$$

式中,$s_i(i=1,2,\cdots,n)$ 为系统的特征根。

3. 一般性结论

综上所述,可得出如下一般性结论:

(1) 系统的阶次 n 和 s_i 取决于系统的固有特性,与系统的初始状态无关。

(2) 由 $x_o(t) = \mathrm{L}^{-1}[G(s)X_i(s)]$ 所求得的输出是系统的零状态响应。

(3) 系统特征根的实部影响自由响应项的收敛性。若所有特征根均具有负实部,则系统自由响应项收敛,系统稳定,此时称自由响应为瞬态响应,称强迫响应为稳态响应;若存在特征根的实部为正,则自由响应发散,系统不稳定;若存在特征根的实部为零,其余的实部为负,则自由响应等幅振荡,系统临界稳定。工程上一般视临界稳定为不稳定,因为一旦出现干扰,很可能造成系统不稳定。

(4) 特征根的虚部影响自由响应项的振荡情况。虚部绝对值越大,则自由响应项的振荡越剧烈。

3.1.2　典型输入信号

控制系统的动态性能,可以通过在输入信号作用下系统的过渡过程来评价。系统的过渡过程不仅取决于系统本身的特性,还与初始条件、外加输入信号的形式有关。一般情况下,控制系统的外加输入信号具有随机的性质而无法预先知道,而且其瞬时函数关系往往又不能以解析形式来表达。只有在一些特殊情况下,控制系统的输入信号才是确知的。

为了便于分析和设计,常采用一些典型输入信号研究系统。适当规定系统的输入信号为某些典型函数的形式,不仅使问题的数学处理系统化,而且还可以由此去推知更复杂的输入情况下的系统性能。另外,在实际中为了去除系统的外部影响来客观的分析系统本身的特性,通常设初始条件全为零,输入为典型输入信号来进行分析设计。即规定控制系统的初始状态为零,这样有

$$c(0^-) = \dot{c}(0^-) = \ddot{c}(0^-) = \cdots = 0$$

这表明在外作用加于系统之前,被控量及其各阶导数相对于平衡工作点的增量为零,系统处于相对平衡状态。

在选取上述典型信号时必须考虑下列各项原则:首先,选取的输入信号的典型形式应反映系统工作的大部分实际情况;其次,选取外加输入信号的形式应尽可能简单,以便于分析处理;最后,应选取那些能使系统工作在最不利情况下的输入信号作为典型的试验信号。

在控制工程中,常常采用的典型输入信号有表 3-1 所示的一些时间函数。

表 3-1　典型输入信号

名　称	时域表达式	频域表达式
单位脉冲函数	$\delta(t)$	1
单位阶跃函数	$u(t)$	$1/s$
单位斜坡函数	$t \cdot u(t)$	$1/s^2$
单位加速度函数	$\dfrac{1}{2}t^2 \cdot u(t)$	$1/s^3$
正弦函数	$A\sin\omega t$	$\dfrac{A\omega}{s^2+\omega^2}$

1. 阶跃函数

阶跃函数(见图 3-3(a))的表达式为

$$r(t) = \begin{cases} R, & t \geqslant 0, R = 常量 \\ 0, & t < 0 \end{cases}$$

当取 $R=1$ 时,上式称为单位阶跃函数,记作 $u(t)$,其拉普拉斯变换式也称象函数

$$L[u(t)] = \int_{0_-}^{\infty} 1 \cdot e^{-st} dt = \frac{1}{-s} e^{-st} \Big|_{0_-}^{\infty} = \frac{1}{s}$$

指令突然转换、合闸、负荷突变等,均可视为阶跃信号。阶跃信号是评价系统动态性能时应用较多的一种典型输入信号,亦称常值信号。

2. 脉冲函数

实际脉冲函数(见图 3-3(b))的表达式一般为

$$r(t) = \begin{cases} \dfrac{1}{h}, & 0 < t < h \\ 0, & t > h, t < 0 \end{cases}$$

式中,脉冲高度为 $1/h$,脉冲宽度为 h,脉冲面积等于 1。若对实际脉冲的宽度 h 取趋于零的极限,则有

$$r(t) = \begin{cases} \infty, & t = 0 \\ 0, & t \neq 0 \end{cases}$$

及

$$\int_{-\infty}^{\infty} r(t) dt = 1$$

此刻的脉冲函数称为理想单位脉冲函数,记作 $\delta(t)$,其拉普拉斯变换为

$$L[\delta(t)] = \int_{0_-}^{\infty} \delta(t) e^{-st} dt = \int_{0_-}^{0_+} \delta(t) dt = 1$$

$\delta(t)$ 是一种脉冲值很大、脉冲强度(面积)有限的短暂信号,这是现实中的抽象,只有数学意义,但它是重要的数学工具,是数字控制理论的基础。实际的脉冲信号、撞击力、武器弹射的爆发力及阵风等,均可视为理想脉冲。

3. 速度函数(或斜坡函数)

速度函数(见图 3-3(c))的表达式为

$$r(t) = \begin{cases} Rt, & t \geqslant 0, R = 常量 \\ 0, & t < 0 \end{cases}$$

若取 $R=1$,则称 $r(t)=t$ 为单位斜坡函数。速度函数表征匀速信号。其拉普拉斯变换为

$$L[t \cdot u(t)] = \int_{0_-}^{\infty} t e^{-st} dt = \frac{1}{-s} \int_{0_-}^{\infty} t d(e^{-st}) = \frac{1}{s^2}$$

数控机床加工斜面或锥体时的进给指令、机械手等速移指令以及船闸升降时主拖动系统发出的位置信号等,均可视为斜坡信号。斜坡信号也称为等速信号。

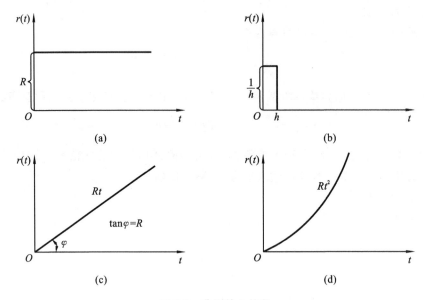

图 3-3　典型输入信号

(a)阶跃函数　(b)脉冲函数　(c)速度函数　(d)加速度函数

4. 加速度函数

加速度函数(见图 3-3(d))的表达式为

$$r(t) = \begin{cases} Rt^2, & t \geqslant 0, R = 常量 \\ 0, & t < 0 \end{cases}$$

加速度函数表征匀加速信号,其拉普拉斯变换为

$$L[r(t)] = \int_{0_-}^{\infty} t^2 e^{-st} dt = \frac{1}{-s} t^2 e^{-st} \Big|_{0_-}^{\infty} - \left(\frac{1}{-s}\right) \int_{0_-}^{\infty} 2t e^{-st} dt = \frac{2}{s^3}$$

5. 正弦函数

正弦函数 $r(t) = A\sin\omega t$ 也是常用的典型输入信号之一,其中,A 为振幅,ω 为角频率。

由指数函数的拉普拉斯变换,可以直接写出负指数函数的拉普拉斯变换为

$$L[e^{j\omega t}] = \frac{1}{s - j\omega}$$

因为

$$\frac{1}{s - j\omega} = \frac{s + j\omega}{(s + j\omega)(s - j\omega)} = \frac{s}{s^2 + \omega^2} + j\frac{\omega}{s^2 + \omega^2}$$

由公式

$$e^{j\omega t} = \cos\omega t + j\sin\omega t$$

有

$$L[e^{j\omega t}] = L[\cos\omega t + j\sin\omega t] = \frac{s}{s^2 + \omega^2} + j\frac{\omega}{s^2 + \omega^2}$$

取负指数的虚部交换,则正弦函数的拉普拉斯变换为

$$L[\sin\omega t] = \frac{\omega}{s^2 + \omega^2}$$

实际控制过程中,电源及振动的噪声、模拟路面不平度的指令信号以及海浪对船舶的扰动力等,均可近似看作正弦函数。

由于上述函数都是一些比较简单的函数,因此应用这些函数作为典型输入信号时,可以很容易地对控制系统进行数学分析和实验研究。

还有一个问题需要加以考虑,那就是在分析、设计控制系统时,究竟选取哪一种形式的典型输入信号作为试验信号最为合适。一般来说,如果控制系统的实际输入大部分是随时间延长而逐渐增大的信号,则用斜坡函数作为试验信号较合适。舰船上用的一类控制系统受到的干扰经常是海浪造成的颠簸,海浪的变化规律接近于正弦函数,故选取正弦函数作为试验信号是合理的。如果作用到控制系统的输入信号大多具有突变性质时,则选用阶跃函数作为典型输入信号最恰当。因此,究竟采用何种典型信号作为系统的试验信号,要视具体情况而定,但需注意,不管采用何种典型输入信号作为试验信号,对同一系统来说,其过渡过程所表征的系统特性应是统一的。基于典型输入信号的概念,使得在同一基础上去比较不同控制系统的性能成为可能。

3.1.3 控制系统的时域性能指标

下面将讨论控制系统在典型输入信号作用下的过渡过程特性,建立过渡过程的特征值与系统性能指标间的关系。关于正弦信号作用下系统输出特性的分析,将在关于频域分析的章节中进行。

1. 典型时间响应

初始状态为零的系统在典型外作用下输出量的动态过程,称为典型时间响应。

1) 单位阶跃响应

系统在单位阶跃信号 $u(t)$ 作用下的响应称为单位阶跃响应,常以 $h(t)$ 表示。取系统的闭环传递函数为 $\Phi(s)$,则单位阶跃响应的拉普拉斯变换为

$$\Phi(s)R(s) = \Phi(s) \cdot \frac{1}{s}$$

经拉普拉斯逆变换后,得

$$h(t) = L^{-1}\left[\Phi(s) \cdot \frac{1}{s}\right]$$

2) 单位斜坡响应

系统在 $t \cdot u(t)$ 作用下响应称为单位斜坡响应,设以 $c_t(t)$ 表示,则

$$C_t(s) = \Phi(s)R(s) = \Phi(s) \cdot \frac{1}{s^2}$$

经拉普拉斯逆变换后,得到

$$c_t(t) = L^{-1}\left[\Phi(s) \cdot \frac{1}{s^2}\right]$$

3）单位脉冲响应

系统在 $\delta(t)$ 信号作用下响应称为单位脉冲响应，常以 $k(t)$ 表示。单位脉冲响应的拉普拉斯变换为

$$K(s) = \Phi(s)R(s) = \Phi(s) \times 1 = \Phi(s)$$

经拉普拉斯逆变换后，得

$$k(t) = L^{-1}[\Phi(s)]$$

和传递函数一样，单位脉冲响应只由系统的动态结构及参数决定，$k(t)$ 也可以认为是系统的一种动态数学模型。

2. 阶跃响应的性能指标

用控制系统追逐、追踪或复现阶跃输入，一般认为工作条件是较为恶劣的、严格的，故常以阶跃响应衡量系统控制性能的优劣。

时间响应可以分为瞬态和稳态两个阶段，瞬态是指系统响应从开始到接近终了平衡的状态，稳态是指时间延续较长($t \to \infty$)后的平衡状态。瞬态以分析系统的快捷性为主(上升时间、峰值时间)，稳态以分析系统的稳定性及精确性为主(稳态精度、调整时间)，处于两者之间的中间过程则以分析平稳性为主(超调量、穿越次数)。评价系统的响应，必须对系统性能给以全面考虑。

系统的阶跃响应性能指标分述如下(参照图 3-4)：

图 3-4　单位阶跃响应曲线及性能指标

（1）峰值时间 t_p，指 $h(t)$ 曲线达到最大值的时间。

（2）超调量 σ_p，指 $h(t)$ 曲线稳态值的最大超出量与稳态值之比的百分数，即

$$\sigma_p = \frac{h(t_p) - h(\infty)}{h(\infty)} \times 100\%$$

（3）调整时间 t_s，指响应曲线中，$h(t)$ 进入稳态值附近 $\pm 5\%$（或 $\pm 2\%$）误差带，而不再超出误差带的最小时间。t_s 也常称为过渡时间、调节时间。

（4）稳态误差 e_{ss}，指响应的稳态值与期望值之差。对复现单位阶跃输入信号的

系统而言,常取

$$e_{ss} = 1 - h(\infty)$$

（5）上升时间 t_r,指响应曲线达到稳态值所需的时间。

（6）穿越次数 N,指响应曲线,在调节时间 t_s 之前穿越稳态值的次数之半。

上述指标中,峰值时间 t_p 表征响应的初始段快慢;调整时间 t_s 表征系统响应过渡阶段的总持续时间,从总体上反映过程的快速性;超调量 σ_p 反映系统响应过渡阶段的平衡性;稳态误差 e_{ss} 表征的是系统响应的最终（稳态）精度。控制工程中,常侧重以 σ_p、t_s、e_{ss} 三项指标评价系统的稳、快、准。下面首先分析低阶系统的动态特点。

3.1.4　控制系统时域分析的基本方法及步骤

控制系统的基本性能要求是稳定性、快速性和准确性,对系统的设计和分析都将围绕着基本性能要求展开。由基本性能的定性要求推导出系统的定量性能指标,通过计算分析,获得实际系统的性能指标参数,将其与设计指标要求相比较,以确定该系统是否满足设计要求和使用要求。如果实际系统的性能参数在某些方面不能完全满足要求,或者在实际产品已经制造出来但某些性能指标不能完全满足要求,那么通过分析之后,不是推翻原设计或报废原产品,而是通过系统校正的方式,在原系统基础上增加某些校正装置,以改善系统性能,使之完全满足设计要求和使用要求。这是进行系统分析的基本方法和目的。

实际系统多为高阶复杂系统,直接分析高阶系统将非常复杂。然而,高阶系统大都是由低阶系统通过串联、并联、反馈等方式组合而成的,高阶系统的动态性能常可以用低阶系统进行近似。因此,系统分析的思路是:先分析系统中低阶系统（一阶、二阶）的动态性能,然后利用高阶系统主导极点的概念去近似分析高阶系统的动态性能。

系统的性能自身不能表现出来,必须给系统一个外界激励,通过在该输入激励下产生的输出响应的外在表现,来体现系统自身的固有特性,本书 3.1.3 节已阐述过选择适当的外界激励的基本原则。由于系统的时域分析着重于计算,因此希望输入信号是一个简单的函数,以便简化计算。阶跃信号输入可以模拟指令、电压、负荷等的开关转换,反映恒值系统的大部分工作情况;脉冲信号输入可以模拟碰撞、敲打、冲击等场合,反映系统受干扰时的工作情况。因此,系统的时域分析一般用阶跃信号和脉冲信号作为系统的输入。

若系统在时域中的数学模型 $g(t)$ 是微分方程,尤其是高阶微分方程,则求解困难。因此,对线性定常系统的时域分析常采用图 3-5 所示的分析思路。

首先将系统的微分方程 $g(t)$ 和选取的输入信号 $r(t)$ 利用拉普拉斯变换转换到复数域,得到 $G(s)$ 和 $R(s)$,然后在复数域进行代数运算 $C(s) = G(s)R(s)$,获得系统在复数域的输出 $C(s)$,最后利用拉普拉斯逆变换得到系统在时域的输出 $c(t)$,利用 $c(t)$ 的表现来分析系统自身的动态性能。

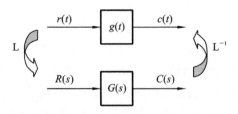

图 3-5　控制系统时域分析的思路

3.2　一阶系统的时域分析

若控制系统的数学模型是一阶微分方程式,则称该系统为一阶系统。一阶系统的时域响应可以通过直接求解微分方程式得出。一阶系统在工程实践中应用广泛,如 RC 网络、发电机、加热器、冰箱和水箱等,其控制系统均可近似为一阶系统。虽然一阶系统结构简单,但在说明控制系统时域响应的一些基本概念方面却很有意义。

3.2.1　一阶系统的数学模型

图 3-6 所示由 R、C 组成的四端电路是最常见的一阶系统。电路的输入电压 u_i

图 3-6　RC 电路

和输出电压 u_o 间的动态特性由下列一阶微分方程来描述:

$$RC \frac{du_o(t)}{dt} + u_o(t) = u_i(t)$$

描述一阶系统动态特性的微分方程式的一般标准形式是

$$T \frac{dc(t)}{dt} + c(t) = r(t)$$

式中,T 为时间常数,表示系统的惯性。

由此得到的一阶系统传递函数的标准形式是

$$G(s) = \frac{C(s)}{R(s)} = \frac{1}{Ts+1}$$

一阶系统的框图为图 3-7(a),它在[s]平面上的极点分布为 $s = -1/T$,如图 3-7(b)所示。

(a)　　　　　　　　　　　　　　　　(b)

图 3-7　一阶系统

(a)框图　(b)极点分布图

　　下面分析一阶系统在典型输入信号作用下的响应过程,设系统的初始条件为零,并由此得到一阶系统的特点和线性系统的有关结论。

3.2.2　一阶系统的单位阶跃响应

　　设系统的输入信号为单位阶跃函数即

$$r(t) = u(t)$$

则系统过渡过程 $c(t)$ 的拉普拉斯变换为

$$C(s) = G(s)R(s) = \frac{1}{Ts+1}\frac{1}{s}$$

取 $C(s)$ 的拉普拉斯逆变换,得

$$c(t) = \mathrm{L}^{-1}\big[C(s)\big] = \mathrm{L}^{-1}\left[\frac{1}{s} - \frac{T}{Ts+1}\right]$$

即

$$c(t) = (1 - \mathrm{e}^{-\frac{t}{T}}) \quad (t \geqslant 0) \tag{3-1}$$

　　由式(3-1)得

$$c(0) = c(t)\big|_{t=0} = 0 \quad 及 \quad c(\infty) = c(t)\big|_{t=\infty} = 1$$

　　式(3-1)表征的一阶系统的时间响应过渡过程如图 3-8 所示,可知一阶系统的响应曲线是单调上升的指数曲线。

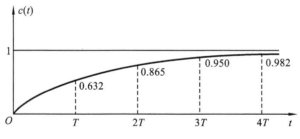

图 3-8　一阶系统时间响应过渡过程

　　当 $t=T$ 时,$c(T) = 1 - \mathrm{e}^{-1} = 0.632$。此刻系统输出达到过渡过程总变化量的 63.2%。这一点是一阶系统过渡过程的重要特征点。它为用实验方法求取一阶系统的时间常数 T 提供了理论依据。图 3-5 所示指数曲线的另一个重要特性是在 $t=0$ 处切线的斜率等于 $1/T$,即

$$\frac{\mathrm{d}c(t)}{\mathrm{d}t}\bigg|_{t=0} = \frac{1}{T}\mathrm{e}^{-\frac{t}{T}}\bigg|_{t=0} = \frac{1}{T}$$

　　上式说明,一阶系统如能保持初始反应速度不变,则在 $t=T$ 时间内,时间响应过渡过程便可以完成其总变化量。但从图 3-8 可以看到,一阶系统过渡过程 $c(t)$ 的响应曲线的斜率,随着时间的推移,实际是单调下降的,如:

$t=0$ 时,有

$$\dot{c}(0) = \frac{1}{T}$$

$t = T$ 时,有 $\qquad\qquad \dot{c}(T) = 0.368\dfrac{1}{T}$

$t = \infty$ 时,有 $\qquad\qquad \dot{c}(\infty) = 0$

从上面分析可知,在理论上一阶系统的时间响应过渡过程要完成全部的变化量,需要无限长的时间。但从式(3-1)可以求得下列数据:

$t = 2T$ 时,有 $\qquad\qquad c(2T) = 0.865$

$t = 3T$ 时,有 $\qquad\qquad c(3T) = 0.950$

$t = 4T$ 时,有 $\qquad\qquad c(4T) = 0.982$

$t = 5T$ 时,有 $\qquad\qquad c(5T) = 0.993$

这些数据说明,当 $t > 4T$ 时,一阶系统的时间响应过渡过程已完成其全部变化量的 98% 以上。也就是说,此刻的过渡过程在数值上与其应完成的全部变化量间的误差将保持在 2% 以内。从工程实际角度来看,这时可以认为过渡过程已经结束。因此对一阶系统来说,可以认为过渡过程持续时间,即调整时间 t_s 等于 4 倍的时间常数,即 $t_s = 4T$。由于时间常数 T 反应一阶系统的惯性,所以,时间常数越小,一阶系统的过渡过程进行得越快;反之越慢。

根据一阶系统过渡过程的实验曲线求取传递函数时,只需求出时间常数即可。而时间常数 T 可以直接从 $0.632c(\infty)$ 对应的时间求得,也可以从 $t=0$ 处的切线斜率 $1/T$ 求得。

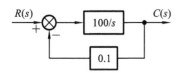

图 3-9　一阶系统框图

例 3-1　一阶系统框图为图 3-9,试求系统单位阶跃响应的调整时间 $t_s(\Delta = 0.05)$。如果要求 $t_s = 0.1\,\mathrm{s}$,系统的反馈系数应调整为何值?

解　对图 3-9 进行变换,得系统的闭环传递函数为

$$G_B(s) = \frac{C(s)}{R(s)} = \frac{100/s}{1 + 0.1(100/s)} = \frac{10}{0.1s + 1}$$

故时间常数 $T = 0.1$,调整时间

$$t_s = 3T = 3 \times 0.1\,\mathrm{s} = 0.3\,\mathrm{s}$$

$G_B(s)$ 中的倍数 10,并不影响 t_s 值。

再计算 $t_s = 0.1\,\mathrm{s}$ 的反馈系数值。设图 3-9 中反馈系数为 K_H,则系统闭环传递函数为

$$G'_B(s) = \frac{100/s}{1 + \dfrac{100}{s}K_H} = \frac{1/K_H}{\dfrac{0.01}{K_H}s + 1}$$

故 $\qquad\qquad\qquad\qquad T' = \dfrac{0.01}{K_H}$

由 $$t_{\mathrm{s}} = 3T = \frac{0.03}{K_{\mathrm{H}}} = 0.1\ \mathrm{s}$$

求得 $$K_{\mathrm{H}} = 0.3$$

3.2.3　一阶系统的单位脉冲响应

当输入信号是理想单位脉冲时,系统的输出便是脉冲过渡函数。由于理想单位脉冲函数的拉普拉斯变换为 $L[\delta(t)] = 1$,所以系统输出信号的拉普拉斯变换与系统的传递函数相同,即

$$C(s) = G(s)R(s) = \frac{1}{Ts+1} \times 1 = \frac{1}{Ts+1}$$

因此,一阶系统在理想单位脉冲函数作用下的过渡过程等于系统传递函数的拉普拉斯逆变换,即

$$c(t) = L^{-1}\left[\frac{1}{Ts+1}\right] = -\frac{1}{T}\mathrm{e}^{-\frac{1}{T}} \tag{3-2}$$

由式(3-2)可知:

当 $t=0$ 时,有

$$c(0) = \frac{1}{T}, \quad \dot{c}(0) = -\frac{1}{T^2}$$

当 $t=T$ 时,有

$$c(T) = 0.368\frac{1}{T}, \quad \dot{c}(T) = -0.368\frac{1}{T^2}$$

当 $t=\infty$ 时,有

$$c(\infty) = 0, \quad \dot{c}(\infty) = 0$$

由式(3-2)描述的响应过渡过程,即一阶系统的脉冲过渡函数如图 3-10 所示。

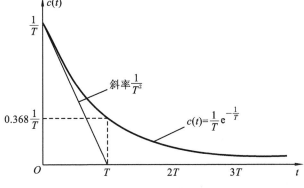

图 3-10　一阶系统的脉冲过渡过程

图 3-10 表明,一阶系统的脉冲过渡函数曲线是一单调下降的指数曲线。如果定

义上述指数曲线衰减到其初值的 2% 为调整时间 t_s，则 $t_s = 4T$。因此，系统的惯性越小（即时间常数 T 越小），则过渡过程（即脉冲过渡函数）的持续时间便越短。也就是说，系统反应输入信号的快速性便越好。

鉴于工程上理想单位脉冲函数不可能得到，而是以具有一定脉宽和有限幅度的脉冲来代替，因此，为了得到近似精度较高的脉冲过渡函数，要求实际脉冲函数的宽度 h（见图 3-3(b)）与系统的时间常数 T 相比应足够地小，一般要求

$$h < 0.1T$$

另外，从单位脉冲响应和单位阶跃响应的表达式可以看出，二者之间存在积分和微分关系，而单位脉冲信号和单位阶跃信号也存在积分和微分的关系，由此可得出线性定常系统的一个重要性质：如果系统的输入信号存在积分和微分关系，则系统的时间响应也存在对应的积分和微分关系。由此可知，对阶跃响应微分即得到脉冲响应。

3.2.4　一阶系统的单位速度响应

设系统的输入信号为单位速度函数，即 $r(t) = t$，由系统输出信号得拉普拉斯变换式为

$$C(s) = \frac{1}{Ts+1}\frac{1}{s^2} = \frac{1}{s^2} - \frac{T}{s} + \frac{T^2}{Ts+1}$$

对上式进行拉普拉斯逆变换，得系统的时间响应过渡过程为

$$c(t) = t - T(1 - e^{-\frac{t}{T}}) \tag{3-3}$$

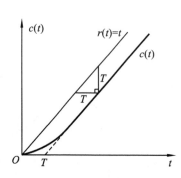

由式（3-3）描述的时间响应过渡过程曲线如图 3-11 所示。根据式（3-3），可以求得系统的输出信号与其输入信号的差 $\varepsilon(t)$，即

$$\varepsilon(t) = r(t) - c(t) = T(1 - e^{-\frac{t}{T}})$$

从以上所述可知，当时间 t 趋于无穷，上述信号差 $\varepsilon(\infty)$ 趋于常值。这说明，一阶系统在跟踪单位速度函数时，其输出信号在过渡过程结束后，在输出、输入信号间仍有差值（或称跟踪误差）存在，其值等于时间常数 T。显然，系统的时间常数 T 越小，跟踪误差便越小。

图 3-11　单位速度函数作用下的时间响应过渡过程

3.3　二阶系统的时域分析

凡是能够用二阶微分方程描述的系统都称为二阶系统。二阶系统的典型形式是振荡系统，如电动机、机械动态结构，小功率随动系统等均可近似为二阶系统。很多实际的系统都是二阶系统，很多高阶系统在一定条件下也可近似地简化为二阶系统来研究。因此，分析二阶系统响应具有十分重要的意义。

3.3.1　二阶系统的单位阶跃响应

图 3-12 为典型的二阶系统动态结构框图。

图 3-12　典型的二阶系统动态结构框图

1. 二阶系统的特征方程

将二阶系统最高项系数变为 1,可得二阶系统的标准化微分方程和传递函数分别为

$$\frac{\mathrm{d}c^2(t)}{\mathrm{d}t} + 2\xi\omega_\mathrm{n}\frac{\mathrm{d}c(t)}{\mathrm{d}t} + \omega_\mathrm{n}^2 c(t) = \omega_\mathrm{n}^2 r(t)$$

$$G(s) = \frac{C(s)}{R(s)} = \frac{\omega_\mathrm{n}^2}{s^2 + 2\xi\omega_\mathrm{n}s + \omega_\mathrm{n}^2} \tag{3-4}$$

对单位阶跃函数而言,由于 $r(t) = u(t)$,$R(s) = 1/s$,从式(3-4)求得二阶系统在单位阶跃函数作用下输出信号的拉普拉斯变换为

$$C(s) = \frac{\omega_\mathrm{n}^2}{s^2 + 2\xi\omega_\mathrm{n}s + \omega_\mathrm{n}^2} \cdot \frac{1}{s} \tag{3-5}$$

对式(3-5)进行拉普拉斯逆变换,便可得到在单位阶跃函数作用下,二阶系统的过渡过程 $c(t)$。

由式(3-4)可求得二阶系统的特征方程为

$$s^2 + 2\xi\omega_\mathrm{n}s + \omega_\mathrm{n}^2 = 0 \tag{3-6}$$

它的两个根是

$$s_{1,2} = -\xi\omega_\mathrm{n} \pm \omega_\mathrm{n}\sqrt{\xi^2 - 1} \tag{3-7}$$

将式(3-4)所示系统传递函数的分子与分母多项式分别用下式表示:

$$N(s) = \omega_\mathrm{n}^2$$

$$D(s) = s^2 + 2\xi\omega_\mathrm{n} + \omega_\mathrm{n}^2$$

则

$$C(s) = \frac{N(s)}{D(s)}R(s)$$

如果输入单位阶跃函数,$R(s) = 1/s$,则上式又可写为

$$C(s) = \frac{N(s)}{sD(s)}$$

进行拉普拉斯逆变换,可求得系统的单位阶跃响应为

$$h(t) = c(t) = 1 + \sum_{i=1}^{2} \frac{N(s_i)}{s_i D(s_i)}\mathrm{e}^{s_i i} \quad (t \geqslant 0) \tag{3-8}$$

式(3-7)说明,随着阻尼比 ξ 取值的不同,二阶系统的特征根(即闭环极点)各异。而式(3-8)则说明,二阶系统的特征根(即闭环极点)各异,将使二阶系统的单位阶跃函数作用下的响应也不同。可见系统的阻尼比、极点以及单位阶跃响应是彼此相关、密切联系的。

2. 阻尼比不同时的特征根

(1) 当 $0<\xi<1$ 时,两个特征根将是一对共轭复根,即

$$s_{1,2} = -\xi\omega_n \pm j\omega_n \sqrt{1-\xi^2}$$

此刻,二阶系统的闭环极点是一对位于 $[s]$ 平面左半部的共轭复数极点(见图 3-13(a))。系统的单位阶跃响应将是振幅随时间按指数函数规律衰减的周期函数。此时,称系统处于欠阻尼状态。

(2) 当 $\xi^2 - 1 = 0$ 即 $\xi = 1$ 时,特征方程具有两个相等的负实根,即

$$s_{1,2} = -\xi\omega_n$$

此刻,二阶系统的闭环极点是位于 $[s]$ 平面的实轴上的两个相等负实极点(见图 3-13(b))。于是,系统的单位阶跃响应中没有周期分量,单位阶跃响应将随时间按指数函数规律而单调衰减。此时,称系统处于临界阻尼状态。

(3) 当 $\xi>1$ 时,特征方程式具有两个不等的负实根,即

$$s_1 = -\xi\omega_n + \omega_n \sqrt{\xi^2-1} \quad 及 \quad s_2 = -\xi\omega_n - \omega_n \sqrt{\xi^2-1}$$

此刻,二阶系统的两个闭环极点均位于 $[s]$ 平面负实轴上(见图 3-13(c))。系统的单位阶跃响应还是随时间按指数函数规律而单调递减,只是衰减的快慢主要由靠近虚轴的那个实极点决定。那个极点越靠近虚轴,衰减速度越慢。此时系统处于过阻尼状态。

(4) 当 $\xi=0$ 时,特征方程式具有一对共轭纯虚根,即

$$s_{1,2} = \pm j\omega_n$$

此刻,二阶系统的闭环极点为位于 $[s]$ 平面虚轴上的一对共轭虚数(见图 3-13(d))。此时系统的单位阶跃响应是恒定振幅的周期函数,系统处于无阻尼状态。

(5) 当 $-1<\xi<0$ 时,特征方程式的两个根为具有正实部的共轭复根,即

$$s_{1,2} = +\xi\omega_n \pm j\omega_n \sqrt{1-\xi^2}$$

此刻,二阶系统的闭环极点为位于 $[s]$ 平面右半部的一对共轭复极点(见图 3-13(e))。系统的单位阶跃响应将是振幅随时间按指数函数规律递增的周期函数。

(6) 当 $\xi<-1$ 时,特征方程式具有两个不等的正实根,即

$$s_1 = -\xi\omega_n + \omega_n \sqrt{\xi^2-1} \quad 及 \quad s_2 = -\xi\omega_n - \omega_n \sqrt{\xi^2-1}$$

此刻,二阶系统的两个闭环极点均位于 $[s]$ 平面负正轴上(见图 3-13(f))。系统的单位阶跃响应随时间按指数函数规律而单调递增,递增的快慢主要由靠近虚轴的那个实极点决定。那个极点越靠近虚轴,递增速度越慢。

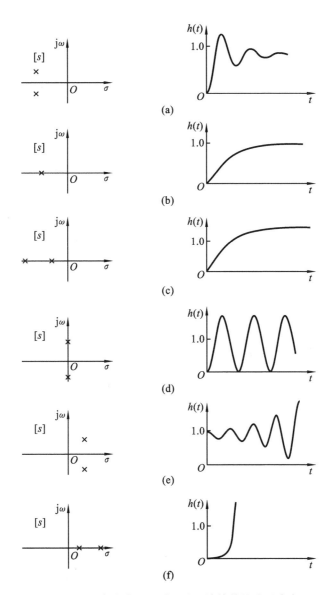

图 3-13　极点分布不同时二阶系统的单位阶跃响应

(a)$0<\xi<1$　(b)$\xi=1$　(c)$\xi>1$　(d)$\xi=0$　(e)$-1<\xi<0$　(f)$\xi<-1$

　　根据上面列举的几种不同情况,逐项对单位阶跃函数作用下二阶系统的过渡过程进行细致、具体的分析。

3. 不同阻尼比时的单位阶跃响应过程

1) $0<\xi<1$ 时二阶系统的单位阶跃响应过渡过程(欠阻尼状态)

$0<\xi<1$ 时,式(3-5)可改写成

$$C(s) = \frac{\omega_n^2}{s^2 + 2\xi\omega_n s + \omega_n^2} \frac{1}{s} = \frac{1}{s} - \frac{s + 2\xi\omega_n}{s^2 + 2\xi\omega_n s + \omega_n^2}$$

$$= \frac{1}{s} - \frac{s + 2\xi\omega_n}{(s + \xi\omega_n + j\omega_d)(s + \xi\omega_n - j\omega_d)}$$

$$= \frac{1}{s} - \frac{s + \xi\omega_n}{(s + \xi\omega_n)^2 + \omega_d^2} - \frac{\xi\omega_n}{(s + \xi\omega_n)^2 + \omega_d^2} \tag{3-9}$$

式中，ω_d 为有阻尼自由振荡频率，$\omega_d = \omega_n \sqrt{1 - \xi^2}$。

对式(3-9)进行拉普拉斯逆变换，得

$$L^{-1}\left[\frac{s + \xi\omega_n}{(s + \xi\omega_n)^2 + \omega_d^2}\right] = e^{-\xi\omega_n t}\cos\omega_d t$$

及

$$L^{-1}\left[\frac{\omega_d}{(s + \xi\omega_n)^2 + \omega_d^2}\right] = e^{-\xi\omega_n t}\sin\omega_d t$$

得过渡过程为

$$c(t) = L^{-1}\left[\frac{1}{s}\right] - L^{-1}\left[\frac{s + \xi\omega_n}{(s + \xi\omega_n)^2 + \omega_d^2}\right] - L^{-1}\left[\frac{\xi\omega_n}{(s + \xi\omega_n)^2 + \omega_d^2}\right]$$

$$= 1 - e^{-\xi\omega_n t}\cos\omega_d t - \frac{\xi\omega_n}{\omega_d}e^{-\xi\omega_n t}\sin\omega_d t$$

$$= 1 - e^{-\xi\omega_n t}\left(\cos\omega_d t + \frac{\xi}{\sqrt{1 - \xi^2}}\sin\omega_d t\right)$$

$$= 1 - e^{-\xi\omega_n t}\frac{1}{\sqrt{1 - \xi^2}}\sin(\omega_d t + \theta) \quad (t \geqslant 0) \tag{3-10}$$

式中

$$\theta = \tan^{-1}\frac{\sqrt{1 - \xi^2}}{\xi}$$

这时，二阶系统的偏差信号是

$$\varepsilon(t) = r(t) - c(t) = \frac{e^{-\xi\omega_n t}}{\sqrt{1 - \xi^2}}\sin(\omega_d + \theta) \quad (t \geqslant 0) \tag{3-11}$$

从式(3-10)及式(3-11)可知，对应 $0 < \xi < 1$ 时的过渡过程 $c(t)$ 和偏差信号 $\varepsilon(t)$ 均为衰减的正弦振荡曲线，如图 3-14 所示。

由式(3-10)及式(3-11)还可看出，$c(t)$ 与 $\varepsilon(t)$ 的衰减速度取决于 $\xi\omega_n$ 值的大小，其衰减振荡的频率便是有阻尼自由振荡频率 ω_d。由式(3-11)，当时间 t 趋于无穷时，系统的偏差等于零，即

$$\varepsilon(t)\big|_{t\to\infty} = 0$$

2) $\xi = 0$ 时二阶系统的单位阶跃响应过渡过程(无阻尼状态)

将 $\xi = 0$ 代入式(3-11)，得

$$c(t) = 1 - \cos\omega_n t \quad (t \geqslant 0) \tag{3-12}$$

从式(3-12)可知，无阻尼(即 $\xi = 0$)时二阶系统的过渡过程是等幅正弦(余弦)振荡(见

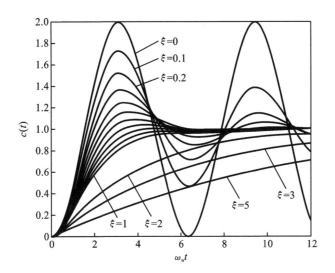

图 3-14 各种情况下系统的单位阶跃响应

图 3-14),振荡频率为 ω_n。

综上分析可知频率 ω_n 和 ω_d 鲜明的物理含义:ω_n 是无阻尼(即 $\xi=0$)时二阶系统的等幅正弦振荡过渡过程的振荡频率,因此称为无阻尼自由振荡频率;$\omega_d = \omega_n \sqrt{1-\xi^2}$ 是欠阻尼($0<\xi<1$)时,衰减正弦振荡过渡过程的振荡频率,因此称为有阻尼自由振荡频率。相应的 $T_d = \dfrac{2\pi}{\omega_d}$ 称为有阻尼振荡周期。显然,ω_d 小于 ω_n,且随着 ξ 的增大,ω_d 的值减小。

3)$\xi=1$ 时二阶系统的单位阶跃响应过渡过程(临界阻尼状态)

$\xi=1$ 时,由式(3-5)得

$$C(s) = \frac{\omega_n^2}{(s+\omega_n)^2 s} = \left[\frac{1}{s} - \frac{\omega_n}{(s+\omega_n)^2} - \frac{1}{(s+\omega_n)} \right] \tag{3-13}$$

对式(3-13)进行拉普拉斯逆变换,得 $\xi=1$ 的二阶系统过渡过程为

$$c(t) = 1 - e^{-\omega_n t}(1+\omega_n t) \quad (t \geqslant 0) \tag{3-14}$$

式(3-14)说明,阻尼比为 1 时,二阶系统的过渡过程是一个无超调的单调增加过程,其变化率为

$$\dot{c}(t) = \omega_n^2 t \cdot e^{-\omega_n t}$$

上式表明,当 $t=0$ 时,过渡过程在 $t=0$ 时的变化率为零。而在 $t>0$ 时,过渡过程具有大于零的变化率,且 $c(t)$ 单调增加。当 $t \to \infty$ 时,变化率将趋于零,过渡过程将趋于具有常值的稳态。这时的过渡过程如图 3-14 的 $\xi=1$ 曲线所示。

4)$\xi>1$ 时二阶系统的单位阶跃响应过渡过程(过阻尼状态)

$\xi>1$ 时二阶系统的两个闭环极点为不等的负实数,即

$$s_{1,2} = -\xi\omega_n \sqrt{\xi^2 - 1}$$

因此,式(3-5)可写成

$$C(s) = \frac{\omega_n^2}{s(s + \xi\omega_n + \omega_n \sqrt{\xi^2 - 1})(s + \xi\omega_n - \omega_n \sqrt{\xi^2 - 1})}$$

对上式进行拉普拉斯逆变换,得

$$c(t) = 1 - \frac{1}{2\sqrt{\xi^2 - 1}(\xi - \sqrt{\xi^2 - 1})} e^{-(\xi - \sqrt{\xi^2 - 1})\omega_n t}$$

$$+ \frac{1}{2\sqrt{\xi^2 - 1}(\xi - \sqrt{\xi^2 - 1})} e^{-(\xi - \sqrt{\xi^2 - 1})\omega_n t}$$

$$= 1 + \frac{\omega_n}{2\sqrt{\xi^2 - 1}}\left(\frac{e^{s_1 t}}{-s_1} - \frac{e^{s_2 t}}{-s_2}\right) \quad (t \geqslant 0) \qquad (3\text{-}15)$$

式中 $\quad s_1 = -(\xi + \sqrt{\xi^2 - 1})\omega_n, \quad s_2 = -(\xi - \sqrt{\xi^2 - 1})\omega_n$

式(3-15)表明,$\xi > 1$ 时,在二阶系统的时间响应过渡过程 $c(t)$ 中含有两个衰减指数项。相应的过渡过程曲线如图 3-14 所示。当 ξ 远大于 1 时,闭环极点 s_1 将比极点 s_2 距离虚轴要远得多。因此在求取输出信号的近似解时,可以忽略 s_1 对系统输出的影响,从而可把二阶系统近似看成一阶系统来处理。在这种情况下,近似一阶系统的传递函数是

$$\frac{C(s)}{R(s)} = \frac{-s_2}{s - s_2}$$

根据上述传递函数,并考虑到 $R(s) = 1/s$,得

$$C(s) = \frac{(\xi - \sqrt{\xi^2 - 1})\omega_n}{s + (\xi - \sqrt{\xi^2 - 1})\omega_n} \frac{1}{s}$$

以及 $\qquad c(t) = 1 - e^{-(\xi - \sqrt{\xi^2 - 1})\omega_n t} \quad (t \geqslant 0) \qquad (3\text{-}16)$

式(3-16)表征的近似过渡过程,在 $\xi > 2$ 时,能够满意地逼近在 $\xi > 2$ 时的二阶系统的过渡过程。

5) $-1 < \xi < 0$ 时二阶系统的单位阶跃响应过渡过程

$-1 < \xi < 0$ 时,二阶系统的过渡过程为

$$c(t) = 1 - \frac{e^{-\xi\omega_n t}}{\sqrt{1 - \xi^2}}\sin(\omega_d t + \theta) \quad (t \geqslant 0) \qquad (3\text{-}17)$$

从式(3-17)看出,由于 ξ 具有负值,因此指数项 $e^{-\xi\omega_n t}$ 具有正幂数,从而决定二阶系统的过渡过程具有发散正弦振荡的形式。

对于 $\xi < -1$ 的情况二阶系统过渡过程 $c(t)$ 的表达式与式(3-15)相同。但由于此时 $\xi < -1$,过渡过程具有单调发散的形式。

对应不同阻尼比 ξ 时的单位阶跃函数作用下二阶系统的过渡过程曲线如图 3-14 所示。从图可以看出,二阶系统在单位阶跃函数作用下的过渡过程,随着阻尼比 ξ 的

减小,振荡特性将表现得越加强烈,以至通过 $\xi=0$ 时的等幅不衰减振荡,终于在负阻尼($\xi<0$ 时出现了发散。在 $\xi=1$ 及过阻尼的 $\xi>1$ 情况下,二阶系统的过渡过程曲线具有单调上升的特性。就过渡过程的持续时间来看,在无振荡、单调上升的特性中,以 $\xi=1$ 的过渡过程时间最短。在欠阻尼($0<\xi<1$,特性中,对应 $\xi=0.4\sim0.8$ 时的过渡过程,不仅具有比 $\xi=1$ 时更短的调整时间 t_s,而且振荡特性也并不严重。因此,一般说来,希望二阶系统工作在 $\xi=0.4\sim0.8$ 的欠阻尼状态。因为在这种工作状态下将有一个振荡特性适度、持续时间较短的过渡过程。

从图 3-14 还可看出,如果两个二阶系统只有相同的 ξ 值和不同的 ω_n 值时,则它们的过渡过程曲线将具有相同的超调量和不同的振荡频率 ω_d。

3.3.2　单位阶跃响应下二阶系统的时域性能分析

1. 性能指标的选择

对控制系统的基本要求是响应过程的稳定性、准确性和快速性。评价这些定性的性能要求总要用一定的定量性能指标来衡量。如何选择性能指标非常重要。

通常,系统的性能指标形式为:二阶欠阻尼系统的单位阶跃响应(时域,单位阶跃输入,二阶系统,欠阻尼)。其原因有四:①产生阶跃输入比较容易,而且从系统对单位阶跃输入的响应也较容易求得对任何输入的响应;②许多输入与单位阶跃输入相似,而且阶跃输入又往往是实际系统中最不利的输入情况;③因为高阶系统总是由低阶系统组合而成,低阶系统中二阶系统有两个特征参数(ω_n 和 ξ)最能反映高阶系统的特征,实际系统中常用二阶系统的性能参数去近似高阶系统的性能,因此选用二阶系统作为性能指标推导的数学原型是恰当的;④因为完全无振荡的单调过程的调整时间太长,所以,除了那些不允许产生振荡的系统外,通常都允许系统有适度的振荡,其目的是为了获得较短的调整时间。因此,在设计二阶系统时,常使系统在欠阻尼状态下工作。以下关于二阶系统响应的性能指标的定义及计算公式的推导,除特别说明外,都是针对欠阻尼二阶系统而言的,更确切地说,都是针对欠阻尼二阶系统的单位阶跃响应的过渡过程而言的。

一个欠阻尼二阶系统的典型输出响应过程如图 3-15 所示。为了说明欠阻尼二阶系统的单位阶跃响应的过渡过程的特性,通常采用下列性能指标:上升时间 t_r,峰值时间 t_p,最大超调量 σ_p,调整时间 t_s,振荡次数 N。

2. 性能指标的计算

以下推导性能指标的计算公式,分析它们与系统特征参数 ω_n 和 ξ 之间的关系。

1) 上升时间 t_r 的计算

根据定义,当 $t=t_s$ 时,$c(t_r)=1$。由式(3-10)求得

$$c(t_r) = 1 = 1 - e^{-\xi\omega_n t_r}\left(\cos\omega_d t_r + \frac{\xi}{\sqrt{1-\xi^2}}\sin\omega_d t_r\right)$$

图 3-15　表示系统性能指标的过渡过程曲线

即

$$e^{-\xi\omega_n t_r}\left(\cos\omega_d t_r + \frac{\xi}{\sqrt{1-\xi^2}}\sin\omega_d t_r\right) = 0$$

由于

$$e^{-\xi\omega_n t_r} \neq 0$$

所以

$$\cos\omega_d t_r + \frac{\xi}{\sqrt{1-\xi^2}}\sin\omega_d t_r = 0$$

或

$$\tan\omega_d t_r = -\frac{\sqrt{1-\xi^2}}{\xi} = -\frac{\omega_d}{\sigma}$$

式中

$$\omega_d = \sqrt{1-\xi^2}\,\omega_n, \quad \sigma = \xi\omega_n$$

求解上列方程,得

$$\omega_d t_r = \tan^{-1}\left(-\frac{\sqrt{1-\xi^2}}{\xi}\right)$$

或

$$t_r = \frac{1}{\omega_d}\tan^{-1}\left(-\frac{\sqrt{1-\xi^2}}{\xi}\right)$$

$$= \frac{\pi-\beta}{\omega_d} = \frac{\pi-\beta}{\omega_n\sqrt{1-\xi^2}} \tag{3-18}$$

式中

$$\beta = \tan^{-1}\omega_n\sqrt{1-\xi^2}/\xi\omega_n$$

β 角的定义如图 3-16 所示。

图 3-16　β 角的定义　　　　从式(3-18)可知,当阻尼比 ξ 一定时,欲使上升时间 t_r 较短,就必须要求系统具有较高的无阻尼自由振荡频率 ω_n。

2) 峰值时间 t_p 的计算

将式

$$c(t) = 1 - e^{-\xi\omega_n t}\left(\cos\omega_d t + \frac{\xi}{\sqrt{1-\xi^2}}\sin\omega_d t\right)$$

对时间 t 求导,并令其等于零,便可求得峰值时间 t_p,即由

$$\left.\frac{dc(t)}{dt}\right|_{t=t_p} = \xi\omega_n e^{-\xi\omega_n t_p}\left(\cos\omega_d t_p + \frac{\xi}{\sqrt{1-\xi^2}}\sin\omega_d t_p\right)$$

$$- \mathrm{e}^{-\xi\omega_n t_p} \omega_d \left(-\sin\omega_d t_p + \frac{\xi}{\sqrt{1-\xi^2}}\cos\omega_d t_p \right)$$

$$= 0$$

得　　$\xi\omega_n \left(\cos\omega_d t_p + \dfrac{\xi}{\sqrt{1-\xi^2}}\sin\omega_d t_p \right) = \omega_d \left(-\sin\omega_d t_p + \dfrac{\xi}{\sqrt{1-\xi^2}}\cos\omega_d t_p \right)$

或　　　　　　　$\sin\omega_d t_p = 0$　　即　　$\omega_d t_p = 0, \pi, 2\pi, 3\pi, \cdots$

峰值时间因为是 $c(t)$ 达到第一个峰值的时间, 所以取

$$\omega_d t_p = \pi \quad 即 \quad t_p = \frac{\pi}{\omega_d} \tag{3-19}$$

可见峰值时间 t_p 是有阻尼振荡周期的一半。

3) 最大超调量 σ_p 的计算

由于 σ_p 发生在时刻 t_p, 按 σ_p 的定义, 有

$$\sigma_p = \frac{c(t_p) - c(\infty)}{c(\infty)} \times 100\% = -\mathrm{e}^{-\xi\omega_n t_p} \left(\cos\omega_d t_p + \frac{\xi}{\sqrt{1-\xi^2}}\sin\omega_d t_p \right) \times 100\%$$

将 $t_p = \pi/\omega_d$ 代入上式, 可得超调量 σ_p 的计算式为

$$\sigma_p = -\mathrm{e}^{-\xi\omega_n \cdot \frac{\pi}{\omega_d}} \left(\cos\pi + \frac{\xi}{\sqrt{1-\xi^2}}\sin\pi \right) \times 100\% = \mathrm{e}^{-\frac{\xi}{\sqrt{1-\xi^2}}} \times 100\% \tag{3-20}$$

式(3-20)表明, 超调量 σ_p 只是阻尼比的函数, 而与无阻尼自由振荡频率 ω_n 无关。当二阶系统的阻尼比 ξ 确定后, 即可求得其对应的超调量 σ_p。反之, 如果给出了超调量 σ_p 的要求值, 也可求得相应的阻尼比 ξ 的值。一般, 当 $\xi = 0.4 \sim 0.8$ 时, 相应的超调量 $\sigma_p = 25\% \sim 2.5\%$。

4) 调整时间 t_s 的计算

根据调整时间的定义

$$\left| c(t) - c(\infty) \right| \leqslant \Delta \cdot c(\infty) \quad (t \geqslant t_s)$$

并考虑到　　　$c(t) = 1 - \dfrac{\mathrm{e}^{-\xi\omega_n t}}{\sqrt{1-\xi^2}}\sin\left(\omega_d t + \tan^{-1}\dfrac{\sqrt{1-\xi^2}}{\xi} \right)$

得　　　　　　$\left| \dfrac{\mathrm{e}^{-\xi\omega_n t}}{\sqrt{1-\xi^2}}\sin\left(\omega_d t + \tan^{-1}\dfrac{\sqrt{1-\xi^2}}{\xi} \right) \right| \leqslant 0 \quad (t \geqslant t_s)$

由于 $\dfrac{\mathrm{e}^{-\xi\omega_n t}}{\sqrt{1-\xi^2}}$ 是式(3-10)所描述的衰减正弦振荡曲线的包络线, 因此可将上式所表达的条件改写成

$$\left| \frac{\mathrm{e}^{-\xi\omega_n t}}{\sqrt{1-\xi^2}} \right| \leqslant 0 \quad (t \geqslant t_s)$$

由上式最后求得调整时间 t_s 的计算式为

$$t_s \geqslant \frac{1}{\xi\omega_n}\ln\frac{1}{\Delta\sqrt{1-\xi^2}} \tag{3-21}$$

在式(3-21)中若取 $\Delta = 0.02$，则

$$t_s \geqslant \frac{4 + \ln \dfrac{1}{\sqrt{1-\xi^2}}}{\xi\omega_n} \tag{3-22}$$

若取 $\Delta = 0.05$，则

$$t_s \geqslant \frac{3 + \ln \dfrac{1}{\sqrt{1-\xi^2}}}{\xi\omega_n} \tag{3-23}$$

式(3-22)及式(3-23)在 $0 < \xi < 0.9$ 时可以分别近似看成

$$t_s \approx \frac{4}{\xi\omega_n} \quad 及 \quad t_s \approx \frac{3}{\xi\omega_n}$$

t_s 随 ξ 变化的关系曲线如图 3-17 所示。

图 3-17　调整时间与阻尼比的关系

由图 3-17 可知，允许误差为稳态值的 $\pm 2\%$（即 $\Delta = \pm 0.02$）时，$\xi = 0.76$ 所对应的 t_s 最小；在允许误差为稳态值的 $\pm 5\%$（即 $\Delta = \pm 0.05$）时，$\xi = 0.68$ 所对应的 t_s 最小。过了曲线 $t_s(\xi)$ 的最低点，t_s 将随着 ξ 的增大而线性增大。设计二阶系统时，一般取 $\xi = 0.707$ 作为最佳阻尼比。这是因为，$\xi = 0.707$ 时不仅对应的调整时间 t_s 最小，而且超调量 σ_p 也并不大。从图 3-17 可看到，曲线 $t_s(\xi)$ 具有不连续性，这是由于 ξ 值的微小变化，可能引起调整时间 t_s 显著变化所造成的。应当指出，调整时间 t_s 是与 ω_n 及 ξ 的乘积成反比的。由于 ξ 通常是根据最大超调量 σ_p 的要求值确定的，所以调整时间 t_s 主要根据 ω_n 来确定。调整系统的无阻尼自由振荡频率 ω_n 可以在不改变 σ_p 的情况下，改变调整时间 t_s。

5）振荡次数 N 的计算

根据定义，振荡次数是 N 在 $0 \leqslant t \leqslant t_s$ 时间间隔内，系统反应单位阶跃函数的过渡过程 $c(t)$ 穿越其稳态值 $c(\infty)$ 直线的次数之半，即

$$N = \frac{t_s}{T_d}$$

式中，T_d 为系统的有阻尼振荡周期，$T_d = \dfrac{2\pi}{\omega_d}$。

根据 $\Delta = \pm 0.02$ 时 $t_s = \dfrac{4}{\xi\omega_n}$ 得

$$N = \frac{2\sqrt{1-\xi^2}}{\pi\xi} \tag{3-24}$$

又由 $\Delta = \pm 0.05$ 时的 $t_s = \dfrac{3}{\xi\omega_n}$ 得

$$N = \frac{1.5\sqrt{1-\xi^2}}{\pi\xi} \tag{3-25}$$

若已知 σ_p，考虑到

$$\sigma_p = e^{-\frac{\pi\xi}{\sqrt{1-\xi^2}}} \quad 即 \quad \ln\sigma_p = -\frac{\pi\xi}{\sqrt{1-\xi^2}}$$

可求得振荡次数 N 与超调量 σ_p 的关系为：

当 $\Delta = 0.05$ 时，有

$$N = \frac{-1.5}{\ln\sigma_p} \tag{3-26}$$

当 $\Delta = 0.02$ 时，有

$$N = \frac{-2}{\ln\sigma_p} \tag{3-27}$$

振荡次数还可以通过下列条件求取，即根据

$$c(t) - c(\infty) = 0 \quad (t \leqslant t_s)$$

由　　　$c(t) - c(\infty) = -\dfrac{e^{-\xi\omega_n t}}{\sqrt{1-\xi^2}}\sin\left(\omega_d + \tan^{-1}\dfrac{\sqrt{1-\xi^2}}{\xi}\right) = 0 \quad (t \leqslant t_s)$

得　　　$\sin\left(\omega_d t + \tan^{-1}\dfrac{\sqrt{1-\xi^2}}{\xi}\right) = 0$

由于 $\sin n\pi = 0$ $(n = 0, 1, 2, \cdots)$，所以上式的解为

$$\omega_d t + \tan^{-1}\frac{\sqrt{1-\xi^2}}{\xi} = n\pi \quad (n = 0, 1, 2, \cdots)$$

将 $t = t_s$ 代入上式，得

$$\omega_d t_s + \tan^{-1}\frac{\sqrt{1-\xi^2}}{\xi} = (m+\varepsilon)\pi$$

式中，m 为整数；ε 为小数。这是因为，当 $t = t_s$ 时，$c(t)$ 并不一定刚好等于 $c(\infty)$。

令 $N = m/2$，解得

$$N = \frac{\omega_n\sqrt{1-\xi^2}\,t_s + \tan^{-1}\dfrac{\sqrt{1-\xi^2}}{\xi}}{2\pi} - \frac{\varepsilon}{2} \tag{3-28}$$

由式(3-21)，有

$$\omega_n t_s = \frac{1}{\xi}\ln\frac{1}{\Delta\sqrt{1-\xi^2}}$$

将上式代入式(3-28)并取整数,得

$$N = \frac{\sqrt{1-\xi^2}}{2\pi\xi}\ln\frac{1}{\Delta\sqrt{1-\xi^2}} + \frac{\tan^{-1}\frac{\sqrt{1-\xi^2}}{\xi}}{2\pi} \tag{3-29}$$

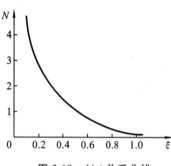

图 3-18　N-ξ 关系曲线

当给出 ξ 并确定 Δ 之后,即可求得相应的 N 值。根据式(3-29)画出的 N-ξ 关系曲线如图 3-18 所示。

综上讨论可以看到,欲使二阶系统具有满意的动态性能指标,必须选取合适的阻尼比 ξ 和无阻尼自由振荡频率 ω_n,由此可以增强二阶系统反应的快速性,缩短调整时间 t_s。增大 ξ 值,可以减弱系统的振荡,从而降低超调量 σ_p 和振荡次数 N。在设计系统时,增大 ω_n 的值,一般都是通过增大系统的开环放大系数 K 来实现的,而提高 ξ 的值一般都希望减

小系统的开环放大系数 K。因此一般来说,在系统的快速性和阻尼性(或称振荡性能)之间是存在矛盾的。为了既减弱系统的振荡性能,又要求其具有一定的快速性,只有通过采取合适的折中办法方能实现。

例 3-2　如图 3-19 所示二阶系统,试求其单位阶跃相应表达式和瞬态性能指标。

图 3-19　二阶系统框图

解　系统的闭环传递函数为

$$G_B(s) = \frac{\omega_n^2}{s^2 + 2\xi\omega_n s + \omega_n^2} = \frac{1000}{s^2 + 34.55s + 1000}$$

$$\omega_n = \sqrt{1000} = 31.55 \text{ s}^{-1}, \quad \xi = \frac{34.55}{2\omega_n} = 0.546$$

可以看出,系统工作在欠阻尼情况下,其单位阶跃响应为

$$c(t) = 1 - \frac{e^{-\xi\omega_n t}}{\sqrt{1-\xi^2}}\sin\left(\sqrt{1-\xi^2}\,\omega_n t + \arctan\frac{\sqrt{1-\xi}}{\xi}\right)$$

$$= 1 - \frac{e^{-0.546\times31.6t}}{\sqrt{1-0.546^2}}\sin\left(\sqrt{1-0.546^2}\times31.6t + \arctan\frac{\sqrt{1-0.546^2}}{0.546}\right)$$

$$= 1 - 1.19e^{-17.25t}\sin(26.47t + 0.993)$$

各项性能指标为

$$t_r = \frac{\pi-\beta}{\omega_n\sqrt{1-\xi^2}} = \frac{\pi-0.993}{31.6\sqrt{1-0.546^2}} \text{ s} = 0.085 \text{ s}$$

$$t_{\mathrm{p}} = \frac{\pi}{\omega_{\mathrm{n}} \sqrt{1 - \xi^2}} = \frac{\pi}{31.6 \sqrt{1 - 0.546^2}} \text{ s} = 0.110 \text{ s}$$

$$\sigma_{\mathrm{p}} = \mathrm{e}^{\frac{-\pi\xi}{\sqrt{1-\xi^2}}} \times 100\% = \mathrm{e}^{-\frac{0.546\pi}{\sqrt{1-0.546^2}}} = 12.9\%$$

$$t_{\mathrm{s}} \Big|_{\Delta=0.05} \approx \frac{3}{\xi\omega_{\mathrm{n}}} = \frac{3}{0.546 \times 31.6} \text{ s} = 0.174 \text{ s}$$

例 3-3 设一个位置随动系统,其传递函数框图为图 3-20(a),当系统输入单位阶跃函数时,最大超调量 $\sigma_{\mathrm{p}} \leqslant 5\%$,试校核该系统的各参数是否满足要求。如果在原系统基础上增加一微分负反馈,如图 3-20(b)所示,求微分反馈的时间常数 τ。

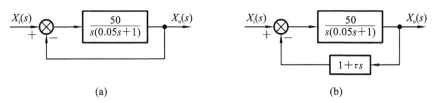

(a)   **(b)**

图 3-20 随动系统框图

(a)传递函数框图 (b)增加微分负反馈框图

解 列出图 3-20(a)系统的闭环传递函数,并写成如下规格化形式:

$$G_{\mathrm{B1}}(s) = \frac{50}{0.05s^2 + s + 50} = \frac{31.62^2}{s^2 + 2 \times 0.316 \times 31.62s + 31.62^2}$$

可知,系统的 $\xi=0.316$,$\omega_{\mathrm{n}}=31.62 \text{ s}^{-1}$。用 ξ 求得 $\sigma_{\mathrm{p}}=35\%>5\%$,故不能满足要求。

图 3-20(b)所示系统的闭环传递函数为

$$G_{\mathrm{B2}}(s) = \frac{50}{0.05s^2 + (1+50\tau)s + 50} = \frac{1000}{s^2 + 20(1+50\tau)s + 1000}$$

为满足条件 $\sigma_{\mathrm{p}} \leqslant 5\%$,算得 $\xi=0.69$,现因 $\omega_{\mathrm{n}}=31.62 \text{ s}^{-1}$,而 $20(1+50\tau)=2\xi\omega_{\mathrm{n}}$,从而可求得 $\tau=0.0236\text{s}$。

例 3-4 某机械系统如图 3-21(a)所示,对质量块 m 施加 $x_{\mathrm{i}}(t)=9.5 \text{ N}$ 的力(单位阶跃)后,质量块的位移 $x_{\mathrm{o}}(t)$ 曲线如图 3-21(b)所示,试确定系统的各参数值。

解 机械系统的微分方程为

$$m \frac{\mathrm{d}x_{\mathrm{o}}^2(t)}{\mathrm{d}t} + c \frac{\mathrm{d}x_{\mathrm{o}}(t)}{\mathrm{d}t} + kx_{\mathrm{o}}(t) = x_{\mathrm{i}}(t)$$

此系统的传递函数为

$$G(s) = \frac{X_{\mathrm{o}}(s)}{X_{\mathrm{i}}(s)} = \frac{\dfrac{1}{m}}{s^2 + \dfrac{c}{m}s + \dfrac{k}{m}}$$

与二阶系统的规格化表达式相比较,得

$$\omega_{\mathrm{n}}^2 = \frac{k}{m}, \quad 2\xi\omega_{\mathrm{n}} = \frac{c}{m}$$

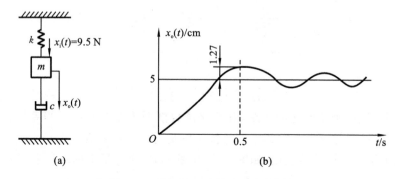

图 3-21　某机械系统及阶跃响应曲线

（a）机械系统图　　（b）位移曲线

因 $X(s) = \dfrac{9.5}{s}$，故

$$X_o(s) = G(s)X_i(s) = \dfrac{\dfrac{1}{m}}{s^2 + \dfrac{c}{m}s + \dfrac{k}{m}}\dfrac{9.5}{s}$$

由终值定理，有

$$x_o(\infty) = \lim_{t \to \infty} x_o(t) = \lim_{s \to 0} X_o(s) = \dfrac{9.5}{k} = 5 \text{ cm}$$

所以，弹簧刚度 $k = 190$ N/m。

由质量块的响应曲线可知其最大超调量为

$$\sigma_p = e^{-\frac{\pi\xi}{\sqrt{1-\xi^2}}} \times 100\% = 1.27/5 \times 100\% = 25.4\%$$

故系统的阻尼比为

$$\xi = 0.4$$

从响应曲线可知，峰值时间 $t_p = 0.5$ s，而根据

$$t_p = \dfrac{\pi}{\omega_n\sqrt{1-\xi^2}}$$

解得　　　$$\omega_n = \dfrac{\pi}{t_p\sqrt{1-\xi^2}} = \dfrac{\pi}{0.5\sqrt{1-0.4^2}} \text{ s}^{-1} = 6.86 \text{ s}^{-1}$$

最后求得两参数值为

$$m = \dfrac{k}{\omega_n^2} = \dfrac{190}{6.86^2} \text{ kg} = 4 \text{ kg}$$

$$c = 2\xi\omega_n m = 2 \times 0.4 \times 6.86 \times 4 \text{ N·s/m} = 22 \text{ N·s/m}$$

3.3.3　二阶系统的单位脉冲响应

当二阶系统的输入信号为理想单位脉冲函数时，由于理想单位脉冲函数 $\delta(t)$ 的

拉普拉斯变换等于 1，即

$$L[\delta(t)] = 1$$

故对于具有标准形式闭环传递函数的二阶系统，其输出的拉普拉斯变换式为

$$C(s) = \frac{\omega_n^2}{s^2 + 2\xi\omega_n s + \omega_n^2}$$

对上式进行拉普拉斯逆变换，便可得到在下列各种情况下的脉冲过渡函数：

（1）欠阻尼（$0 < \xi < 1$）时的脉冲过渡函数为

$$c(t) = \frac{\omega_n}{\sqrt{1-\xi^2}} e^{-\xi\omega_n t} \sin\omega_n \sqrt{1-\xi^2}\, t \quad (t \geqslant 0) \tag{3-30}$$

（2）无阻尼（$\xi = 0$）时的脉冲过渡函数为

$$c(t) = \omega_n \sin\omega_n t \quad (t \geqslant 0) \tag{3-31}$$

（3）临界阻尼（$\xi = 1$）时的脉冲过渡函数为

$$c(t) = \omega_n^2 t e^{-\omega_n t} \quad (t \geqslant 0) \tag{3-32}$$

（4）过阻尼（$\xi > 1$）时的脉冲过渡函数为

$$c(t) = \frac{\omega_n}{2\sqrt{\xi^2-1}} e^{-(\xi-\sqrt{\xi^2-1})\omega_n t} - \frac{\omega_n}{2\sqrt{\xi^2-1}} e^{-(\xi+\sqrt{\xi^2-1})\omega_n t}$$

$$= \frac{\omega_n}{2\sqrt{\xi^2-1}} \left[e^{-(\xi-\sqrt{\xi^2-1})\omega_n t} - e^{-(\xi+\sqrt{\xi^2-1})\omega_n t} \right] \tag{3-33}$$

上述情况下的系统响应曲线如图 3-22 所示。

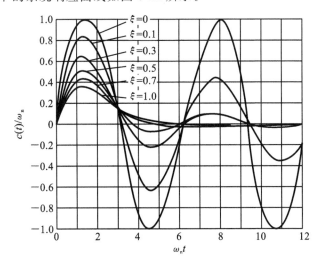

图 3-22　二阶系统的响应曲线

从图 3-22 可见，临界阻尼和过阻尼时的脉冲过渡函数总是正值，而对欠阻尼情况来说，脉冲过渡函数则是围绕横轴振荡的函数，它有正值，也有负值。因此，如果系统的脉冲过渡函数不改变符号，那么系统或处于临界阻尼状态，或处于过阻尼状态，

这时相应的反应阶跃函数的过渡过程不具有超调现象,单调地趋于某一常量。

3.3.4　二阶系统的单位速度响应

当二阶系统的输入信号为单位速度函数,即 $r(t)=t$、$R(s)=\dfrac{1}{s^2}$ 时,其输出的拉普拉斯变换式为

$$C(s)=\frac{\omega_n^2}{s^2+2\xi\omega_n s+\omega_n^2}\frac{1}{s^2}=\frac{1}{s^2}-\frac{\dfrac{2\xi}{\omega_n}}{s}+\frac{\dfrac{2\xi}{\omega_n}(s+\xi\omega_n)+(2\xi^2-1)}{s^2+2\xi\omega_n s+\omega_n^2}$$

对上式进行拉普拉斯逆变换,便求得在下列各种情况下二阶系统的过渡过程。

（1）欠阻尼（$0<\xi<1$）时的过渡过程函数为

$$c(t)=t-\frac{2\xi}{\omega_n}+\mathrm{e}^{-\xi\omega_n t}\left(-\frac{2\xi}{\omega_n}\cos\omega_d t+\frac{2\xi^2-1}{\omega_n\sqrt{1-\xi^2}}\sin\omega_d t\right)\quad(t\geqslant0)\quad(3\text{-}34)$$

式中

$$\omega_d=\omega_n\sqrt{1-\xi^2}$$

$$\tan^{-1}\frac{2\xi\sqrt{1-\xi^2}}{2\xi^2-1}=2\tan^{-1}\frac{\sqrt{1-\xi^2}}{\xi}$$

（2）临界阻尼（$\xi=1$）时的过渡过程函数为

$$c(t)=t-\frac{2}{\omega_n}+\frac{2}{\omega_n}\mathrm{e}^{-\omega_n t}\left(1+\frac{\omega_n t}{2}\right)\quad(t\geqslant0)\qquad(3\text{-}35)$$

（3）过阻尼（$\xi>1$）时的过渡过程函数为

$$c(t)=t-\frac{2\xi}{\omega_n}-\frac{2\xi^2-1-2\xi\sqrt{\xi^2-1}}{2\omega_n\sqrt{\xi^2-1}}\mathrm{e}^{-(\xi+\sqrt{\xi^2-1})\omega_n t}$$

$$+\frac{2\xi^2-1+2\xi\sqrt{\xi^2-1}}{2\omega_n\sqrt{\xi^2-1}}\mathrm{e}^{-(\xi-\sqrt{\xi^2-1})\omega_n t}\quad(t\geqslant0)\qquad(3\text{-}36)$$

二阶系统的单位速度函数响应曲线还可以通过对反应单位阶跃函数的过渡过程的积分求得,其中积分常数可根据 $t=0$ 时过渡过程函数 $c(t)$ 的初始条件来确定。

单位速度函数作用下二阶系统工作于欠阻尼及过阻尼状态时的偏差信号分别是

$$\varepsilon(t)=r(t)-c(t)$$

$$=\frac{2\xi}{\omega_n}-\frac{\mathrm{e}^{-\xi\omega_n t}}{\omega_n\sqrt{1-\xi^2}}\sin\left(\omega_d t+\tan^{-1}\frac{2\xi\sqrt{1-\xi^2}}{2\xi^2-1}\right)\quad(0<\xi<1)\quad(3\text{-}37)$$

及

$$\varepsilon(t)=\frac{2\xi}{\omega_n}+\frac{2\xi^2-1-2\xi\sqrt{\xi^2-1}}{2\omega_n\sqrt{\xi^2-1}}\mathrm{e}^{-(\xi+\sqrt{\xi^2-1})\omega_n t}$$

$$-\frac{2\xi^2-1+2\xi\sqrt{\xi^2-1}}{2\omega_n\sqrt{\xi^2-1}}\mathrm{e}^{-(\xi-\sqrt{\xi^2-1})\omega_n t}\quad(\xi>1)\qquad(3\text{-}38)$$

对于上述两种状态下的偏差信号,分别求取 t 趋于无穷时的极限,将得到完全相

同的稳态偏差 $\varepsilon(\infty)$，即

$$\varepsilon(\infty) = \frac{2\xi}{\omega_n}$$

式(3-38)说明，二阶系统在跟踪单位速度函数时，稳态偏差 $\varepsilon(\infty)$ 是一个常数 $\frac{2\xi}{\omega_n}$，其值与 ω_n 成反比，而与 ξ 成正比。

于是，欲减小系统的稳态偏差需要增大 ω_n 或减小 ξ。但减小 ξ 会使反应单位阶跃函数的过渡过程的超调量 σ_p 增大。因此设计二阶系统时，需要在速度函数作用下的稳态偏差与反应单位阶跃函数过渡过程的超调量之间进行折中考虑，以便确定一个合理的设计方案。二阶系统反应速度函数的过渡过程曲线如图 3-23 所示。图中，K_1、K_2、K_3 为系统的开环放大系数。

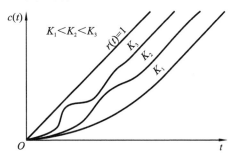

图 3-23　二阶系统反应速度函数的过渡过程曲线

3.4　高阶系统的时域分析

在控制工程中，严格说来，任何一个控制系统几乎都是由高阶微分方程来描述的，也就是说，控制系统是一个高阶系统。对高阶系统的研究和分析一般是比较复杂的，这就要求我们分析高阶系统时，能抓住主要因素，忽略次要因素，使问题得到简化。同时希望将分析二阶系统的方法推广到高阶系统中去。本节将着重建立描述高阶系统过渡过程的闭环主导极点的概念，并利用这一概念对高阶系统进行近似分析。

3.4.1　高阶系统的时间响应分析

一般的单输入/输出高阶线性定常系统传递函数的普遍形式可表示为

$$G(s) = \frac{C(s)}{R(s)} = \frac{b_m s^m + b_{m-1} s^{m-1} + \cdots + b_1 s + b_0}{a_n s^n + a_{n-1} s^{n-1} + \cdots + a_1 s + a_0} \quad (n \geqslant m) \qquad (3\text{-}39)$$

为确定系统的零点和极点，将式(3-39)的分子、分母分解成因式形式，有

$$G(s) = \frac{K(s + z_1)(s + z_2)\cdots(s + z_m)}{(s + p_1)(s + p_2)\cdots(s + p_n)} = \frac{K\prod\limits_{j=1}^{m}(s + z_j)}{\prod\limits_{i=1}^{n}(s + p_i)} \qquad (3\text{-}40)$$

式中，$z_1, z_2, \cdots, z_m$ 为系统闭环传递函数的零点；$p_1, p_2, \cdots, p_n$ 为系统闭环传递函数的极点。

高阶系统时域分析的前提是系统为稳定系统，全部极点都应在 $[s]$ 平面的左半部。系统在单位阶跃作用下有两种情况。

（1）$G(s)$ 的极点是不相同的实数，全在 $[s]$ 平面的左半部（实极点可组成一阶项）。在阶跃信号作用下，有

$$C(s) = G(s)R(s) = \frac{K\prod\limits_{j=1}^{m}(s+z_j)}{\prod\limits_{i=1}^{n}(s+p_i)} \frac{1}{s} = \frac{a}{s} + \sum_{i=1}^{n}\frac{b_i}{s+p_i}$$

对上式进行拉普拉斯逆变换，得

$$c(t) = a + \sum_{i=1}^{n}b_i \mathrm{e}^{-p_i t} \quad (t \geqslant 0) \tag{3-41}$$

式（3-41）等号右边第一项 a 为稳态分量，第二项为包含多项式分量的指数曲线（一阶系统）。随 $t \to \infty$，只要所有实极点 p_i 值为负值，则所有指数曲线分量都趋于零。在各个指数曲线的衰减过程中，p_i 值不同，衰减速度也不同。按照抓住主要因素、忽略次要因素的原则，应主要关注那些衰减较慢（p_i 较小）的分量，它们主要影响系统的过渡过程，而忽略那些衰减较快的分量，从而将高阶系统简化为低阶系统来分析。

（2）极点位于 $[s]$ 平面的左半部，为实极点和共轭复极点（可组成二阶项）。

$$G(s) = \frac{K\prod\limits_{j=1}^{m}(s+z_j)}{\prod\limits_{i=1}^{n}(s+p_i)} = \frac{K\prod\limits_{j=1}^{m}(s+z_j)}{\prod\limits_{i=1}^{q}(s+p_i)\prod\limits_{k=1}^{r}(s^2+2\xi_k\omega_{\mathrm{n}k}s+\omega_{\mathrm{n}k}^2)} \quad (q+2r=n)$$

$$\tag{3-42}$$

在阶跃信号作用下，有

$$C(s) = \frac{a}{s} + \sum_{i=1}^{q}\frac{b_i}{s+p_i} + \sum_{k=1}^{r}\frac{C_k s + d_k}{s^2 + 2\xi_k\omega_{\mathrm{n}k}s + \omega_{\mathrm{n}k}^2}$$

令

$$\omega_{\mathrm{d}k} = \omega_{\mathrm{n}k}\sqrt{1-\xi_k^2}, \quad D_k = \frac{d_k - c_k\xi_k\omega_{\mathrm{n}k}}{\omega_{\mathrm{d}k}}$$

则

$$C(s) = \frac{a}{s} + \sum_{i=1}^{q}\frac{b_i}{s+p_i} + \sum_{k=1}^{r}\left[\frac{C_k(s+\xi_k\omega_{\mathrm{n}k})}{(s+\xi_k\omega_{\mathrm{n}k})^2 + \omega_{\mathrm{d}k}^2} + \frac{D_k\omega_{\mathrm{d}k}}{(s+\xi_k\omega_{\mathrm{n}k})^2 + \omega_{\mathrm{d}k}^2}\right]$$

对上式进行拉普拉斯逆变换，得

$$c(t) = a + \sum_{j=1}^{q}b_i \mathrm{e}^{-p_j t} + \sum_{k=1}^{r}\mathrm{e}^{-\xi_k\omega_{\mathrm{n}k}t}\left[C_k\cos\omega_{\mathrm{d}k}t + D_k\sin\omega_{\mathrm{d}k}t\right] \quad (t \geqslant 0) \tag{3-43}$$

式中，a、b_i、C_k、D_k 均为常数。

由式（3-43）可知，系统的单位阶跃响应包括三部分：第一部分 a 为稳态分量，第

二部分为指数曲线(一阶系统),第三部分为振荡曲线(二阶系统)。因此,高阶系统的单位阶跃响应也是由稳态响应和瞬态响应组成,且稳态响应与输入信号和系统的参数有关,瞬态响应决定于系统的参数,由一些一阶惯性环节和二阶振荡环节的响应信号叠加组成。这也证明了关于高阶系统总是由低阶系统组合而成的观点。当所有极点均具有负实部时,除常数 a 之外,其他各项随着时间 t 趋于无穷而衰减为零,即系统是稳定的。

3.4.2 高阶系统的主导极点与简化

式(3-43)表明,高阶系统反应单位阶跃函数的过渡过程曲线含有指数函数分量和正弦函数分量。

对实际的高阶控制系统来说,如果系统稳定,其闭环极点与零点一定在[s]平面的左半部分布,且有多种形式。但就闭环极点与虚轴的距离来说,却只有远近之别。距虚轴较近的闭环极点对应的过渡过程分量衰减的较慢。这些分量在决定过渡过程形式方面将起主要作用。另一些距虚轴较远的极点,由于相应的过渡过程分量衰减的较快,从而它们对系统的过渡过程影响不大。

还有一些极点虽然靠近虚轴,但是其附近有一个零点,且两者之间的距离不足它们到其他极点距离的十分之一,那么就称之为偶极子。偶极子对其所对应的瞬态响应分量在系统的响应中作用很小,可以忽略不计。

设有一个高阶系统其闭环极点与零点在[s]平面上的分布如图 3-24(a)所示,图3-24(b)所示为该系统脉冲过渡函数的各分量。从图 3-24(b)可见,由共轭极点 s_1、s_2确定的分量,在脉冲过渡函数的诸分量中起主要作用,因为这个分量衰减得最慢。而其他远离虚轴的极点 s_3、s_4、s_5 对应的过渡过程分量,由于衰减较快,它们仅在过渡过程开始后极短的时间(如 $t < t_p$)内呈现出一定的影响。因此,在高阶系统过渡过程的近似分析中,可将此等分量对系统过渡过程的影响忽略。一般来说,可忽略的子信号有两种:衰减很快的信号(极点远离虚轴)、幅值较小的信号(极点附近有零点)。

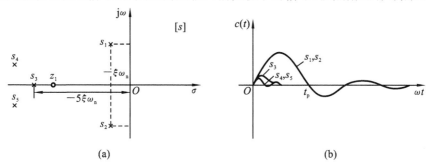

(a)   (b)

图 3-24 高阶系统的零点极点分布及其过渡过程

(a)零点、极点分布 (b)过渡过程

例如,在图 3-24(a)所示的闭环极点、零点分布情况下,设极点 s_3 距虚轴的距离为共轭复数极点 s_1、s_2 距虚轴距离的 5 倍以上,即

$$|\text{Res}_3| \geqslant 5|\text{Res}_1| \geqslant 5\xi\omega_n$$

同时,在极点 s_1、s_2 附近无其他闭环零点。可以计算出与极点 s_3 对应的过渡过程分量的衰减时间为

$$t_{s3} \approx \frac{4}{5\xi\omega_n} = \frac{1}{5}t_{s1} = 0.2t_{s1}$$

t_{s1} 是与距虚轴最近的共轭复数极点 s_1、s_2 对应的过渡过程分量的衰减时间。从二阶系统的过渡过程分析可知,就对应共轭复数极点 s_1、s_2 的过渡过程分量来说,上升时间 t_r、峰值时间 t_p 与调整时间 t_s 之比分别是

$$\frac{t_r}{t_s} = \left.\left(\frac{\pi - \tan^{-1}\frac{\sqrt{1-\xi^2}}{\xi}}{\omega_n\sqrt{1-\xi^2}}\right)\middle/\frac{4}{\xi\omega_n} = \frac{\pi - \tan^{-1}\frac{\sqrt{1-\xi^2}}{\xi}}{4}\frac{\xi}{\sqrt{1-\xi^2}}$$

和

$$\frac{t_p}{t_s} = \left.\frac{\pi}{\omega_n\sqrt{1-\xi^2}}\middle/\frac{4}{\xi\omega_n} = \frac{\pi}{4}\frac{\xi}{\sqrt{1-\xi^2}}$$

当取常用的阻尼比 $\xi = 0.4$ 时,得

$$t_r = 0.216t_s, \quad t_p = 0.34t_s$$

以上计算结果表明,当 $|\text{Res}_3| \geqslant 5|\text{Res}_1|$,以及 s_1、s_2 的阻尼比 $\xi = 0.4$ 时,与极点 s_3 对应的过渡过程分量,早在与极点 s_1、s_2 对应的过渡过程分量达到第一个峰值前就已基本衰减完毕。因此,与极点 s_3 对应的过渡过程分量,对主要由极点 s_1、s_2 决定的系统过渡过程的一些特征量(即性能指标 t_r、t_p、σ_p、t_s、N 等)的影响,便可近似地忽略不计。

从以上分析可知,如果在控制系统的闭环极点中,距虚轴最近的共轭复极点周围没有零点,而其他闭环极点距虚轴的距离,都在上述共轭复极点距虚轴距离的 5 倍以上,则控制系统过渡过程的形式及其与性能指标有关的特征量,主要取决于距虚轴最近的共轭复极点。那些远离虚轴的极点自身对系统过渡过程的影响在近似分析中可以忽略不计。鉴于距虚轴最近而又远离零点的闭环极点对系统过渡过程所起的主导作用,将这样的极点称为闭环主导极点。考虑到控制工程实践通常要求控制系统既具有较高的反应速度,又必须具有一定的阻尼程度,往往将控制系统设计成具有衰减振荡的动态性能的系统。因此,闭环主导极点通常总是以距虚轴最近,而附近又无闭环零点的共轭复极点的形式出现。

应该指出,应用闭环主导极点的概念分析、设计控制系统时,分析和设计工作得到很大简化,易于进行。这是一种很重要的近似分析方法。但需注意,这种近似分析方法是有条件的,不能不问条件任意使用,否则将使分析结果产生较大误差。

以上介绍的基于闭环主导极点概念求取高阶系统过渡过程的方法,实质上是一

种把高阶系统作为二阶系统或一阶系统来处理的近似方法。这种方法抓住了矛盾的主要方面,同时也注意到了高阶系统毕竟不是二阶系统的客观事实,在处理中考虑到,高阶系统过渡过程除了主要由闭环主导极点决定之外,其他闭环极点、零点对它也有影响。这表明,这种方法对矛盾的次要方面也给予了应有的注意,其总的目的是使分析问题的过程得到简化,而且又能较确切地反映高阶系统的客观特性。

例 3-5　已知某系统的闭环传递函数为

$$G(s) = \frac{1}{(0.67s + 1)(0.005s^2 + 0.08s + 1)}$$

试估计系统的阶跃响应特性。

解　本系统为三阶系统,它的三个极点分布情况为:极点 $p_1 = -1.5$,极点 p_2 和 p_3 与虚轴的距离是 p_1 与虚轴距离的 5.3 倍,故 p_2 和 p_3 对系统响应的影响可以忽略,p_1 是主导极点,主导着系统的响应。因此,系统的传递函数可近似看成

$$G^*(s) = \frac{1}{0.67s + 1}$$

该一阶系统的时间常数 $T = 0.67$ s,其阶跃响应没有超调,若取 $\Delta = 2\%$,则系统的调整时间为

$$t_s = 4T = 4 \times 0.67 \text{ s} = 2.68 \text{ s}$$

例 3-6　已知某系统的闭环传递函数为

$$G(s) = \frac{0.61s + 1}{(0.67s + 1)(0.005s^2 + 0.08s + 1)}$$

试估计系统的阶跃响应特性。

解　本系统为三阶系统,有三个闭环极点和一个闭环零点。极点 $p_1 = -1.5$,$p_{2,3} = -8 \pm j11.7$,零点 $z_1 = -1.64$。由于零点 z_1 和极点 p_1 非常接近,为偶极子,因此,它们对系统响应的影响将相互抵消,故共轭复极点 p_2、p_3 成为主导极点。本系统的传递函数可近似看成

$$G^*(s) = \frac{0.61s + 1}{0.005s^2 + 0.08s + 1}$$

该二阶系统的阻尼比 $\xi = 0.57$,无阻尼自由振荡频率 $\omega_n = 14.1$ s^{-1},因此该系统在阶跃信号作用下的超调量为

$$\sigma_p = e^{\frac{-\pi\xi}{\sqrt{1-\xi^2}}} \times 100\% = e^{\frac{0.57\pi}{\sqrt{1-0.57^2}}} \times 100\% = 11.3\%$$

若取 $\Delta = 5\%$,则系统的调整时间为

$$t_s = \frac{3}{\xi\omega_n} = \frac{3}{0.57 \times 14.1} \text{ s} = 0.37 \text{ s}$$

3.5　控制系统的时域稳定性分析

控制系统能在实际中应用,其首要条件就是保证系统稳定。不稳定的控制系统,

当其受到外界或内部一些因素的扰动,例如负载或能源的波动、系统参量的变化等,即使这些扰动很微弱,持续时间很短,也照样会使系统中的各物理量偏离其原平衡工作点,并随时间的推移而发散,最终导致系统在扰动消失后也不可能恢复到原来的平衡工作状态。系统在实际工作过程中,上述类型的扰动是不可避免的。显然,不稳定系统是无法正常工作的。

若控制系统在初始条件的影响下,随着时间的推移,其过渡过程曲线逐渐衰减并趋于零,则称该系统渐近稳定,简称稳定。反之,若在初始条件影响下,系统的过渡过程曲线随时间的推移而发散,则称系统不稳定。分析系统的稳定性,给出保证系统特别是高阶系统稳定的条件,是控制系统设计的基本任务之一。

下面讨论的控制系统稳定问题,如不作特别说明,均指渐近稳定。同时设定,在给定的初始条件下,系统中诸信号的变化均不超出其线性范围。

3.5.1　线性系统稳定的充分必要条件

线性系统的稳定性是系统自身的固有特性,它和系统的输入信号无关。下面按稳定的定义,分析系统的稳定性,并求取线性系统稳定的条件。

设线性系统的运动方程式为

$$D(p)c(t) = M(p)r(t) + M_f(p)f(t) \qquad (3-44)$$

式中

$$D(p) = a_n p^n + a_{n-1} p^{n-1} + \cdots + a_1 p + a_0$$

$$M(p) = b_m p^m + b_{m-1} p^{m-1} + \cdots + b_1 p + b_0$$

$$M_f(p) = d_l p^l + d_{l-1} p^{l-1} + \cdots + d_1 p + d_0$$

对式(3-44)进行拉普拉斯变换,得

$$C(s) = \frac{M(s)}{D(s)}R(s) + \frac{M_f(s)}{D(s)}F(s) + \frac{M_0(s)}{D(s)} \qquad (3-45)$$

式中,$\dfrac{M(s)}{D(s)} = G(s)$ 为线性系统输出信号 $c(t)$ 相对输入信号 $r(t)$ 的闭环传递函数;$\dfrac{M_f(s)}{D(s)} = G_f(s)$ 为线性系统输出信号 $c_f(t)$ 相对扰动信号 $f(t)$ 的闭环传递函数;$M_0(s)$ 为与初始条件 $c^{(i)}(0)$ $(i=0,1,2,\cdots)$ 有关的 s 多项式。

按稳定的定义,分析线性系统的稳定性时,需要研究初始条件影响下系统的过渡过程。为此,在式(3-45)中,取 $r(t)=0$ 及 $f(t)=0$,于是得到在初始条件影响下系统输出信号拉普拉斯变换式,即

$$C(s) = \frac{M_0(s)}{D(s)}$$

若令 $s=s_i(i=1,2,\cdots,n)$ 为线性系统特征方程 $D(s)=0$ 的根(或称系统的特征根),则对 $C(s)$ 应用拉普拉斯逆变换,便得初始条件影响下的过渡过程,即

$$c(t) = \mathrm{L}^{-1}\big[C(s)\big] = \mathrm{L}^{-1}\Big[\frac{M_0(s)}{D(s)}\Big] = \sum_{i=1}^{n} \frac{M_0(s)}{\dot{D}(s)}\bigg|_{s=s_i} \mathrm{e}^{s_i t} \tag{3-46}$$

式中
$$\dot{D}(s) = \frac{\mathrm{d}}{\mathrm{d}s}D(s)$$

从式(3-46)可知,若

$$\mathrm{Re} s_i < 0 \quad (i = 1, 2, \cdots, n)$$

即特征根均具有负实部,则初始条件影响下的过渡过程最终将衰减到零,即

$$\lim_{t \to \infty} c(t) = 0$$

根据稳定的定义,此时系统是稳定的。反之,若特征根中有一个以上的根具有正实部时,则初始条件影响下的过渡过程随时间的推移将发散,即

$$\lim_{t \to \infty} c(t) = \infty$$

根据稳定的定义,这时系统是不稳定的。

上述结论对于任何初始条件,只要不超出系统的线性工作范围,都是成立的。

另外,根据稳定的定义,还可用以下方法求取线性系统的稳定条件。设线性系统在初始条件为零时,输入一个理想单位脉冲 $\delta(t)$,这时系统的输出便是脉冲过渡函数。这相当于系统在扰动信号作用下,输出信号偏离原平衡工作点的情形。当线性系统的脉冲过渡函数 $k(t)$ 随时间的推移而趋于零时,即 $\lim\limits_{t \to \infty} k(t) = 0$ 时,则称线性系统稳定。

假若线性系统的脉冲过渡函数随时间的推移而趋于常值 C 或者趋于等幅振荡 $C\sin(\omega t + \varphi)$,这时的线性系统处于临界稳定状态。这里临界稳定状态也算作稳定状态。又由于理想单位脉冲函数 $\delta(t)$ 的拉普拉斯变换等于 1,所以系统输出的拉普拉斯变换为

$$C(s) = \frac{M(s)}{D(s)}$$

设系统的特征根 $s_i (i = 1, 2, \cdots, n)$ 彼此不等。将上式分解成部分式的形式,即

$$C(s) = \frac{C_1}{(s - s_1)} + \frac{C_2}{(s - s_2)} + \cdots + \frac{C_n}{(s - s_n)} = \sum_{i=1}^{n} \frac{C_i}{(s - s_i)}$$

式中
$$C_i = \frac{M(s)}{\dot{D}(s)}\bigg|_{s=s_i}$$

通过拉普拉斯逆变换,求得系统的脉冲过渡函数为

$$k(t) = c(t) = \sum_{i=1}^{n} c_i \mathrm{e}^{s_i t} \tag{3-47}$$

从式(3-47)不难看出,条件 $\lim\limits_{t \to \infty} k(t) = 0$。只有当系统的特征根全部都具有负实部时方能实现。

因此,得出控制系统稳定的充分必要条件为:稳定系统的特征方程根必须全部

具有负实部；反之，若特征根中有一个或一个以上具有正实部时，则系统必为不稳定。或者说，若系统闭环传递函数 $\Phi(s)$ 的全部极点均位于 $[s]$ 平面的左半部，则系统是稳定的；反之，若有一个或一个以上的极点位于 $[s]$ 平面的右半部，则系统是不稳定的。

基于上述线性系统稳定的充要条件，可得出以下几点结论：

（1）稳定系统的脉冲过渡函数 $k(t)$ 必然随着时间的推移而趋于零，即 $\lim\limits_{t\to\infty}k(t)=0$；但对不稳定系统来说，其脉冲过渡函数 $k(t)$ 将随时间的推移而发散，即 $\lim\limits_{t\to\infty}k(t)=\infty$。

（2）稳定系统在幅值为有界的输入信号作用下，其输出也必定为幅值有界，而对不稳定系统来说，不能断言其输出为幅值有界。

（3）稳定系统在控制信号作用下，由于其输出信号的瞬态分量随时间的推移而衰减并趋于零，因此当输出信号中的稳定分量与控制信号间的误差很小时，系统输出信号便基本上反映了输入信号的变化规律；反之，对不稳定系统来说，由于其输出中的暂态分量随时间的推移而发散，因此系统的输出信号与输入信号间的差别，将随时间的推移而越来越大。同理，当系统受扰动信号作用时，稳定系统可以消除干扰的影响，而不稳定系统则不具有消除干扰的能力。

（4）在控制系统闭环传递函数的极点中，有部分极点位于虚轴之上，而其余的极点分布在 $[s]$ 平面的左半部时，便出现了所谓临界稳定状态。

需要指出的是，对纯正的线性系统来说，上述临界稳定状态虽也看作是稳定的，但对线性化系统来说，这种状态在系统运行过程中能否出现，要根据原非线性运动方程来分析。况且，即使对纯正的线性系统来说，由于在实际运行过程中系统的参数值总可能有变动，以及对这些参数的原始估计和测量也可能不够准确。因此，原来处于虚轴上的极点，实际上却可能分布到 $[s]$ 平面的右半部去，致使系统不稳定。从控制工程实践角度看，一般认为临界稳定属于系统的实际不稳定工作状态。

3.5.2　劳斯稳定判据

线性定常系统稳定的充要条件是，系统的特征根全部具有负实部或闭环传递函数极点全部位于 $[s]$ 平面的左半部。由此可引出系统稳定的判定方法有两种：一是直接求出特征方程的根，看这些根是否全部具有负实部，但当系统的阶数高于三阶时，求解特征根比较困难。二是讨论特征根的分布，看其是否全部位于 $[s]$ 平面的左半部。这种方法避免了对特征方程的直接求解，由此产生了一系列稳定判据，如时域的劳斯（Routh）判据、胡尔维兹（Hurwitz）判据等，频域的奈奎斯特（Nyquist）、伯德（Bode）判据等。

1884 年，由 E. J. Routh 提出劳斯判据。劳斯判据是基于特征方程的根和系数之间的关系建立起来的，通过对特征方程各项系数的代数运算，直接判断其根是否在

[s]平面的左半部,从而判断系统的稳定与否。这种判据又称为代数判据。

1. 系统稳定性与特征方程系数的关系

设系统的特征方程为

$$B(s) = a_n s^n + a_{n-1} s^{n-1} + \cdots + a_1 s + a_0$$

$$= a_n \left(s^n + \frac{a_{n-1}}{a_n} s^{n-1} + \cdots + \frac{a_1}{a_n} s + \frac{a_0}{a_n} \right)$$

$$= a_n (s - s_1)(s - s_2) \cdots (s - s_n) = 0 \tag{3-48}$$

式中,$s_1, s_2, \cdots, s_n$ 为系统的特征根。由根与系数的关系,可求得

$$\begin{cases} \dfrac{a_{n-1}}{a_n} = -(s_1 + s_2 + \cdots + s_n) \\[2mm] \dfrac{a_{n-2}}{a_n} = +(s_1 s_2 + s_1 s_3 + \cdots + s_{n-1} s_n) \\[2mm] \dfrac{a_{n-3}}{a_n} = -(s_1 s_2 s_3 + s_1 s_2 s_4 + \cdots + s_{n-2} s_{n-1} s_n) \\[2mm] \qquad\qquad \vdots \\[2mm] \dfrac{a_0}{a_n} = (-1)^n (s_1 s_2 \cdots s_n) \end{cases} \tag{3-49}$$

从式(3-49)可知,要使全部特征根 $s_1, s_2, \cdots, s_n$ 均具有负实部,就必须满足两个条件:第一,特征方程的各项系数 $a_i (i = 0, 1, 2, \cdots, n)$ 都不等于零。因为若有一个系数为零,则必出现实部为零的特征根或实部有正有负的特征根,才能满足式(3-49)中各式的条件,此时系统为临界稳定的或不稳定的。第二,特征方程的各项系数 a_i 的符号都相同,才能满足式(3-49)中各式的条件。按习惯,一般 a_i 取正值。这样,上述两个条件可以归纳为系统稳定的一个必要条件,即 $a_i > 0$。但这仅仅是一个必要条件,满足必要条件的系统不一定都是稳定的系统,还需要进一步判断其是否满足稳定的充分条件。

2. 劳斯稳定判据及其运用

劳斯稳定判据表述如下:系统稳定的充要条件是劳斯表中第一列各元素的符号均为正,且值不为零。如果劳斯表中第一列系数的符号有变化,则系统不稳定,其符号变化的次数等于该特征方程式的根在[s]平面的右半部的个数。

采用劳斯稳定判据判别系统的稳定性的步骤如下:

(1) 列出系统的特征方程

$$B(s) = a_n s^n + a_{n-1} s^{n-1} + \cdots + a_1 s + a_0 = 0$$

检查各项系数 a_i 是否都大于零。若都大于零,则进行步骤(2)。

(2) 按系统的特征方程列写劳斯表,即

$$
\begin{array}{c|ccccc}
s^n & a_n & a_{n-2} & a_{n-4} & a_{n-6} & \cdots \\
s^{n-1} & a_{n-1} & a_{n-3} & a_{n-5} & a_{n-7} & \cdots \\
s^{n-2} & A_1 & A_2 & A_3 & A_4 & \cdots \\
s^{n-3} & B_1 & B_2 & B_3 & B_4 & \cdots \\
\vdots & \vdots & \vdots & \vdots & \vdots & \\
s^2 & D_1 & D_2 & & & \\
s^1 & E_1 & & & & \\
s^0 & F_1 & & & &
\end{array}
$$

表中

$$
A_1 = \frac{a_{n-1}a_{n-2} - a_n a_{n-3}}{a_{n-1}}, \quad A_2 = \frac{a_{n-1}a_{n-4} - a_n a_{n-5}}{a_{n-1}}, \quad A_3 = \frac{a_{n-1}a_{n-6} - a_n a_{n-7}}{a_{n-1}}, \cdots
$$

一直计算到 $A_i = 0$ 为止；

$$
B_1 = \frac{A_1 a_{n-3} - a_{n-1}A_2}{A_1}, \quad B_2 = \frac{A_1 a_{n-5} - a_{n-1}A_3}{A_1}, \quad B_3 = \frac{A_1 a_{n-7} - a_{n-1}A_4}{A_1}, \cdots
$$

一直计算到 $B_i = 0$ 为止。

用同样的方法,求取劳斯表中其余各行的元素,一直到第 $n+1$ 行排完为止。表中空缺的项,运算时以零代入。

(3) 考察劳斯表中第一列系数的符号,判断系统稳定情况。

若第一列各数均为正数,则闭环特征方程所有的根具有负实部,系统稳定。如果第一列中有负数,则系统不稳定,第一列中数值符号改变的次数就等于系统特征方程含有正实部根的数目。

例 3-7　设系统的特征方程为

$$
B(s) = s^4 + 2s^3 + 3s^2 + 4s + 3 = 0
$$

试用劳斯判据判断系统的稳定性。

解　由特征方程的各项系数可知,各项系数均大于零且无缺项,满足必要条件。列劳斯表如下:

$$
\begin{array}{c|ccc}
s^4 & 1 & 3 & 3 \\
s^3 & 2 & 4 & 0 \\
s^2 & 1 & 3 & \\
s^1 & -2 & & \\
s^0 & 3 & &
\end{array}
$$

由劳斯表第一列看出,系数符号不全为正,从 $1 \to -2 \to 3$,符号改变两次,说明闭环系统有两个正实部的根,即在 $[s]$ 平面的右半部有两个极点,所以控制系统不稳定。

例 3-8　某单位反馈的控制系统框图为图 3-25,试用劳斯判据确定使系统稳定的 K 值范围。

图 3-25　控制系统框图

解　该控制系统的闭环传递函数为

$$G_B(s) = \frac{C(s)}{R(s)} = \frac{K}{s(s^2+s+1)(s+2)+K}$$

闭环系统特征方程为

$$s(s^2+s+1)(s+2)+K = s^4+3s^3+3s^2+2s+K = 0$$

可见,特征方程的系数均大于零且无缺项。列劳斯表如下:

$$
\begin{array}{c|ccc}
s^4 & 1 & 3 & K \\
s^3 & 3 & 2 & \\
s^2 & \dfrac{7}{3} & K & \\
s^1 & 2-\dfrac{9}{7}K & & \\
s^0 & K & &
\end{array}
$$

要使系统稳定,必须满足

$$
\begin{cases}
2 - \dfrac{9}{7}K > 0 \\
K > 0
\end{cases}
$$

所以 K 取值范围是 $0 < K < \dfrac{14}{9}$。

例 3-8 说明了控制系统稳定性与系统放大系数之间的矛盾关系:若希望通过增大系统的放大系数来降低系统的稳态误差的话,要注意,放大系数过大将导致系统不稳定。

3. 劳斯稳定判据的特殊情况

在列劳斯表的时候,可能出现两种特殊情况:

(1) 劳斯表的任一行中,出现第一个元素为零,其余各元素不全为零。出现这种情况将使劳斯表无法往下排列。此时,可用一个很小的正数 ε 代替零的那一项,继续排列劳斯表中的其他元素。最后取 $\varepsilon \to 0$ 的极限,利用劳斯判据进行判断。

例 3-9　用劳斯判据判断特征方程

$$B(s) = s^4 + 2s^3 + 3s^2 + 6s + 1 = 0$$

表示的系统的稳定性,并说明使系统不稳定的特征根的性质。

解　列劳斯表如下:

$$
\begin{array}{c|ccc}
s^4 & 1 & 3 & 1 \\
s^3 & 2 & 6 & \\
s^2 & 0 \approx \varepsilon & 1 & \\
s^1 & (6\varepsilon - 2)/\varepsilon < 0 & & \\
s^0 & 1 & &
\end{array}
$$

因为劳斯表第一列出现零元素,故系统不稳定。又因为其第一列的元素的符号变化两次,故特征根中有两个带正实部的根。

(2) 劳斯表的任一行中,所有元素为零。出现这种情况的原因可能是系统中存在对称于复平面原点的特征根,这些根或者是两个符号相反、绝对值相等的实根,或者是一对实部为零的共轭复虚根。由于根对称于复平面原点,故特征方程的次数总是偶数。出现任一行全为零的时候,可做以下处理:

① 利用全为零的这一行的上一行的各项系数组成一个偶次辅助多项式;

② 对辅助多项式求导,用辅助多项式一阶导数的系数代替劳斯表中的零行继续计算,直到列出劳斯表;

③ 解辅助方程,可以得到特征方程中对称分布的根。

例 3-10　设控制系统的特征方程为

$$B(s) = s^5 + s^4 + 3s^3 + 3s^2 + 2s + 2 = 0$$

求使系统不稳定的特征根的数目和性质。

解　列劳斯表如下:

$$
\begin{array}{c|ccc}
s^5 & 1 & 3 & 2 \\
s^4 & 1 & 3 & 2 \\
s^3 & 0 & 0 & \\
s^2 & & & \\
s^1 & & & \\
s^0 & & &
\end{array}
$$

劳斯表的 s^3 行出现全为零,故辅助多项式为

$$F(s) = s^4 + 3s^2 + 2 = 0$$

对 s 求导,得　　　　　　　　$F'(s) = 4s^3 + 6s = 0$

用 $F'(s)$ 的系数取代全零行,作 s^3 行的元素,得到的劳斯表如下:

$$
\begin{array}{c|ccc}
s^5 & 1 & 3 & 2 \\
s^4 & 1 & 3 & 2 \\
s^3 & 4 & 6 & \\
s^2 & 3/2 & 2 & \\
s^1 & 2/3 & & \\
s^0 & 2 & &
\end{array}
$$

由此可见,该系统是稳定的,没有使系统不稳定的特征根。

3.6　控制系统误差时域分析及计算

前面所讨论的动态性能是线性控制系统的重要特性,而控制系统的另一个重要特性与系统的误差有关。控制系统输入量的改变不可避免地会引起动态响应过程中的误差,并且还会引起系统产生稳态误差。这一误差与许多因素有关,如传动机构的静摩擦、间隙,放大器的零点漂移、电子元件的老化等,都会使系统产生误差。

3.1 节中曾指出,稳态性能指标是表征控制系统准确性的性能指标,通常用稳态下输出量的希望值与实际值之间的差来衡量。一个符合工程要求的系统,其稳态误差必须控制在允许的范围之内。例如,工业加热炉的炉温误差若超过其允许的限度,就会影响加工产品的质量;火炮跟踪系统的误差超过允许限度就不能用于战斗……。这些都说明了稳态误差是系统质量的一个重要性能指标。

讨论稳态误差的前提是系统必须稳定。因为一个不稳定的系统无稳态。因此,讨论时所指的都是稳定的系统。

3.6.1　系统的误差与偏差

系统误差 $e(t)$ 一般定义为:控制系统所期望的输出量 $c^*(t)$ 与实际输出量 $c(t)$ 之间的差值,即

$$e(t) = c^*(t) - c(t)$$

为避免与系统偏差混淆,误差的拉普拉斯变换记为 $E_1(s)$,则

$$E_1(s) = C^*(s) - C(s)$$

在闭环控制系统中,系统偏差 $\varepsilon(t)$ 定义为参考输入信号 $r(t)$ 与反馈信号 $b(t)$ 之差,即

$$\varepsilon(t) = r(t) - b(t)$$

其拉普拉斯变换为

$$E(s) = R(s) - B(s) = R(s) - H(s)C(s)$$

一个闭环控制系统之所以能对输出 $C(s)$ 起自动控制作用,就在于运用偏差 $E(s)$ 对它进行控制。当 $C(s) \neq C^*(s)$ 时,由于 $E(s) \neq 0$,$E(s)$ 就起控制作用,力图将 $C(s)$ 调节到 $C^*(s)$ 值。反之,当 $C(s) = C^*(s)$ 时,应有 $E(s) = 0$,而使 $E(s)$ 不再对 $C(s)$ 进行调节。

当 $C(s) = C^*(s)$ 时,有

$$E(s) = C(s) - B(s) = C(s) - H(s)C^*(s) = 0$$

$$C(s) = H(s)C^*(s) \quad 或 \quad C^*(s) = \frac{1}{H(s)}C(s)$$

因此,在一般情况下系统的误差 $E_1(s)$ 和偏差 $E(s)$ 之间的关系为

$$E_1(s) = \frac{1}{H(s)}E(s) \tag{3-50}$$

由式(3-50)可知,求出偏差 $E(s)$ 后即可求出误差 $E_1(s)$。对于单位反馈系统,$H(s)=1$,则偏差与误差相同。由于误差和偏差之间具有确定性的关系,故往往把偏差作为误差的量度,用偏差信号来求取稳态误差。

3.6.2　系统的稳态误差与稳态偏差

在时域中,系统的稳态误差定义为

$$e_{ss} = \lim_{t \to \infty} e(t)$$

为计算系统稳态误差,可先求出 $E_1(s)$,再利用拉普拉斯变换的终值定理求解,即

$$e_{ss} = \lim_{t \to \infty} e(t) = \lim_{s \to 0} s E_1(s)$$

同样,系统的稳态偏差为

$$\varepsilon_{ss} = \lim_{t \to \infty} \varepsilon(t) = \lim_{s \to 0} s E(s)$$

通常在输入信号和干扰信号共同作用下的系统框图如图 3-26 所示。下面分析系统在参考输入和干扰输入共同作用下的稳态误差。

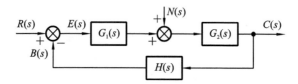

图 3-26　输入和扰动共同作用下的系统框图

系统在参考输入 $R(s)$ 作用下的偏差传递函数为

$$\frac{E(s)}{R(s)} = \frac{1}{1 + G_1(s)G_2(s)H(s)}$$

系统在参考输入 $R(s)$ 作用下的偏差为

$$E(s) = \frac{1}{1 + G_1(s)G_2(s)H(s)} R(s)$$

利用式(3-50),系统在参考输入 $R(s)$ 作用下的稳态误差为

$$e_{Rss} = \lim_{s \to 0} s E_1(s) = \lim_{s \to 0} s \frac{1}{H(s)} E(s) = \lim_{s \to 0} s \frac{1}{H(s)} \frac{1}{1 + G_1(s)G_2(s)H(s)} R(s)$$

$$(3-51)$$

系统在干扰输入 $N(s)$ 作用下的偏差传递函数为

$$\frac{E(s)}{N(s)} = \frac{-G_2(s)H(s)}{1 + G_1(s)G_2(s)H(s)}$$

系统在输入 $N(s)$ 作用下的偏差为

$$E(s) = \frac{-G_2(s)H(s)}{1 + G_1(s)G_2(s)H(s)} N(s)$$

利用式(3-50),系统在干扰输入 $N(s)$ 作用下的稳态误差为

$$e_{N\text{ss}} = \lim_{s \to 0} sE_1(s) = \lim_{s \to 0} s \frac{1}{H(s)} E(s) = \lim_{s \to 0} s \frac{1}{H(s)} \frac{-G_2(s)H(s)}{1+G_1(s)G_2(s)H(s)} N(s)$$

$$= \lim_{s \to 0} \frac{-sG_2(s)N(s)}{1+G_1(s)G_2(s)H(s)} \tag{3-52}$$

由式(3-51)和式(3-52)得,系统在 $R(s)$ 和 $N(s)$ 共同作用下的稳态误差为

$$e_{\text{ss}} = e_{R\text{ss}} + e_{N\text{ss}} = \lim_{s \to 0} \left[\frac{1}{H(s)} \frac{sR(s)}{1+G_1(s)G_2(s)H(s)} - \frac{sG_2(s)N(s)}{1+G_1(s)G_2(s)H(s)} \right]$$

$$\tag{3-53}$$

特别地,当 $H(s)=1$ 时,系统误差 e_{ss} 等于系统偏差 ε_{ss},因此分析时不再区分稳态误差 e_{ss} 和稳态偏差 ε_{ss}。

3.6.3　系统的型次与偏差系数

1. 系统类型与稳态误差的关系

由以上讨论可知,系统的稳态误差与输入信号和系统传递函数有关,此处先讨论系统类型与稳态误差之间的关系。

线性系统的开环传递函数的一般表达式可写为

$$G(s)H(s) = \frac{K_1(s-z_1)(s-z_2)\cdots(s-z_m)}{(s-p_1)(s-p_2)\cdots(s-p_n)} = \frac{K(\tau_1 s+1)(\tau_2 s+1)\cdots(\tau_m s+1)}{s^v(T_1 s+1)(T_2 s+1)\cdots(T_{n-v} s+1)}$$

式中,K 为系统的开环增益系数;$\tau_1, \tau_2, \cdots, \tau_m$ 和 $T_1, T_2, \cdots, T_{n-v}$ 为时间常数;v 为开环传递函数中包含积分环节的个数。

工程上,通常根据系统中包含积分环节的个数 v 来划分系统的型次:$v=0$ 的系统称为 0 型系统,$v=1$ 的系统称为 I 型系统,$v=2$ 的系统称为 II 型系统,依此类推。

2. 稳态误差与输入信号的关系

1) 静态位置误差系数 K_p

当系统输入为单位阶跃信号时,$X_i(s)=1/s$,系统的稳态误差

$$e_{\text{ss}} = \lim_{s \to 0} s \frac{1}{H(s)} \frac{1}{1+G_1(s)G_2(s)H(s)} \frac{1}{s} = \frac{1}{H(0)} \frac{1}{1+\lim_{s \to 0} G(s)H(s)}$$

$$= \frac{1}{H(0)} \frac{1}{1+K_p}$$

式中,K_p 定义为静态位置误差系数,$K_p = \lim_{s \to 0} G(s)H(s)$。

当系统为单位反馈控制系统时

$$e_{\text{ss}} = \frac{1}{1+K_p} \tag{3-54}$$

对于 0 型系统,有

$$K_p = \lim_{s \to 0} G(s)H(s) = \lim_{s \to 0} \frac{K}{s^0} = K, \quad e_{\text{ss}} = \frac{1}{1+K}$$

故 0 型系统为有差系统。对于 I 型系统,有

$$K_p = \lim_{s \to 0} G(s)H(s) = \lim_{s \to 0} \frac{K}{s^1} = \infty, \quad e_{ss} = 0$$

故 I 型系统为位置无差系统。同理,对于 II 型系统,有

$$K_p = \infty, \quad e_{ss} = 0$$

故 II 型系统为位置无差系统。II 型以上系统依此类推。

综上所述,系统稳态误差除与输入信号 $R(s)$ 有关外,还与系统的开环增益系数 K 及 v 值有关,而与时间常数 τ、T 及参数 ξ 毫无关系。因此,欲消除系统在阶跃作用下的稳态误差,要求开环传递函数 $G(s)H(s)$ 中至少应配置一个积分环节,即 $v \geq 1$。

2) 静态速度误差系数 K_v

当系统输入为单位斜坡信号时,有

$$X_i(s) = 1/s^2$$

则系统的稳态误差为

$$e_{ss} = \lim_{s \to 0} s \frac{1}{H(s)} \frac{1}{1 + G_1(s)G_2(s)H(s)} \frac{1}{s^2} = \frac{1}{H(0)} \lim_{s \to 0} \frac{1}{s + sG(s)H(s)}$$

$$= \frac{1}{H(0)} \frac{1}{\lim_{s \to 0} sG(s)H(s)} = \frac{1}{H(0)} \frac{1}{K_v}$$

式中,K_v 定义为静态速度误差系数,$K_v = \lim_{s \to 0} sG(s)H(s)$。

当系统为单位反馈控制系统时,有

$$e_{ss} = \frac{1}{K_v} \tag{3-55}$$

对于 0 型系统,有

$$K_v = \lim_{s \to 0} sG(s)H(s) = \lim_{s \to 0} sK = 0, \quad e_{ss} = \frac{1}{K_v} = \infty$$

对于 I 型系统,有

$$K_v = \lim_{s \to 0} sG(s)H(s) = \lim_{s \to 0} s\frac{K}{s} = K, \quad e_{ss} = \frac{1}{K_v}$$

对于 II 型系统,有

$$K_v = \lim_{s \to 0} sG(s)H(s) = \lim_{s \to 0} \frac{K}{s} = \infty, \quad e_{ss} = 0$$

II 型以上系统依此类推。

上述分析表明,输入为斜坡信号时,0 型系统不能跟随,误差趋于无穷大,I 型系统为有差系统,II 型系统及 II 型以上系统为无差系统。欲消除系统在斜坡作用下的稳态误差,开环传递函数中至少应配置两个积分环节,即 $v \geq 2$。不同 v 值下的斜坡响应曲线如图 3-27 所示。0 型系统不能跟随并不表明系统不稳定,这是由于 $x_o(t)$ 的稳态速度与 $x_i(t)$ 不相同,致使误差逐渐积累。因此,响应发散的系统不一定不稳定,

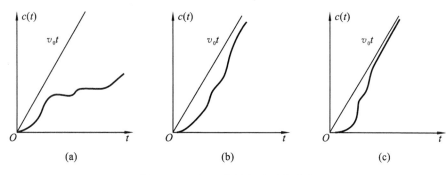

图 3-27　不同 v 值的斜坡响应曲线

(a)$v=0$　　(b)$v=1$　　(c)$v\geqslant 2$

但不稳定的系统其响应必定发散。

3）静态加速度误差系数 K_a

当系统输入为单位加速度信号时,有

$$X_i(s) = 1/s^3$$

则系统的稳态误差为

$$e_{ss} = \lim_{s \to 0} s \frac{1}{H(s)} \frac{1}{1+G_1(s)G_2(s)H(s)} \frac{1}{s^3} = \frac{1}{H(0)} \lim_{s \to 0} \frac{1}{s^2+s^2G(s)H(s)}$$

$$= \frac{1}{H(0)} \frac{1}{\lim\limits_{s \to 0} s^2 G(s)H(s)} = \frac{1}{H(0)} \frac{1}{K_a}$$

式中,K_a 定义为静态加速度误差系数,$K_a = \lim\limits_{s \to 0} s^2 G(s)H(s)$。

当系统为单位反馈控制系统时,有

$$e_{ss} = \frac{1}{K_a} \tag{3-56}$$

对于 0 型系统,有

$$K_a = \lim_{s \to 0} s^2 G(s)H(s) = \lim_{s \to 0} s^2 K = 0, \quad e_{ss} = \frac{1}{K_a} = \infty$$

对于 I 型系统的分析同 0 型系统。

对于 II 型系统,有

$$K_a = \lim_{s \to 0} s^2 G(s)H(s) = \lim_{s \to 0} s^2 \frac{K}{s^2} = K, \quad e_{ss} = \frac{1}{K_a}$$

上述分析表明,输入为加速度信号时,0 型系统和 I 型系统不能跟随,II 型系统为有差系统,III 型及 III 型以上系统为无差系统。欲消除或减小系统稳态误差,必须增加积分环节数目 $v \geqslant 3$ 和增大开环增益系数 K,这与系统稳定性的要求是矛盾的。不同 v 值下的加速度响应曲线如图 3-28 所示,合理地解决这一矛盾,是系统的设计任务之一。一般是首先保证稳态精度,然后采用某些校正措施改善系统的稳定性。

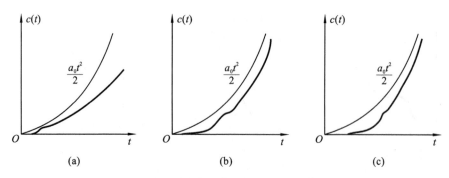

图 3-28　不同 v 值的加速度响应曲线

(a)$v \leqslant 1$　(b)$v=2$　(c)$v \geqslant 3$

3. 稳态误差

综合以上分析结果典型输入信号下系统的稳态误差如表 3-2 所示。

表 3-2　典型输入信号下系统的稳态误差

系统类型	单位阶跃输入	单位斜坡输入	单位加速度输入
0 型系统	$\dfrac{1}{1+K_p}$	∞	∞
Ⅰ 型系统	0	$\dfrac{1}{K_v}$	∞
Ⅱ 型系统	0	0	$\dfrac{1}{K_a}$

由表 3-2 可得如下结论:

(1) 同一系统,在输入信号不同时,系统的稳态误差不同。

(2) 系统的稳态误差与系统的型次有关。在输入信号相同时,系统的型次越高,稳态精度也越高。应根据系统承受输入情况选择系统的型次。

(3) 系统的稳态误差随开环增益的增大而减小。K 值大有利于减小 ε_{ss},但 K 值太大不利于系统的稳定性。

(4) 要获得系统的稳态误差可以通过系统的稳态偏差来求取,系统的稳态偏差由系统的静态误差系数 K_p、K_v、K_a 来求得。在一定意义上,K_p、K_v、K_a 反映了系统减小或消除 ε_{ss} 的能力。

例 3-11　已知某单位反馈系统的开环传递函数为

$$G(s)H(s) = \frac{2.5(s+1)}{s^2(0.25s+1)}$$

求系统在参考输入 $x_i(t)=6+6t+6t^2$ 作用下的系统的稳态误差。

解　系统的静态误差系数为

$$K_p = \lim_{s \to 0} G(s)H(s) = \lim_{s \to 0} \frac{2.5(s+1)}{s^2(0.25s+1)} = \infty$$

$$K_v = \lim_{s \to 0} s G(s) H(s) = \lim_{s \to 0} s \frac{2.5(s+1)}{s^2(0.25s+1)} = \infty$$

$$K_a = \lim_{s \to 0} s^2 G(s) H(s) = \lim_{s \to 0} s^2 \frac{2.5(s+1)}{s^2(0.25s+1)} = 2.5$$

因此,系统的稳态误差为

$$e_{ss} = \frac{6}{1+K_p} + \frac{6}{K_v} + \frac{12}{K_a} = 4.8$$

3.6.4　扰动作用下的稳态误差

实际系统中,除了给定的输入作用外,往往还会受到不希望的扰动作用。例如机电传动系统中的负载力矩波动、电源电压波动等。在扰动作用下的稳态误差值的大小,反映了系统的抗干扰能力。图 3-26 所示的闭环控制系统在扰动作用下的稳态误差为

$$e_{Nss} = \lim_{s \to 0} \frac{-s G_2(s) N(s)}{1 + G_1(s) G_2(s) H(s)}$$

上式表明,在扰动作用下,系统的稳态误差与开环传递函数、扰动以及扰动的位置有关。应该注意的是,前面所定义的静态误差系数是在输入作用下得出的,并不适用于求取扰动作用下的稳态误差。下面通过例题解析作进一步说明。

例 3-12　求图 3-29 为单位反馈系统框图,求不同位置的单位阶跃扰动下的稳态误差。

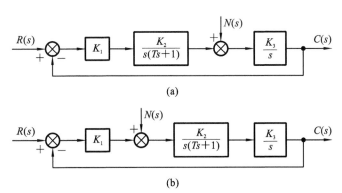

图 3-29　扰动作用下的系统框图
(a)扰动位置较后　(b)扰动位置较前

解　(1) 当扰动位置较后(见图 3-29(a))时,设

$$G_1(s) = K_1 \frac{K_2}{s(Ts+1)}, \quad G_2(s) = \frac{K_3}{s}, \quad H(s) = 1$$

在单位扰动 $N(s) = \dfrac{1}{s}$ 作用下,系统的稳态误差为

$$e_{Nss} = \lim_{s \to 0} \frac{-sG_2(s)N(s)}{1+G_1(s)G_2(s)H(s)} = -\lim_{s \to 0} \frac{s\frac{K_3}{s}\frac{1}{s}}{1+\frac{K_1K_2K_3}{s^2(Ts+1)}}$$

$$= -\lim_{s \to 0} \frac{K_3 s(Ts+1)}{s^2(Ts+1)+K_1K_2K_3} = 0$$

（2）当扰动位置较前（见图 3-29(b)）时,设

$$G_1(s) = K_1, \quad G_2(s) = \frac{K_2}{s(Ts+1)}\frac{K_3}{s}, \quad H(s) = 1$$

在单位扰动 $N(s) = \frac{1}{s}$ 作用下,系统的稳态误差为

$$e_{Nss} = \lim_{s \to 0} \frac{-sG_2(s)N(s)}{1+G_1(s)G_2(s)H(s)} = -\lim_{s \to 0} \frac{s\frac{K_2}{s(Ts+1)}\frac{K_3}{s}\frac{1}{s}}{1+\frac{K_1K_2K_3}{s^2(Ts+1)}}$$

$$= -\lim_{s \to 0} \frac{K_2K_3}{s^2(Ts+1)+K_1K_2K_3} = -\frac{1}{K_1}$$

从例 3-12 可知,在扰动作用下,系统的稳态误差与开环传递函数、扰动作用以及扰动作用的位置都有关。从扰动作用的位置来看,系统稳态误差与偏差信号到扰动点之间的积分环节的数目以及增益的大小有关,而与扰动点作用后面的积分环节的数目以及增益的大小无关。

系统在参考输入和扰动共同作用下的稳态误差,可应用叠加原理,将两种作用分别引起的稳态误差进行叠加。

需要注意的是,讨论系统的稳态误差是在系统稳定的前提下进行的,对于不稳定的系统,也就不存在稳态误差问题。

3.6.5　提高系统稳态精度的措施

当系统稳态精度不满足要求时,一般可采用如下措施来减小或消除系统的稳态误差。

（1）提高系统的开环增益即放大系数　提高开环增益,可以明显提高 0 型系统在阶跃输入、Ⅰ型系统在斜坡输入、Ⅱ型系统在抛物线输入作用下的稳态精度。但当开环增益过高时,系统的稳定程度会降低。

（2）提高系统的型次　提高系统的型次,即增加开环系统中积分环节的个数,尤其是在扰动作用点前引入积分环节,可以减小稳态误差。但是单纯地提高系统型次,同样会降低系统的稳定程度,因此一般不使用高于Ⅱ型的系统。

（3）复合控制结构　当要求控制系统既要高稳态精度,又要求有良好的动态性能时,如果单靠加大开环增益或在前向通道内串入积分环节,往往不能同时满足上述

要求,这时可采用复合控制方法,即在反馈回路中加入前馈通路,组成前馈控制与反馈控制相结合的复合控制系统,以补偿参考输入和扰动作用产生的误差。

习　　题

3-1　已知系统脉冲响应为

$$c(t) = 0.0125 \mathrm{e}^{-1.25t}$$

试求系统闭环传递函数 $G(s)$。

3-2　一阶系统结构如图 3-30 所示。要求系统闭环增益系数 $K = 2$,调整时间 $t_s \leqslant 0.4$ s,试确定参数 K_1、K_2 的值。

3-3　已知某元部件的传递函数 $G(s) = \dfrac{10}{0.2s + 1}$,欲采用图 3-31 中引入负反馈的办法,将调整时间 t_s 减至原来的 0.5 倍,但总放大系统保持不变,试选择 K_H、K_0 的值。

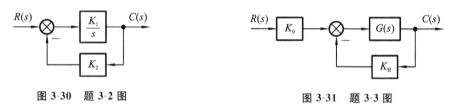

图 3-30　题 3-2 图　　　　　　　　　　　　图 3-31　题 3-3 图

3-4　在许多化学过程中,反应槽内的温度要保持恒定,图 3-32(a) 和 (b) 分别为开环和闭环温度控制系统结构图,两种系统正常的 K 值为 1。

(a)　　　　　　　　　　　　　　　　　　　(b)

图 3-32　题 3-4 图

(1) 若 $r(t) = u(t)$、$n(t) = 0$,两种系统从响应开始达到稳态温度值的 63.2% 各需多长时间?

(2) 当有阶跃扰动 $n(t) = 0.1$ 时,求扰动对两种系统的温度的影响。

3-5　二阶系统的传递函数为

$$\frac{C(s)}{R(s)} = \frac{\omega_n^2}{s^2 + 2\xi\omega_n s + \omega_n^2}$$

计算下列情况下的阶跃响应动态指标 σ_p、t_s、t_p,并概略作出对应的单位阶跃响应曲线。

(1) $\xi = 0.1$,$\omega_n = 5$ s^{-1}　　　(2) $\xi = 0.1$,$\omega_n = 10$ s^{-1}　　　(3) $\xi = 0.5$,$\omega_n = 5$ s^{-1}

3-6　设角速度指示随动系统结构图如图 3-33 所示。若要求系统单位阶跃响应无超调,且调整时间尽可能短,开环增益 K 应取何值? 调整时间 t_s 是多少?

3-7 某典型二阶系统的单位阶跃响应如图 3-34 所示,试确定系统的闭环传递函数。

图 3-33　题 3-6 图

图 3-34　题 3-7 图

3-8 设图 3-35(a)所示系统的单位阶跃响应曲线如图 3-35(b)所示,试确定系统参数 K_1、K_2 和 a。

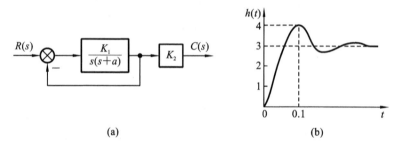

(a)　　　　　　　　　　(b)

图 3-35　题 3-8 图

3-9 已知系统的特征方程如下:

(1) $D(s) = s^5 + 2s^4 + 2s^3 + 4s^2 + 11s + 10 = 0$

(2) $D(s) = s^5 + 3s^4 + 12s^3 + 24s^2 + 32s + 48 = 0$

(3) $D(s) = s^5 + 2s^4 - s - 2 = 0$

(4) $D(s) = s^5 + 2s^4 + 24s^3 + 48s^2 - 25s - 50 = 0$

试判断系统的稳定性,并确定在[s]平面右半部根的个数及纯虚根。

3-10 单位反馈系统的开环传递函数为

$$G(s) = \frac{K(s+1)}{s(Ts+1)(2s+1)}$$

试在满足 $T>0$、$K>1$ 的条件下,确定使系统稳定的 T 和 K 的取值范围,并以 T 和 K 为坐标画出使系统稳定的参数区域图。

3-11 已知各单位负反馈系统的开环传递函数如下:

(1) $G(s) = \dfrac{10}{(0.1s-1)(0.5s+1)}$　　(2) $G(s) = \dfrac{7(s+1)}{s(s+4)(s^2+2s+2)}$

(3) $G(s) = \dfrac{8(s+1)}{s^2(0.1s+1)}$

试求输入信号为 $u(t)$、$tu(t)$ 和 $t^2u(t)$,系统的稳态误差(规定误差 $e(t)=r(t)-c(t)$)。

3-12 试判断图 3-36 所示系统对 $r(t)$ 和 $n(t)$ 各具有几型精度。

3-13 试求图 3-37 所示系统的总稳态误差(规定误差 $e(t)=r(t)-c(t)$)。

图 3-36 题 3-12 图

图 3-37 题 3-13 图

3-14 系统结构如图 3-38 所示。已知 $R(s) = N_1(s) = N_2(s) = U(s)$，试分别计算 $R(s)$、$N_1(s)$ 和 $N_2(s)$ 作用时的稳态误差，并说明积分环节设置位置对减小输入和干扰作用下的稳态误差的影响。

图 3-38 题 3-14 图

第4章 根轨迹法

学习要点 了解根轨迹法的基本概念,掌握根轨迹方程的求解方法;了解系统参数变化时根轨迹的一般规律,掌握根轨迹绘制的基本方法;掌握参数根轨迹的绘制方法,了解非最小相位系统的基本概念;明确开环零点和极点对系统性能的影响,了解开环零点和极点分布与系统性能之间的联系。

4.1 根轨迹与根轨迹方程

根轨迹法是分析和设计线性控制系统的图解方法,它使用简便,在控制工程上得到了广泛应用。本章首先介绍根轨迹的基本概念,然后重点介绍根轨迹绘制的基本方法。在此基础上,进一步讨论参数根轨迹的问题,最后介绍控制系统的根轨迹分析方法。

4.1.1 根轨迹的基本概念

我们知道,闭环系统的稳定性取决于它的特征根(闭环极点),而系统的品质则取决于系统的闭环极点和零点在[s]平面上的位置。通常,为了求解特征方程式的根,也就是系统的闭环极点,需将特征多项式分解为因式。对三阶以上的系统来说,求解特征方程的根需要进行复杂的计算。另一方面,在分析或设计系统时,经常要研究一个或者几个参量在一定范围内的变化对于闭环极点的位置以及系统性能的影响。例如考察高阶系统的开环增益变化对系统性能的影响,如果按已有的特征方程(高阶代数方程)求根的近似方法,就需要反复进行复杂的计算,显得十分烦琐,使这种方法难以在实际中应用。

1948 年,伊文思(W. R. Evans)根据反馈系统开环和闭环传递函数之间的本质联系,提出了一种求解系统特征方程式的根的图解方法——根轨迹法。所谓根轨迹是指当系统中某个或几个参数变化时,特征方程的根在[s]平面上变化的轨迹。它是在已知开环极点、零点分布的基础上研究一个或某些系统参数变化对闭环极点分布的影响。

采用根轨迹法可以在已知系统的开环零点和极点条件下,绘制出系统特征方程式的根(即闭环传递函数的极点)在[s]平面上随参数变化运动的轨迹,只需进行简单计算就可直观地看出系统某个参数作全局变化(例如某个参数从 $0 \rightarrow \infty$ 时),闭环极点的变化趋势。借助这种方法常常可以比较简便、直观地分析系统特征方程式的根与系统参数之间的关系。这种定性分析在研究系统性能和改善系统性能方面具有重要意义,特别是利用计算机进行辅助设计以后,更加方便和直观。因此,作为一种时域分析方法,根轨迹法已成为经典控制理论中最基本的方法之一,与频率法互为补充,都是研究控制系统的有效工具。

以图 4-1 所示二阶反馈系统为例,系统开环传递函数为

$$G_K(s) = \frac{K}{s(0.5s+1)}$$

图 4-1　二阶反馈系统

式中,K 为开环增益系数。其闭环传递函数为

$$G_B(s) = \frac{C(s)}{R(s)} = \frac{K}{s(0.5s+1)+K} = \frac{K}{0.5s^2+s+K}$$

则闭环特征方程为 $0.5s^2+s+K=0$,解之,得闭环特征根表达式为

$$s_1 = -1 + \sqrt{1-2K}, \quad s_2 = -1 - \sqrt{1-2K}$$

下面寻找当开环增益系数 K 由 $0 \to \infty$ 变动时,闭环特征根 s_1、s_2 在 [s] 平面上移动的轨迹。

取 K 为不同值代入 s_1、s_2 的表达式,结果如表 4-1 所示。

表 4-1　不同 K 值下的 s_1、s_2

K	0	0.5	1.0	∞
s_1	0	-1	$-1+j1$	$-1+j\infty$
s_2	-2	-1	$-1-j1$	$-1-j\infty$

在 [s] 平面上标出特征根 s_1、s_2 的值,逐点连接这些特征根点,再用箭头表示它们的变化趋向,则随 K 变动,s_1、s_2 在平面上的轨迹如图 4-2 所示,此即系统的根轨迹。

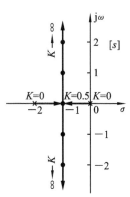

图 4-2　二阶系统根轨迹

根轨迹直观显示了开环增益系数 K 和特征根分布的关系,由此可对系统的动态性能进行如下分析:

(1) K 由 $0 \to \infty$ 变动,根轨迹均在 [s] 平面的左半部。因此只要 $K>0$,系统总是稳定的。

(2) $0<K<0.5$,闭环特征根为实根,故系统呈过阻尼状态,阶跃响应无超调,具有非周期性。

(3) $K=0.5$,系统呈临界阻尼状态。

(4) $K>0.5$,s_1、s_2 为共轭复根,系统呈欠阻尼状态,阶跃响应具有衰减振荡特性。

(5) $K=1$,$s_1=-1+j1$,$s_2=-1-j1$,系统处于最佳阻尼状态,阶跃响应的平稳性及快速性均较理想。

(6) $K>1$,系统阻尼减弱、振荡频率加大,平稳性变差。

(7) 开环传递函数中有一个串联的积分环节,故系统为 I 型系统,阶跃作用下的稳态误差为零;而静态速度误差系数 $K_v=K$,K 加大则稳态精度提高。

可以看出,只要把握了系统的根轨迹,控制过程许多方面的特性都将一目了然。但是,用逐点求闭环特征方程根的一般代数方法绘制根轨迹,对高阶系统将是不现实的。而根轨迹法则是利用了反馈系统中开、闭环轨迹的总体规律。

控制系统的一般结构如图 4-3 所示。其闭环传递函数为

$$G_B(s) = \frac{G(s)}{1 + G(s)H(s)} \quad (4\text{-}1)$$

式中,$G(s)H(s)$ 为系统的开环传递函数,记为 $G_K(s)$。

如将开环传递函数用其分子、分母多项式方程根的因式来表示,它又可写为

图 4-3　控制系统的一般结构

$$G_K(s) = G(s)H(s) = \frac{K^* \prod_{j=1}^{m}(s - z_j)}{\prod_{i=1}^{m}(s - p_i)} \quad (m \leqslant n) \quad (4\text{-}2)$$

式中,p_i 为分母多项式方程的根,又称为开环传递函数的极点;z_j 为分子多项式方程的根,又称为开环传递函数的零点;K^* 为根轨迹增益系数,K^* 与开环增益系数 K 成正比。

式(4-2)称为系统开环传递函数的零点、极点表达式。将式(4-2)代入式(4-1),得

$$G_B(s) = \frac{G(s) \prod_{i=1}^{n}(s - p_i)}{\prod_{i=1}^{n}(s - p_i) + K^* \prod_{j=1}^{m}(s - z_j)} = \frac{K_\varphi^* \prod_{j=1}^{l}(s - z_{\varphi j})}{\prod_{i=1}^{n}(s - s_i)} \quad (l \leqslant n) \quad (4\text{-}3)$$

式中,s_i 为闭环传递函数的极点,亦即闭环特征根;$z_{\varphi j}$ 为闭环传递函数的零点;K_φ^* 为闭环根轨迹增益系数。

式(4-3)称为系统闭环传递函数的零点、极点表达式。

开环传递函数是由元部件较简单的传递函数组成的,而且多具有串联形式,因而开环零点 z_j、极点 p_i 较易确定。关键是闭环极点(即闭环特征根)s_i 难以求得,由式(4-3)可知,这相当于解闭环特征方程 $\prod_{i=1}^{n}(s - p_i) + K^* \prod_{j=1}^{m}(s - z_j) = 0$ 的根。

那么,如何由已知的开环零点 z_j、极点 p_i,不通过直接求解上述闭环特征方程而找出闭环极点 s_i 在增益 K^* 变动下的规律性,从而绘制出根轨迹呢?

4.1.2　根轨迹方程

对于高阶系统,求解特征方程是很困难的,因此采用解析法绘制根轨迹只适用于较简单的低阶系统。而高阶系统根轨迹的绘制是根据已知的开环零点和极点的位置,采用图解的方法来实现的。

下面给出图解法绘制根轨迹的根轨迹方程。

设控制系统如图 4-3 所示,其闭环传递函数为

$$G_\mathrm{B}(s) = \frac{G(s)}{1 + G(s)H(s)}$$

式中,$G(s)H(s)$ 为系统的开环传递函数,记为 $G_\mathrm{K}(s)$。

绘制根轨迹,就是寻求闭环特征方程的根,因此根轨迹上的所有点,都必须满足方程式

$$\prod_{i=1}^{n}(s - p_i) + K^* \prod_{j=1}^{m}(s - z_j) = 0 \tag{4-4}$$

即

$$\frac{K^* \prod\limits_{j=1}^{m}(s - z_j)}{\prod\limits_{i=1}^{n}(s - p_i)} = -1 \tag{4-5}$$

传递函数为

$$G(s)H(s) = -1 \tag{4-6}$$

这表明,如果某 s 值为根轨迹点,亦即为闭环特征根,则将此 s 代入系统开环传递函数,必须等于 -1。换言之,满足式(4-5)的 s 值必为根轨迹点,故式(4-5)常称为根轨迹方程。

式(4-5)可进而表示成模方程

$$\frac{K^* \prod\limits_{j=1}^{m} \mid s - z_j \mid}{\prod\limits_{i=1}^{n} \mid s - p_i \mid} = 1 \tag{4-7}$$

和相方程

$$\sum_{j=1}^{m} \angle(s - z_j) - \sum_{i=1}^{n} \angle(s - p_i) = (2k+1)\pi, \quad k = 0, \pm 1, \pm 2, \cdots \tag{4-8}$$

式(4-7)、式(4-8)也可分别写为

$$\frac{K^* \prod\limits_{j=1}^{m} h_j}{\prod\limits_{i=1}^{n} k_i} = 1$$

$$\sum_{j=1}^{m} \varphi_j - \sum_{i=1}^{n} \theta_i = (2k+1)\pi, \quad k = 0, \pm 1, \pm 2 \cdots$$

式中,h_j 为根轨迹上的点 s 与第 j 个开环零点之间的距离;k_i 为根轨迹上的点 s 与第 i 个开环极点之间的距离;φ_j 为根轨迹上的点 s 与第 j 个开环零点所连矢量的相位;θ_i 为根轨迹上的点 s 与第 i 个开环极点所连矢量的相位。

当没有开环零点时,式(4-7)可写为

$$\prod_{i=1}^{n} \mid s - p_i \mid = K^*$$

　　[s]平面上的任意点 s，如果它正是闭环极点，那么它与所有开环零点和极点所组成的全部矢量，必定满足模方程(4-7)和相方程(4-8)。

　　从这两个方程中还可看出，模方程与增益 K^* 有关，而相方程与 K^* 无关。因此，将满足相方程的 s 值代入模方程中，总能求得一个对应的 K^* 值。也就是说，s 值如果满足相方程，也必能满足模方程。所以，相方程是决定闭环根轨迹的充分必要条件，绘制根轨迹图只依据相方程就可以了。而模方程主要是用来确定根轨迹上各点对应的开环增益系数 K^* 的值。

　　以下是根轨迹方程应用的例子。

　　设系统的开环传递函数为

$$G_K(s) = \frac{K(\tau_1 s + 1)}{s(T_1 s + 1)(T_2 s + 1)}$$

为便于绘制根轨迹，先把上式改写为以零点和极点表示的形式，即

$$G_K(s) = \frac{K^*\left(s + \dfrac{1}{\tau_1}\right)}{s\left(s + \dfrac{1}{T_1}\right)\left(s + \dfrac{1}{T_2}\right)} = \frac{K^*(s + z_1)}{s(s + p_1)(s + p_2)}$$

式中　　　　　$K^* = \dfrac{\tau_1}{T_1 T_2} K, \quad z_1 = \dfrac{1}{\tau_1}, \quad p_1 = \dfrac{1}{T_1}, \quad p_2 = \dfrac{1}{T_2}$

4.2　根轨迹绘制的基本法则

　　根轨迹是当开环增益系数 K^* 从零变化到无穷时，特征根在复平面上的运动轨迹，在根轨迹上的每一点都应满足根轨迹方程的幅值条件和相位条件。下面首先介绍绘制根轨迹的基本法则，并举例说明如何利用这些法则绘制根轨迹。

4.2.1　根轨迹的数目

　　n 阶系统有 n 条根轨迹。

　　n 阶系统的特征方程有 n 个特征根，当开环增益系数 K^* 变动(由 0→∞)时，则 n 个特征根跟随变化，在[s]平面上必然出现 n 条根轨迹。

4.2.2　根轨迹与实轴的关系

　　根轨迹对称于实轴。

　　闭环极点若为实数，则位于[s]平面的实轴上；若为复数，则共轭出现，对实轴互为镜像。所以根轨迹必对称于实轴，如图 4-2 所示。

4.2.3　根轨迹的起始点与终止点

　　根轨迹起始于开环极点，终止于开环零点及无穷远(其中 m 条终止于开环零点，

$n-m$ 条终止于无穷远)。证明如下。

由式(4-5)根轨迹方程,得

$$\frac{\displaystyle\prod_{i=1}^{m}(s-z_j)}{\displaystyle\prod_{i=1}^{n}(s-p_i)}=-\frac{1}{K^*} \qquad (4-9)$$

① 求根轨迹起始点(即开环增益系数 $K=0$ 的闭环极点)。令 $K^*=0$,则由式 (4-9)得

$$\frac{\displaystyle\prod_{j=1}^{m}(s-z_j)}{\displaystyle\prod_{i=1}^{n}(s-p_i)}=-\frac{1}{K^*}=\infty$$

故 　　　　　$\displaystyle\prod_{i=1}^{n}(s-p_i)=0, \quad s=p_i \quad (i=1,2,\cdots,n)$

所以,n 条根轨迹分别从 n 个开环极点 p_i 开始,即根轨迹起始于开环极点。

② 求根轨迹终止点(即开环增益系数 $K\rightarrow\infty$ 的闭环极点)。令 $K^*\rightarrow\infty$,则由式 (4-9)得

$$\frac{\displaystyle\prod_{j=1}^{m}(s-z_j)}{\displaystyle\prod_{i=1}^{n}(s-p_i)}=-\frac{1}{K^*}\bigg|_{K^*\rightarrow\infty}=0$$

故 　　　　　$\displaystyle\prod_{j=1}^{m}(s-z_j)=0, \quad s=z_j \quad (j=1,2,\cdots,m)$

所以,n 条根轨迹中有 m 条分别终止于 z_j,即 m 条根轨迹终止于开环零点。另外 $n-m$ 条根轨迹将趋于何处?

当 $K^*\rightarrow\infty$,设 $s\rightarrow\infty$,代入式(4-9)可使等式成立,即

$$\lim_{s\rightarrow\infty}\frac{\displaystyle\prod_{j=1}^{m}(s-z_j)}{\displaystyle\prod_{i=1}^{n}(s-p_i)}=\lim_{s\rightarrow\infty}\frac{s^m}{s^n}=\lim_{s\rightarrow\infty}\frac{1}{s^{n-m}}=0=\lim_{K^*\rightarrow\infty}\frac{-1}{K^*}$$

故 $s\rightarrow\infty$ 应为系统在 $K^*\rightarrow\infty$ 的闭环极点,此时系统的开环传递函数降为 $n-m$ 阶,即 应有 $n-m$ 条根轨迹趋于无穷远。证毕。

例 4-1　某负反馈系统的开环传递函数为

$$G(s)H(s)=\frac{K}{s(0.5s+1)}$$

试讨论根轨迹的起始点和终止点。

解　该系统 $n=2$，为 II 阶系统，因此：

① 系统应有两条根轨迹；

② 根轨迹必对称于实轴；

③ 系统开环极点为 $p_1=0$、$p_2=2$，由于开环传递函数分子无 s 项，即 $m=0$，所以系统没有开环零点；

④ 由 4.2.3 节中所述的法则知，系统开环增益系数 K 变动（由 $0 \to \infty$）时，两条根轨迹应分别从开环极点 0 和 -2 开始，最终均趋于无穷远。

该系统的根轨迹如图 4-2 所示，由图可看出上述诸特点。当然，4.2.3 节中所述的法则并未能明确根轨迹趋于无穷远的具体方位。

4.2.4　实轴上根轨迹右侧开环零点和极点的数目

实轴上根轨迹所在区段内的右侧，开环零点、极点数目之和为奇数。

由此法则可以很快确定在 $[s]$ 平面的实轴上哪些区段有根轨迹。

此法则可由相方程证明。若某系统开环零点和极点分布如图 4-4 所示，以符号 "○" 表示开环极点，以符号 "×" 表示开环零点。如果该系统在实轴上有根轨迹段，则取该段中任一点 s_i，必须满足相方程(4-8)，即

$$\sum_{j=1}^{m} \angle (s_1 - z_j) - \sum_{i=1}^{n} \angle (s_1 - p_i) = (2k+1)\pi$$

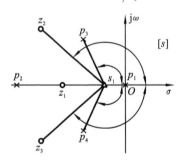

图 4-4　开环零点和极点分布

由图 4-4 可知，开环复数零点和极点均成对共轭对称于实轴，故上式中对应的各子项相位必正负相消。余下的实数开环零点和极点中，位于 s_1 左侧的，其指向 s_1 的相量均为零；位于 s_1 右侧的，其指向 s_1 的相量均为 π。因此，如果 s_1 是根轨迹点，必有实轴上 s_1 右侧的开环零点、极点个数之差（或之和）为奇数。这一结论扩展至整个区段，即实轴上某些区段的右侧，开环零点与极点个数之和为奇数，则该段实轴必为根轨迹。

单位负反馈系统的开环传递函数

$$G(s)H(s) = \frac{K(\tau s + 1)}{s(Ts + 1)}$$

且　　　　　　　　　　　　　　　　$\tau > T$

例 4-2　试确定图 4-4 所示系统 K 变动（由 $0 \to \infty$）的系统根轨迹。

解　该系统为 II 阶系统，有两个开环极点 0、$-1/T$ 及一个开环零点 $-1/\tau$，因此：

① 有两条根轨迹。

② 根轨迹起始于开环极点 0 及 $-1/T$,终止于开环零点 $-1/\tau$ 及无穷远,如图 4-5 所示。

③ 实轴上区段 $0\sim-1/\tau$ 内的右侧只有一个开环极点,为奇数,故 $0\sim-1/\tau$ 段为根轨迹段。

④ 实轴上区段 $-1/T\sim-\infty$ 内的右侧开环零点、极点个数为 3,故该区段也是根轨迹段;而 $-1/\tau\sim-1/T$ 段不是根轨迹段。

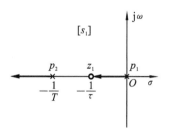

根轨迹如图 4-5 中粗实线所示。箭头指向代表 K 增大时闭环极点的变动方向,由此则把握了闭环特征根变化的全局。可以看出,无论增益 K 取何值,均不会有复根轨迹段,该闭环系统的阶跃响应肯定为非振荡收敛型。

图 4-5　系统根轨迹

4.2.5　根轨迹的渐近线方位

系统开环零点数 m 小于开环极点数 n,则趋于无穷远的根轨迹应有 $n-m$ 条,这些根轨迹趋于无穷远的方位可由其渐近线的方位来确定。渐近线与实轴正方向的夹角为

$$\varphi_a = \frac{(2k+1)\pi}{n-m} \tag{4-10}$$

式中,k 依次取 $0,\pm 1,\pm 2,\cdots$,直至获得 $n-m$ 个倾角为止。

渐近线与实轴相交点的坐标为

$$\sigma_a = \frac{\displaystyle\sum_{i=1}^{n} p_i - \sum_{j=1}^{m} z_j}{n-m} \tag{4-11}$$

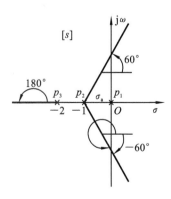

图 4-6　系统根轨迹渐近线

下面证明式(4-10)、式(4-11)。

根轨迹在趋于无穷远处的渐近线,是一组 $n-m$ 条以 σ_a 为中心、以 φ_a 为指向的射线,如图 4-6 所示。现构成一个负反馈系统,令其闭环根轨迹恰为上述射线,则该系统的开环传递函数必为

$$G_a(s)H_a(s) = \frac{K^*}{(s-\sigma_a)^{n-m}} \tag{4-12}$$

某原型系统和由其渐近线所构造的系统,在 $K^* \to \infty$,$s \to \infty$ 时,根轨迹是一致的,亦即根轨迹方程是相等的,故由式(4-5)、式(4-6)得

$$\frac{\prod\limits_{j=1}^{m}(s-z_j)}{\prod\limits_{i=1}^{n}(s-p_i)}=\frac{s^m+b_{m-1}s^{m-1}+\cdots+b_1s+b_0}{s^n+a_{n-1}s^{n-1}+\cdots+a_1s+a_0}=-\frac{1}{K^*} \qquad (4\text{-}13)$$

式中，b_{m-1} 为负的零点之和，$b_{m-1}=\sum\limits_{j=1}^{m}z_j$；$a_{n-1}$ 为负的极点之和，$a_{n-1}=\sum\limits_{i=1}^{n}p_i$。

当 $K^*\to\infty$ 时，由 $n>m$，有 $s\to\infty$，式(4-13)可近似为

$$s^{m-n}+(b_{m-1}-a_{n-1})s^{m-n-1}=-\frac{1}{K^*}$$

即

$$\left(1+\frac{b_{m-1}-a_{n-1}}{s}\right)^{\frac{1}{m-n}}=-\left(\frac{1}{K^*}\right)^{\frac{1}{m-n}} \qquad (4\text{-}14)$$

由于 $s\to\infty$，将式(4-14)等号两边按牛顿二项式定理展开，近似取线性项（即略去高次项），则有

$$s\left(1+\frac{1}{m-n}\frac{b_{m-1}-a_{n-1}}{s}\right)^{\frac{1}{m-n}}=\left(-\frac{1}{K^*}\right)^{\frac{1}{m-n}} \qquad (4\text{-}15)$$

令

$$\frac{b_{m-1}-a_{n-1}}{m-n}=\frac{a_{n-1}-b_{m-1}}{n-m}=\sigma_{\mathrm a}$$

式(4-15)可改为

$$s+\sigma_{\mathrm a}=-\left(\frac{1}{K^*}\right)^{\frac{1}{m-n}}$$

即

$$s=-\sigma_{\mathrm a}+\left(-\frac{1}{K^*}\right)^{\frac{1}{m-n}}$$

以

$$-1=\mathrm{e}^{\mathrm{j}(2k+1)\pi}, \quad k=0,1,2,\cdots$$

代入上式，则有

$$s=-\sigma_{\mathrm a}+K^{*\frac{1}{n-m}}\mathrm{e}^{\mathrm{j}\frac{2k+1}{n-m}\pi}$$

这就是当 $s\to\infty$ 时根轨迹的渐近线方程。它由以下两项组成：

第一项为实轴上的常数向量，为渐近线与实轴的交点，其坐标为

$$\sigma_{\mathrm a}=\frac{b_{m-1}-a_{n-1}}{m-n}=\frac{a_{n-1}-b_{m-1}}{n-m}=\frac{\sum\limits_{i=1}^{n}p_i-\sum\limits_{j=1}^{m}z_j}{n-m}$$

第二项为通过坐标原点的直线与实轴的夹角，即

$$\varphi_{\mathrm a}=\frac{(2k+1)\pi}{n-m}$$

例 4-3　单位负反馈系统的开环传递函数为

$$G(s)=\frac{K^*}{s(s+1)(s+2)}$$

试求根轨迹趋于无穷远的渐近线。

解　系统开环有三个极点 $p_1=0$、$p_2=-1$、$p_3=-2$,而没有零点。因为 $n-m=3$,故应有三条渐近线。

由式(4-10)得三个方位角为

$$\varphi_a = \frac{(2k+1)\pi}{n-m} = \frac{(2k+1)\pi}{3}$$

$$= \begin{cases} \pi/3, & k=0 \\ -\pi/3, & k=-1 \\ \pi, & k=1 \end{cases}$$

由式(4-11)得实轴交点为

$$\sigma_a = \frac{\sum\limits_{i=1}^{n} p_i - \sum\limits_{j=1}^{m} z_j}{n-m} = \frac{0+(-1)+(-2)}{3} = -1$$

三条渐近线如图 4-6 所示,它们将平面分成三等份。

4.2.6　根轨迹的起始角与终止角

根轨迹的起始角是指根轨迹在起始点处的切线与水平正方向的夹角,如图 4-7 中的 θ_{p1}。根轨迹的终止角是指终止于某开环零点的根轨迹在该点处的切线与水平正方向的夹角,如图 4-8 中的 θ_{z1}。

图 4-7　根轨迹的起始角

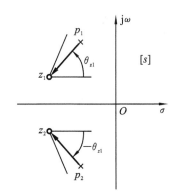

图 4-8　根轨迹的终止角

下面以图 4-7 所示系统开环零点、极点分布为例,说明起始角的求取过程。

在假想的点 p_1 附近的根轨迹上取一点 s_1,由相方程(4-8),得

$$\angle(s_1-z_1) - \angle(s_1-p_1) - \angle(s_1-p_2) - (s-p_3) = (2k+1)\pi$$

令 s_1 无限靠近 p_1,即取 $s_1 \to p_1$,则各开环零点和极点引向 s_1 的向量转换为引向 p_1 的向量,而其中 $\angle(s_1-p_1)|_{s\to p_1}$ 即为起始角 θ_{p1}。因此

$$\theta_{p1} = (2k+1)\pi + \angle(p_1-z_1) - \angle(p_1-p_2) - \angle(p_1-p_3)$$

从而推广得计算某开环极点 p_k 处起始角的公式为

$$\theta_{pk} = (2k+1)\pi + \sum_{j=1}^{m} \angle(p_k - z_j) - \sum_{\substack{i=1 \\ i \neq k}}^{n} \angle(p_k - p_i) \tag{4-16}$$

同理可得计算某开环零点 z_k 处终止角的公式为

$$\theta_{zk} = (2k+1)\pi - \sum_{\substack{j=1 \\ j \neq k}}^{m} \angle(z_k - z_j) + \sum_{i=1}^{n} \angle(z_k - p_i) \tag{4-17}$$

例 4-4 单位负反馈系统的开环传递函数为

$$G(s) = \frac{K^*(s+1.5)(s+2+j)(s+2-j)}{s(s+2.5)(s+0.5+j1.5)(s+0.5-j1.5)}$$

试绘制 K^* 变动(由 $0 \to \infty$)的系统根轨迹。

解 ① 开环极点为 $p_1 = 0$、$p_{2.3} = -0.5 \pm j1.5$、$p_4 = -2.5$,开环零点为 $z_1 = -1.5$、$z_{2.3} = -2 \pm j$。

② 实轴上 $0 \sim -1.5$ 和 $-2.5 \sim -\infty$ 为根轨迹段。

③ 渐近线方位的计算。由于开环传递函数 $n=4$,$m=3$,故只有一条根轨迹趋于无穷远。又依据根轨迹必对称实轴的法则可判断,一条趋于无穷远的根轨迹肯定在实轴上。实际上这种情况下无须计算渐近线。如计算,则

$$\varphi_a = \frac{(2k+1)\pi}{n-m} = \frac{(2k+1)\pi}{4-3} = \pi$$

④ 起始角 θ_{p2} 及终止角 θ_{z2} 的确定。由式(4-16)及图 4-9(a)得

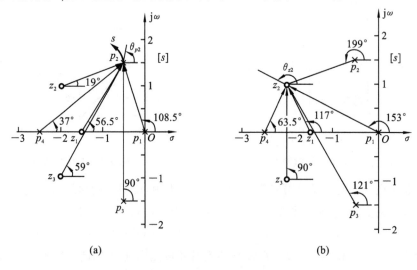

图 4-9 根轨迹的起始角和终止角

(a)起始角　(b)终止角

$$\theta_{p2} = (2k+1)\pi + \sum_{j=1}^{3} \angle(p_2 - p_i)$$

$$= (2k+1)\pi + 56.5° + 19° + 59°$$

$$- 108.5° - 90° - 37°$$

$$= (2k+1)\pi - 101° = 79°$$

而另一起始角 θ_{p3} 必与 θ_{p2} 共轭，故 $\theta_{p3} = -79°$。

由式(4-17)及图 4-9(b)得

$$\theta_{z2} = (2k+1)\pi - \sum_{\substack{j=1 \\ j \neq 2}}^{3} \angle(z_2 - z_j)$$

$$+ \sum_{i=1}^{4} \angle(z_2 - p_i)$$

$$= (2k+1)\pi - 117° - 90°$$

$$+ 153° + 199° + 121° + 63°$$

$$= 149.5°$$

$$\theta_{z3} = -149.5°$$

则系统的根轨迹如图 4-10 所示。

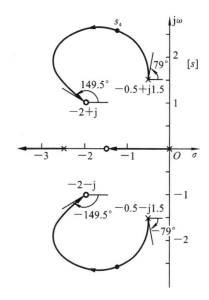

图 4-10 系统的根轨迹

4.2.7 分离点

随着开环增益系数 K 的变动，在 $[s]$ 平面上可能会出现几条根轨迹相会合而后又分离的一些点，这类点称为根轨迹的分离点或会合点，如图 4-2 中的点 -1。

分离点 d 可由下式求得：

$$\sum_{i=1}^{n} \frac{1}{d-p_i} = \sum_{j=1}^{m} \frac{1}{d-z_j} \tag{4-18}$$

证明如下。

根据式(4-4)，系统的闭环特征方程为

$$\prod_{i=1}^{n}(s-p_i) + K^* \prod_{j=1}^{m}(s-z_j) = 0$$

根轨迹若有分离点，表明闭环特征方程有重根。由高等代数理论知，重根条件为

$$\prod_{i=1}^{n}(s-p_i) + K^* \prod_{j=1}^{m}(s-z_j) = 0$$

及

$$\frac{d}{ds}\left[\prod_{i=1}^{n}(s-p_i) + K^* \prod_{j=1}^{m}(s-z_j)\right] = 0$$

或

$$\prod_{i=1}^{n}(s-p_i) = -K^* \prod_{j=1}^{m}(s-z_j) \tag{4-19a}$$

$$\frac{\mathrm{d}}{\mathrm{d}s}\Big[\prod_{i=1}^{n}(s-p_i)\Big]=-K^*\ \frac{\mathrm{d}}{\mathrm{d}s}\Big[\prod_{j=1}^{m}(s-z_j)\Big] \tag{4-19b}$$

将式(4-19)的两式相除,得

$$\frac{\dfrac{\mathrm{d}}{\mathrm{d}s}\Big[\prod\limits_{i=1}^{n}(s-p_i)\Big]}{\prod\limits_{i=1}^{n}(s-p_i)}=\frac{\dfrac{\mathrm{d}}{\mathrm{d}s}\Big[\prod\limits_{j=1}^{m}(s-z_j)\Big]}{\prod\limits_{j=1}^{m}(s-z_j)}$$

即

$$\frac{\mathrm{d}\ln\prod\limits_{i=1}^{n}(s-p_i)}{\mathrm{d}s}=\frac{\mathrm{d}\ln\prod\limits_{j=1}^{m}(s-z_j)}{\mathrm{d}s} \tag{4-20}$$

又

$$\ln\prod_{i=1}^{n}(s-p_i)=\sum_{i=1}^{n}\ln(s-p_i)$$

$$\ln\prod_{j=1}^{m}(s-z_j)=\sum_{j=1}^{m}\ln(s-z_j)$$

代入式(4-20)得

$$\sum_{i=1}^{n}\frac{\mathrm{d}\ln(s-p_i)}{\mathrm{d}s}=\sum_{j=1}^{m}\frac{\mathrm{d}\ln(s-z_j)}{\mathrm{d}s}$$

即

$$\sum_{i=1}^{n}\frac{1}{s-p_i}=\sum_{j=1}^{m}\frac{1}{s-z_j}$$

满足上式的 s 值即系统闭环特征方程的重根,也就是分离点 d,故式(4-18)得证。

通常,根轨迹位于实轴上两相邻开环极点之间,则两极点之间至少存在一个分离点;根轨迹位于实轴上两相邻开环零点之间(或其中一个零点位于无穷远),则两零点之间也至少存在一个分离点。

在运用以上方法无法判断是否存在分离点的情况下,为慎重起见,可用式(4-18)计算,否则容易疏漏,以致使根轨迹的总体分布形态出现错误。

例 4-5　单位负反馈系统的开环传递函数为

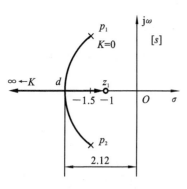

图 4-11　系统的根轨迹

$$G(s)H(s)=\frac{K^*(s+1)}{s^2+3s+3.25}$$

试求系统闭环根轨迹的分离点 d。

解　由根轨迹绘制法则可知:

① 系统有两条根轨迹。

② 开环有两个极点,解 $s^2+3s+3.25=0$,得 $p_{1,2}=-1.5\pm\mathrm{j}$。开环有一个零点,$z_1=1$。

③ 根轨迹起始于 p_1、p_2,终止于 -1 及无穷远。

④ 实轴上 $-1\sim-\infty$ 为根轨迹段,如图 4-11 所示。由系统根轨迹图可直观看出,在实轴上根轨迹

区段中必然存在分离点,否则根轨迹无法延续及衔接。

⑤ 求 d。将以上数据代入式(4-18),有

$$\frac{1}{d+1.5+\mathrm{j}}+\frac{1}{d+1.5-\mathrm{j}}=\frac{1}{d+1}$$

解得　　　　　　　　　　　　　$d_1=-2.12,\quad d_2=0.12$

d_2 不在图 4-11 的根轨迹区段内,为不合理点,应舍弃,故分离点 $d=d_1=-2.12$。

确定了 d 后,所绘制的根轨迹的分布将更细致和准确。

之所以会解出不合理的分离点,是由于在推证式(4-18)过程中,并没有对 K^* 给以限制,而绘制根轨迹时只取 K^*(由 $0\rightarrow\infty$)在正实数范围内变动。

4.2.8　分离角与会合角

根轨迹在 $[s]$ 平面上某点相遇,即闭环出现重极点,根轨迹是由什么方向趋于重极点的呢? 其方向可以由根轨迹的会合角公式确定。

根轨迹在 $[s]$ 平面上某点相遇后分开,其分离的方向可以由根轨迹的分离角公式确定。

所谓分离角,是指根轨迹离开重极点处的切线与实轴正方向的夹角。

所谓会合角,是指根轨迹进入重极点处的切线与实轴正方向的夹角。

下面以例 4-5 中的根轨迹分离点 d 为例来分析(见图 4-11)。

1. 求分离角

当开环增益系数 K^* 为某一 K_d 值时,闭环出现重极点。若闭环系统有 n 个极点,其中有 l 个重极点,$n-l$ 个单极点,要确定 l 个重极点处的根轨迹的分离角,可以这样处理:

将原系统 $K^*=K_\mathrm{d}$ 时的闭环极点看作一个新系统的开环极点,而新系统的根轨迹和原系统 $K^*\geqslant K_\mathrm{d}$ 的根轨迹完全重合。这样,求原系统的分离角就相当于求新系统(增益系数为零)的起始角,则新系统的起始角公式,即为原系统的分离角公式,故

$$\theta_\mathrm{d}=\frac{1}{l}\Big[(sk+1)\pi+\sum_{j=1}^{m}\angle(d-z_j)-\sum_{i=l+1}^{n}\angle(d-s_i)\Big] \qquad (4\text{-}21)$$

式中,d 为分离点坐标;z_j 为原系统的开环零点;s_i 为当 $K^*=K_\mathrm{d}$ 时除 l 个重极点外,其他 $n-l$ 个新系统的开环极点(即原系统的闭环极点);l 为分离点处的根轨迹的分支数(即重根数)。

再求图 4-11 中点 d 处的分离角。根据分离角公式(4-21),有

$$\theta_\mathrm{d}=\frac{1}{2}\big[(2k+1)\pi+\angle(d-z_j)\big]=\frac{1}{2}\big[(2k+1)\pi+180°\big]$$

取 $k=0$,则 $\theta_\mathrm{d}=180°$;取 $k=1$,则 $\theta_\mathrm{d}=0°$。

2. 求会合角

当开环增益系数 $K^*=K_\mathrm{d}$ 时,根轨迹出现重极点,求重极点处的会合角可以这

样处理：

（1）将根轨迹倒转。开环增益系数 K^* 由零变化到无穷时，由开环极点出发、趋于开环零点或无穷远处的根轨迹，与开环增益系数 K^* 由无穷大变化到零时，由开环零点和无穷远处出发、趋于开环极点的根轨迹是一样的。

设原系统的闭环特征方程为

$$\prod_{i=1}^{n}(s-p_i) + K^* \prod_{j=1}^{m}(s-z_j) = 0 \tag{4-22}$$

则可变换为

$$\prod_{j=1}^{m}(s-z_j) + \frac{1}{K^*} \prod_{i=1}^{n}(s-p_i) = 0 \tag{4-23}$$

由于两个方程具有相同的特征根，故式（4-22）中系统 K^* 由 $0 \to \infty$ 时的根轨迹与式（4-23）中系统 $\frac{1}{K^*}$ 由 $\infty \to 0$（即 K^* 由 $0 \to \infty$）的根轨迹是一样的，只是后者需要将原系统的开环零点看作极点，而极点看作零点。由式（4-23）绘制的根轨迹称为倒转的根轨迹。

（2）将式（4-23）中系统 $\frac{1}{K^*} = \frac{1}{K_d}$ 时的闭环极点看作另一新系统的开环极点，其中有 l 个重极点，$n-l$ 个单极点。

这样，求原系统在重极点处的会合角，就相当于求新系统的起始角，则新系统的起始角公式即为原系统的会合角公式，故

$$\varphi_d = \frac{1}{l}\Big[(2k+1)\pi + \sum_{i=1}^{n}\angle(d-p_i) - \sum_{i=l+1}^{n}\angle(d-s_i)\Big] \tag{4-24}$$

式中，d 为分离点坐标；p_i 为原系统的开环极点，现看作开环零点；s_i 为新系统 $\frac{1}{K^*} = \frac{1}{K_d}$ 时除了 l 个重极点外，其他 $n-l$ 个开环极点（即原系统的闭环极点）；l 为分离点处的根轨迹分支数（即重根数）。

再求图 4-11 中点 d 处的会合角。根据会合角公式（4-24），有

$$\varphi_d = \frac{1}{2}\big[(2k+1)\pi + \angle(d-p_1) + \angle(d-p_2)\big] = \frac{1}{2}(2k+1)\pi$$

取 $k=0$，则 $\varphi_d = 90°$；取 $k=1$，则 $\varphi_d = -90°$。

4.2.9　虚轴交点

根轨迹与虚轴相交，表明系统闭环特征方程有纯虚根，系统处于临界稳定状态。将 $s = j\omega$ 代入闭环特征方程（4-6），得

$$1 + G(j\omega)H(j\omega) = 0 \tag{4-25}$$

分解为 $\qquad$ $[1+G(\mathrm{j}\omega)H(\mathrm{j}\omega)]+\mathrm{j}[1+G(\mathrm{j}\omega)H(\mathrm{j}\omega)]=0$

故上式的实部和虚部均为零,即

$$\begin{cases}\mathrm{Re}[1+G(\mathrm{j}\omega)H(\mathrm{j}\omega)]=0\\ \mathrm{Im}[1+G(\mathrm{j}\omega)H(\mathrm{j}\omega)]=0\end{cases} \tag{4-26}$$

从式(4-26)可解出 ω 值及对应的开环增益系数 K^*。

例 4-6　已知系统开环传递函数为

$$G(s)=\frac{K^*}{s(s+1)(s+2)}$$

试求根轨迹与虚轴的交点。

解　系统闭环特征方程经变换为

$$s(s+1)(s+2)+K^*=0$$

展开为 $\qquad$ $s^3+3s^2+2s+K^*=0$

令 $s=\mathrm{j}\omega$,代入上式,得

$$(\mathrm{j}\omega)^3+3\,(\mathrm{j}\omega)^2+2\mathrm{j}\omega+K^*=0$$

整理为 $\qquad$ $\begin{cases}-\omega^3+2\omega=0\\ -3\omega^2+K^*=0\end{cases}$

解得 $\qquad$ $\omega=\begin{cases}0,&K^*=0\\ \pm\sqrt{2},&K^*=6\end{cases}$

4.2.10　根之和

由式(4-4)可知,系统闭环特征方程为

$$\prod_{i=1}^{n}(s-p_i)+K^*\prod_{j=1}^{m}(s-z_j)=0$$

亦可由闭环极点 s_i 的因式表示为

$$\prod_{i=1}^{n}(s-s_i)=0$$

当系统开环传递函数分母、分子的阶数差 $n-m\geqslant 2$ 时,展开以上两方程中的多项式,有

$$s^n+\Big(\sum_{i=1}^{n}-p_i\Big)s^{n-1}+\cdots=s^n+\Big(\sum_{i=1}^{n}-s_i\Big)s^{n-1}+\cdots \tag{4-27}$$

得 $\qquad$ $\displaystyle\sum_{i=1}^{n}p_i=\sum_{i=1}^{n}s_i$ $\qquad\qquad$ (4-28)

即系统 n 个开环极点之和等于 n 个闭环极点之和。在开环极点已确定不变的情况下,其和为常值。因此符合 $n-m\geqslant 2$ 的反馈系统,当增益系数 K^* 变动使某些闭环极点在[s]平面上向左移动时,必有另一些极点向右移动,如此才能保持极点之和为常

值。这对判断根轨迹的走向是很有意义的。

例 4-7　负反馈系统的开环传递函数为

$$G(s)H(s) = \frac{K}{s(s+1)(0.5s+1)}$$

试作 K 变动（由 $0 \to \infty$）的系统闭环根轨迹。

解　将 $G(s)H(s)$ 换写为

$$G(s)H(s) = \frac{2K}{s(s+1)(s+2)} = \frac{K^*}{s(s+1)(s+2)}$$

① 系统开环极点有三个，即 $p_1 = 0$、$p_2 = -1$、$p_3 = -2$，没有零点。将极点标于图 4-12 中。

② 根轨迹有三条。

③ 根轨迹起始于点 p_1、p_2、p_3，终止于无穷远。

④ 由以下两式可知渐近线方位：

$$\varphi_a = \frac{(2k+1)\pi}{n-m} = \frac{(2k+1)\pi}{3} = \left\{ \pm\frac{\pi}{3}, \pi \right\}$$

$$\sigma_a = \frac{0 + (-1) + (-2)}{3} = -1$$

⑤ 实轴上 $0 \sim -1$ 及 $-2 \sim -\infty$ 为根轨迹段。

⑥ 求分离点 d，由式 (4-18) 得

$$\frac{1}{d+1} + \frac{1}{d+2} + \frac{1}{d} = 0$$

解得　　　　　　　　$d_1 = -0.42, \quad d_2 = 1.58$

d_2 不在根轨迹段上，故舍弃。

⑦ 求分离角 θ_d，有

$$\theta_d = \frac{(2k+1)\pi}{l} = \pm\frac{\pi}{2}$$

⑧ 求与虚轴的交点，由开环传递函数得系统闭环特征方程为

$$s^3 + 3s^2 + 2s + K^* = 0$$

将 $s = j\omega$ 代入上式，解得 $\omega = 0$ 及 $\pm\sqrt{2}$，相应的 K^* 为 0 及 6，折算成开环增益系数 K 为 0 及 3，故得系统根轨迹如图 4-12 所示。可以看出，$K > 3$ 将有两条根轨迹移向 $[s]$ 平面右侧，系统呈不稳定状态，响应振荡发散，无法正常工作，参数 K 的稳定域为 $0 < K < 3$。

利用前述的基本法则，可由系统开环零点、极点直接找出闭环极点（即闭环特征根）的分布，并且某些区段及特征点完全准确。当然，一些复根轨迹段落只能按趋势概略绘出。尽管如此，根轨迹的获得为全面分析高阶系统的动态性能提供了丰富的信息和重要依据。

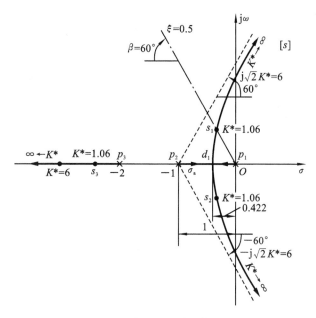

图 4-12　例 4-7 系统根轨迹图

4.3　参数根轨迹及非最小相位系统

4.3.1　参数根轨迹

我们知道,绘制根轨迹时的可变参数并非一定是开环增益系数,也可以是控制系统中的其他参数,如某个环节的时间常数。绘制控制系统的根轨迹图并非绝对以开环增益系数 K 为可变参数。其实,对绘制根轨迹来说,相当于前面用过的可变参数 K 的可以是控制系统中的任何一个参数,如某一待定系数或待选校正元件的时间常数等。以非开环增益系数为可变参数绘制的根轨迹称为参数根轨迹,以区别于以开环增益系数为可变参数的一般根轨迹。

绘制参数根轨迹的规则与绘制一般根轨迹的完全相同。只是在绘制参数根轨迹之前需将控制系统的特征方程 $1+G(s)H(s)=0$ 进行等效交换,将其写成符合于以非开环增益系数的待定参数 k' 为可变参数时绘制根轨迹的形式,即

$$k'\frac{P(s)}{Q(s)}=-1 \tag{4-29}$$

式中,$P(s)$ 及 $Q(s)$ 都是复变量 s 的多项式,其中 s 最高次项的系数为 1,而且它们必须满足方程

$$Q(s)+k'P(s)=1+G(s)H(s)=0$$

注意,通过参数根轨迹和通过一般根轨迹一样,只能确定控制系统闭环极点的分

布。至于闭环零点的分布,尚需根据对不同输出信号的闭环传递函数加以确定。

下面举例说明绘制参数根轨迹的方法。

例 4-8　控制系统的开环传递函数为

$$G(s)H(s) = \frac{K}{s(\tau s + 1)(Ts + 1)}$$

其中参数 K 及 T 均已给定,而参数 τ(时间常数)待定。试绘制以待定参数 τ 为可变参数时的参数根轨迹。

解　该控制系统的特征方程式 $1 + G(s)H(s) = 0$ 可知

$$s(\tau s + 1)(Ts + 1) + K = 0$$

将上式等效地进行变换,写成如式(4-29)的形式,其变换过程为

$$\tau s \cdot s(Ts + 1) + s(Ts + 1) + K = 0$$

或

$$\tau s^2 (Ts + 1) = -[s(Ts + 1) + K]$$

即

$$\tau \frac{s^2 (Ts + 1)}{Ts^2 + s + K} = -1$$

最后,为了便于绘制根轨迹图,将上式等号左边分子、分母多项式中 s 最高次项的系数化成 1,得

$$\tau \frac{s^2 \left(s + \frac{1}{T}\right)}{s^2 + \frac{1}{T}s + \frac{K}{T}} = -1$$

或

$$\tau \frac{s^2 (s - z_3)}{(s - p_1)(s - p_2)} = -1 \tag{4-30}$$

式中 $z_3 = -\frac{1}{T}$,　$p_1 = -\frac{1}{2T} + j\sqrt{\frac{K}{T} - \left(\frac{1}{2T}\right)^2}$,　$p_2 = -\frac{1}{2T} - j\sqrt{\frac{K}{T} - \left(\frac{1}{2T}\right)^2}$

从式(4-30)可知,该控制系统等效地具有两个有限开环极点,它们是

$$p_1 = -\frac{1}{2T} + j\sqrt{\frac{K}{T} - \left(\frac{1}{2T}\right)^2} \quad 和 \quad p_2 = -\frac{1}{2T} - j\sqrt{\frac{K}{T} - \left(\frac{1}{2T}\right)^2}$$

以及三个有限开环零点,它们是处于原点 $(0, j0)$ 的双重零点 $z_1 = z_2 = 0$ 和一个负实零点 $z_3 = -1/T$(见图 4-13(a))。

该控制系统的根轨迹按各基本法则绘制后,如图 4-13(b)所示。必须加以说明的是,由于等效的开环零点数($m = 3$)大于其开环极点数($n = 2$),所以根轨迹中将有一个分支(它位于实轴上)起始于无限极点 $p_3 = -\infty$,沿实轴终止于有限零点 $z_3 = -1/T$。

由参数根轨迹与虚轴交点确定的待定参数 τ 值,便是待定参数 τ 的临界值 τ_0。在本例中,按 4.2.8 节中所述的法则,计算出的 τ_0 值为

$$\tau_0 = \frac{1}{KT - 1}$$

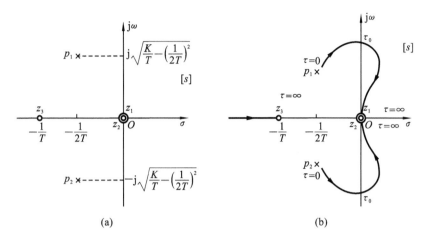

图 4-13　参数根轨迹图

　　这说明,当待定参数 τ 的数值大于 τ_0 时,控制系统便不再稳定。因此,待定参数 τ 的取值范围是 $0<\tau<\dfrac{1}{KT-1}$。

4.3.2　非最小相位系统的根轨迹

　　在[s]平面的右半部中具有开环极点和/或零点的控制系统称为非最小相位系统;反之,如果控制系统的所有开环极点和零点均位于[s]平面的左半部,该系统则称为最小相位系统。前面分析过的控制系统全部属于最小相位系统。"最小相位"这一术语出自于这类系统在正弦输入信号作用下的相频特性。

　　下面举例说明非最小相位系统根轨迹图的绘制。

　　设控制系统的开环传递函数为

$$G(s)H(s)=\frac{K(s+1)}{s(s-1)(s^2+4s+16)}$$

在其开环极点 $p_1=0$、$p_2=1$、$p_{3,4}=-2\pm j\sqrt{3}$ 中,有一个($p_2=1$)位于[s]平面的右半部。根据上述定义,该系统是一个非最小相位系统。

　　按绘制根轨迹的一般法则,绘制该非最小相位系统的根轨迹的大致图形的步骤如下:

　　(1) 按 4.2.1 节中所述的法则,因为开环极点数 $n=4$,所以根轨迹共有四条分支(见图 4-14)。

　　(2) 按 4.2.3 节中所述的法则,当 $K=0$ 时,根轨迹的四条分支起始于四个开环极点 p_1、p_2、p_3、p_4;当 $k\to\infty$ 时,四条分支中的三条趋于无穷远($n-m=3$),一条趋于有限开环零点 $z_1=-1$。

　　(3) 按 4.2.4 节中所述的法则,在实轴上根轨迹存在于 1 与 0、-1 与 -∞ 之间。

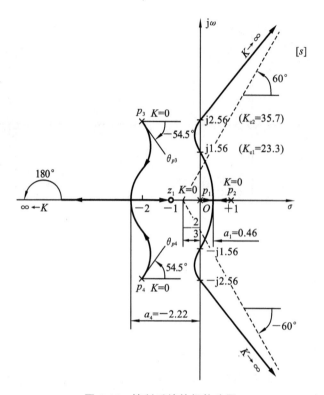

图 4-14　控制系统的根轨迹图

（4）按 4.2.5 节中所述的法则，根轨迹的三条渐近线与实轴正方向的夹角分别是 $\dfrac{\pm180°}{3}=\pm60°$ 和 $\dfrac{540°}{3}=180°$，它们在负实轴上交点的坐标为 $\sigma_0=\dfrac{-2}{3}$。

（5）按 4.2.6 节中所述的规则，根据式（4-16）计算根轨迹在开环复极点 $p_{3,4}=-2\pm j2\sqrt{3}$ 处的出射角 θ_{p3} 及 θ_{p4}，即

$$\theta_{p3}=180°+\angle(p_3-z_1)-\angle(p_3-p_1)-\angle(p_3-p_2)-\angle(p_3-p_4)$$

$$=180°+106°-120°-130.5°-90°$$

$$=-54.5°$$

同理　　　　　　　　　　　　　　$\theta_{p4}=54.5°$

（6）按 4.2.7 节中所述的法则，确定根轨迹从实轴分离以及与实轴会合点的坐标。解方程有

$$\frac{\mathrm{d}}{\mathrm{d}s}\left[\frac{s(s-1)(s^2+4s+16)}{s+1}\right]\Bigg|_{s=\alpha}=0$$

即　　　　　　　　　　$3\alpha^4+10\alpha^3+21\alpha^2+24\alpha-16=0$

共有四个根，分别是

$$\alpha_1=0.46,\quad \alpha_2=-0.79+j2.16,\quad \alpha_3=-0.79-j2.16,\quad \alpha_4=-2.22$$

其中,α_1、α_4 符合题意,其他复根不符合题意,舍去。

4.4　附加开环零点、极点对系统性能的影响

4.4.1　附加开环零点对系统性能的影响

本节着重定性地分析附加开环零点对控制系统根轨迹形状的影响,也就是说,通过根轨迹形状的变化,来说明开环附加零点对改进控制系统的稳定性及其他性能的作用。

首先看开环传递函数为

$$G(s)H(s) = \frac{K}{s^2(s+a)} \tag{4-31}$$

的控制系统,按根轨迹方法分析该系统的稳定性,并通过根轨迹形状的变化说明附加开环实数零点的作用。

从式(4-31)可知,该系统具有三个开环极点,即 $p_1 = p_2 = 0$ 和 $p_3 = -a$。按绘制根轨迹的基本法则,根据式(4-31)所示的开环传递函数绘制出的根轨迹如图 4-15 所示。从图 4-15 可知,该系统的三条根轨迹分支中的两条完全位于[s]平面的右半部。因此当参数 K 由 0 变到∞时,三个闭环极点中始终有两个处在[s]平面的右半部,所以该控制系统是不稳定的。也就是说,不论可变参数 K 取何值,这样的控制系统都不可能稳定地工作。

假若在该系统的开环极点、零点分布中加进一个负实零点 $-b$(见图 4-16),则此刻的开环传递函数变为

$$G(s)H(s) = \frac{K(s+b)}{s^2(s+a)} \tag{4-32}$$

根据式(4-32)绘制的根轨迹如图 4-16 所示。

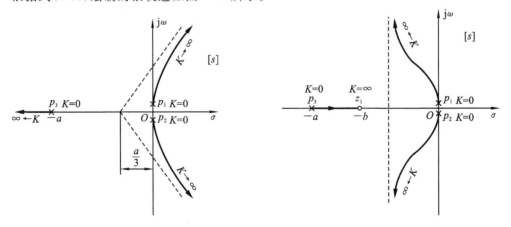

图 4-15　控制系统根轨迹图　　　　　　　　　　图 4-16　控制系统根轨迹图

从图 4-16 可知,在开环极点与开环零点中新增加了一个零点 $z_1 = -b$,使开环零点数由 0 变到 1($m=1$),而开环极点数却没有变(即 $n=3$),所以,根轨迹的渐近线由原来的三条(与实轴正方向的夹角分别为 $\pm 60°$ 与 $\pm 180°$)变为两条(与实轴正方向的夹角变为 $\pm 90°$)。因为是把附加的负实零点 z_1 配置在开环极点 p_1(p_2)与 p_3 之间,所以渐近线位于[s]平面的左半部,因此便决定了起始于开环极点 p_1 与 p_2 的根轨迹分支将完全处在[s]平面的左半部。也就是说,在这种情况下,不论参数 K 在 0 与 ∞ 之间取任何值,控制系统都将稳定地工作。

应当特别注意,附加负实零点 z_1 在[s]平面上的位置要选得合适,否则便不能改进控制系统的稳定性。例如,若将负实零点 z_1 配置在开环极点 p_3 与 $-\infty$ 之间(见图 4-17),此刻,与实轴垂直的两条渐近线在实轴上的会合点的坐标值为

$$\sigma_a = \frac{p_3 - z_1}{2} > 0$$

因此,起始于开环极点 p_1、p_2 的两条根轨迹分支,虽然将沿新的渐近线趋于无穷远(这在形式上不同于图 4-15 所示的情况),但由于新的渐近线仍处于[s]平面的右半部,这就决定了上述的两条根轨迹分支随着可变参数 K 的变化仍然不能脱离开[s]平面的右半部。因此,从控制系统的稳定性来看,这种情况和无附加零点时的情况无本质上的差别,都是不稳定系统。可见,如果附加零点的值取得不恰当,它并不能起到改善控制系统性能的作用。

从上面的分析可知:首先,如果在具有如式(4-31)所示开环传递函数的不稳定控制系统中适当地加进一个负实零点 z_1,便有可能改善该控制系统的稳定性,使其由不稳定转变为稳定。其次,在控制系统的开环极点全部沿负实轴分布的情况(见图 4-18)下,简单的附加负实零点对改善其稳定性是很有效的。

从图 4-18 可知,当可变参数 K 的取值超过其临界值 K_c 时该控制系统将变成不稳定的。如果在该系统中补充一个附加负实零点 z_1(见图 4-19),则系统的性能受到附加零点的影响而将有所改善。但需注意,由于附加零点相对于原有开环极点的分

图 4-17　控制系统根轨迹图

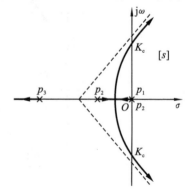

图 4-18　控制系统根轨迹图

布位置不同,系统性能得以改善的效果也各不相同。这个问题可通过图 4-19 所示的
三种情况加以说明。

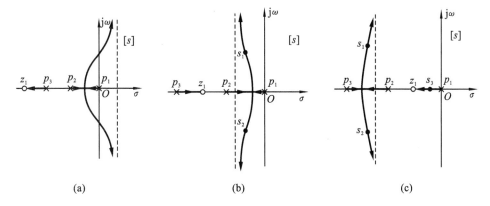

图 4-19　控制系统根轨迹图

(a)z_1 位于 p_3 与 $-\infty$ 之间　　(b)z_1 位于 p_2 与 p_3 之间　　(c)z_1 位于 p_2 与 p_1 之间

图 4-19(a)表明,当附加开环零点 z_1 配置在负实轴上的 p_3 与 $-\infty$ 之间时,对系
统性能将无大的改善,当可变参数的取值超过临界值时系统仍将不稳定。也就是说,
此刻附加开环零点的作用是较弱的。图 4-19(b)表明,当附加开环零点 z_1 位于负实
极点 p_2 与 p_3 之间时,控制系统便不再因可变参数的取值不同而可能变成不稳定的,
即从理论上不论可变参数取多么大的值,该系统都可以稳定地工作。从图 4-19(b)
还可看出,当可变参数 $K = K_1 (0 < K < \infty)$ 时,三个闭环极点中的一对共轭复极点
s_1、s_2 距虚轴较近,而第三个实极点 s_3 则远离虚轴。在这种情况下,系统可以近似地
用一个二阶系统来逼近。图 4-19(c)表明,当附加开环零点 z_1 的位置选得再靠近虚
轴,即介于开环极点 p_1 与 p_2 之间时,闭环极点中的一对共轭复极点 s_1、s_2 离开虚轴
较远,而闭环实极点 s_3 与虚轴靠得很近。此时该系统反映阶跃输入信号的过渡过程
将具有较低的反应速度,从而过渡过程进行得比较缓慢。这在一般的随动系统设计
中是不希望的。

从上面对图 4-19 所示三种根轨迹的分析来看,图(b)所示方案是比较理想的。
因为此刻系统的过渡过程具有适度的衰减振荡形式(例如取阻尼比 $\xi = 0.5 \sim 0.7$),
它既可能保证过渡过程有较高的反应速度,因而不致使调整时间 t_s 拖得过长,又有
可能使过渡过程的超调量不致过大。这种工作状态在设计一般随动系统时是通常所
希望的。

最后,看在控制系统的开环极点中有一对共轭复极点 p_2、p_3 的情况。在这种情
况下,如能恰当地选取附加开环负实零点 z_1,系统性能也将得到不同程度的改善。
关于这种情况的说明可见图 4-20 所示的根轨迹图。

通过上面对三种情况的定性分析来看,附加开环负实零点的存在,将使系统的根

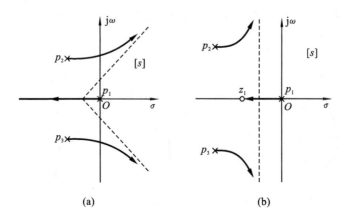

图 4-20　控制系统根轨迹图
(a)未选取附加开环零点　(b)选取附加开环零点

轨迹图发生趋于附加零点方向的变形,如果附加零点相对原有开环极点的位置选配得恰当,那么控制系统的稳定性及其他各方面的性能指标(如超调量 σ_p、调整时间 t_s 等)都有可能得到显著的改善。因此,附加开环零点的作用在设计控制系统时是不容忽视的。

4.4.2　附加开环极点对系统性能的影响

增加开环极点的作用,一般与增加开环零点的作用相反,但根据其位置的不同,作用也不大一样,在某些条件下,也能产生对系统有利的影响。以下举例定性分析开环极点的变化对根轨迹及系统性能的影响。

设系统的开环传递函数为

$$G(s)H(s) = \frac{K}{s(s+2)}$$

它的根轨迹如图 4-21(a)所示。

增加一个开环极点 p_1,它取不同值－4、－2、0 时所得的根轨迹分别如图 4-21 (b)、(c)、(d)所示。

从根轨迹的变化可以看出,增加开环极点将使系统的根轨迹向右弯曲和移动,这对系统的稳定性是不利的。原系统本来是无条件稳定的,但在增加极点(见图 4-21 (b)、(c))以后,系统成为条件稳定的,而当 $p_1 = 0$ 时,系统就肯定不稳定了。由此可见,增加开环极点对系统稳定性的影响视极点位置的不同而异,极点越远离虚轴,影响就越小。

增加开环极点对系统瞬态性能的影响,一般可认为与增加开环零点的情况相反。但在实际应用时,它的影响也因原系统的不同结构、增加极点的不同位置等而异,还应考虑到增加开环极点也起到增加闭环极点作用,故要根据具体情况具体分析。另

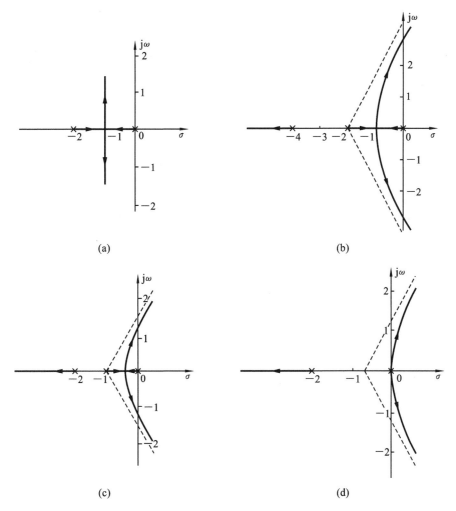

图 4-21　增加开环极点对根轨迹的影响

(a)根轨迹图　(b)$p_1 = -4$　(c)$p_1 = -2$　(d)$p_1 = 0$

外,增加开环极点对系统稳态性能可能起改善作用,例如增加积分环节就可以提高稳态精度。

上述增加极点的分析也可用作对极点位置变化的分析,因为在实用中往往采用零点、极点对消以改变极点位置的方法来改善系统的性能。

4.4.3　增加一对开环零点、极点对根轨迹及系统性能的影响

在系统的设计校正中,常采用增加一对开环零点、极点的方法来改善系统的性能。这里仅就其一般影响来作分析,具体应用将视实际情况来定量计算。

设系统的开环传递函数为

$$G(s)H(s) = \frac{K}{s(s-p_2)(s-p_3)}$$

现增加一对零点、极点,使开环传递函数改变为

$$G(s)H(s) = \frac{K(s-z_c)}{s(s-p_2)(s-p_3)(s-p_c)}$$

先设 $z_c > p_c$,即增加的零点比极点更靠近虚轴。这里,根据不同零点、极点位置情况,画出各根轨迹图。图 4-22(a)为原系统的根轨迹图,图 4-22(b)为 z_c 在 p_2 与 p_3 之间时的根轨迹图,图 4-22(c)为 z_c 在 p_1 与 p_2 之间时的根轨迹图。

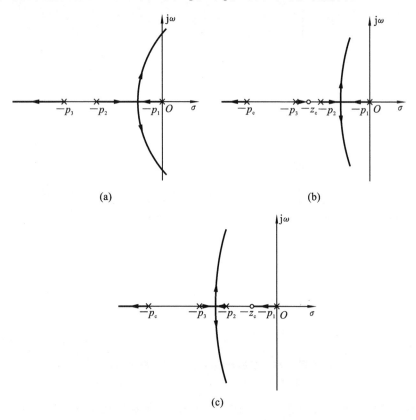

(a)

(b)

(c)

图 4-22　增加一对零点、极点对根轨迹的影响

(a)原系统的根轨迹图　(b)z_c在 p_2与 p_3之间　(c)z_c在 p_1与 p_2之间

从图 4-22 可以看出,增加一对零点、极点 z_c、p_c($z_c > p_c$)后,总的倾向是使根轨迹向左弯曲和移动,这特别有利于系统的稳定性(这是可以理解的,因此时零点更靠近虚轴,起的作用更大些)。但应注意到,在图 4-22(c)所示情况下,将有一个闭环极点取在 p_1 与 z_c 之间,它离虚轴最近,故将使系统的响应有非周期的倾向(当然,如果 z_c 很靠近原点,由于它也就是闭环零点,因此就可以和这个闭环极点起抵消作用)。至于增加一对零点、极点对系统的瞬态和稳态性能的影响,只要选择适当,是可以起

到改善的作用的。一般说来,可使 z_c 接近 p_2,而使 p_c 远离虚轴(这实际相当于用零点、极点对消而改变原系统的极点位置),这时系统的性能就可能比较适当。

如果增加的开环零点、极点为 $z_c < p_c$ 的情况,即若极点比零点更靠近虚轴,那么一般来说,这将使根轨迹发生向右弯曲和移动,对系统的稳定是不利的,因而应用时要慎重。但若使零点、极点互相非常接近且离虚轴很近,它们对根轨迹将不产生很大的影响,可是这常能使系统的稳态精度得到提高。

上述是一般性的分析,对于具体系统还要作具体分析。对实际采用的增加或改变零点、极点的方法,要作定量的计算,以便能满足系统的各种要求。

习　题

4-1　负反馈系统的开环零点、极点分布如图 4-23 所示,试概略作出相应的闭环根轨迹图。

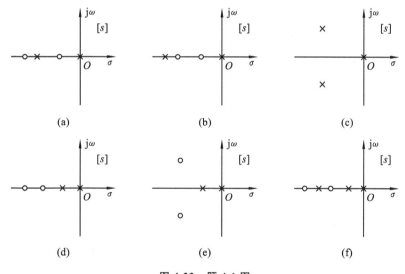

图 4-23　题 4-1 图

4-2　负反馈控制系统的开环传递函数分别为

$$G_1(s)H_1(s) = \frac{K^*(s+5)}{s(s+2)(s+3)}$$

$$G_2(s)H_2(s) = \frac{K^*(s+2)}{s(s+1)(s+3)}$$

$$G_3(s)H_3(s) = \frac{K^*(s+20)}{s(s+10+\mathrm{j}10)(s+10-\mathrm{j}10)}$$

试作 K 变动(由 $0 \to \infty$)的闭环根轨迹。

4-3　负反馈系统的开环传递函数为

$$G(s) = \frac{K}{s(0.05s^2 + 0.4s + 1)}$$

试作 K 变动(由 $0 \rightarrow \infty$)的闭环根轨迹。

4-4 系统如图 4-24 所示,试作 K 变动(由 $0 \rightarrow \infty$)的系统根轨迹。

图 4-24　题 4-3 图

4-5 系统闭环特征方程为 $s^2(s+a)+K(s+1)=0$,试确定系统根轨迹有一个、两个和没有分离点三种情况下,参数 a 的取值范围,并作相应的 K 变动(由 $0 \rightarrow \infty$)的根轨迹图。

4-6 反馈控制系统的正、反向通道传递函数为

$$G(s) = \frac{K}{s^2(s+2)(s+5)}, \quad H(s) = 1$$

(1)试概略绘制系统($0 \leqslant K^* < \infty$)的根轨迹图,并判断系统稳定与否。

(2)改变 $H(s)$,使 $H(s)=2s+1$,试作根轨迹图,并讨论 $H(s)$ 变化对系统稳定性的影响。

4-7 反馈控制系统的开环传递函数

$$G(s) = \frac{0.25(s+a)}{s^2(s+1)}$$

试作参数 a 变动(由 $0 \rightarrow \infty$)的系统根轨迹图。

4-8 反馈控制系统的开环传递函数

$$G(s) = \frac{2.6}{s(0.1s+1)(Ts+1)}$$

试作 T 变动(由 $0 \rightarrow \infty$)的系统根轨迹图。

4-9 系统结构如图 4-25 所示。

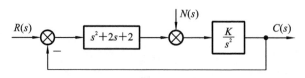

图 4-25　题 4-9 图

(1)试作 K 变动(由 $0 \rightarrow \infty$)的闭环根轨迹图。

(2)讨论 K 值大小对阶跃干扰作用下系统响应的影响。

第5章 控制系统的频域分析

学习要点 掌握频率特性和对数频率特性、相对稳定性、相位裕度和增益裕度的基本概念;熟悉典型环节及一般系统的频率特性和物理意义;掌握典型环节及系统频率特性的求取及其作图方法;掌握奈奎斯特稳定判据、伯德稳定判据以及控制系统的相对稳定性;掌握频率特性与系统时域响应之间的内在联系与分析方法。

5.1 频域特性的基本概念

1. 时域分析法及其不足

时域分析法是在系统微分方程已建立的基础上,以拉普拉斯变换为数学工具直接求出系统的时间响应,再根据时间响应表达式或响应曲线对系统的性能进行分析。这种方法较为直接,也符合人们的习惯。但存在以下不足之处:

(1)对于高阶或较为复杂的系统难以求解和定量分析。

(2)当系统中某些元器件或环节的数学模型难以求出时,整个系统的分析将无法进行。

(3)系统的参数变化时,系统性能的变化难以直接判断,而需重新求解系统的时间响应,才能得到结果。

(4)系统的性能不满足技术要求时,无法方便地确定调整系统的参数来获得预期结果。

(5)必须由闭环传递函数求系统的稳定性。

运用根轨迹分析法,根据图形的变化趋势即可得到系统性能随某一参数变化的全部信息,从而获得调整系统参数的方法,以获得预期结果。根轨迹法是一种快速、简洁而且非常实用的求取闭环特征方程式根和定性分析系统性能的图解法,特别适用于高阶系统的分析求解。但是,它对于高频噪声问题、难以建立数学模型的问题等仍然无能为力。

2. 频域分析法及其优点

从工程应用的角度出发,我们希望找出一种方法,使之不必求解微分方程就可以预示出系统的性能,同时又能指出如何调整系统参数来得到预期的性能技术指标。频域分析法就有这种特点。它是20世纪30年代发展起来的一种经典工程实用的方法,是一种利用频率特性进行控制系统分析和设计的图解法,可方便地用于控制工程中的系统分析与设计。其优点如下:

（1）利用系统的开环传递函数求解闭环系统的稳定性,而不必求解闭环系统的特征根。

（2）具有明显的物理意义,可以用实验的方法确定系统的传递函数。对难以列写微分方程式的元件或系统来说,具有重要的实际意义。

（3）对于二阶系统,频域性能指标和时域性能指标具有一一对应的关系。对高阶系统存在可以满足工程要求的近似关系,使时域分析法的直接性和频域分析法的直观性有机地结合起来。

（4）可以方便地研究系统参数和结构的变化对系统性能指标带来的影响,为系统参数和结构的调整和设计提供了方便而实用的手段,同时可以设计出能有效抑制噪声的系统。

5.1.1　频率特性的定义

为了说明什么是频率特性,首先分析一个特例——RC 电路,如图 5-1 所示。设电路的输入、输出电压分别为 $u_i(t)$ 和 $u_o(t)$,电路的传递函数为

$$G(s) = \frac{U_o(s)}{U_i(s)} = \frac{1}{Ts+1}$$

式中,T 为电路的时间常数,$T = RC$。

图 5-1　RC 网络电路

若给电路输入一个振幅为 X、频率为 ω 的正弦信号,即

$$u_i(t) = X\sin\omega t \tag{5-1}$$

当初始条件为 0 时,输出电压的拉普拉斯变换为

$$U_o(s) = \frac{1}{Ts+1}U_i(s) = \frac{1}{Ts+1}\frac{X\omega}{s^2+\omega^2}$$

对上式进行拉普拉斯逆变换,得出输出时域解为

$$u_o(t) = \frac{XT\omega}{1+T^2\omega^2}e^{-\frac{t}{T}} + \frac{X}{\sqrt{1+T^2\omega^2}}\sin(\omega t - \arctan T\omega)$$

上式等号右边第一项是瞬态分量,第二项是稳态分量。当 $t \to \infty$ 时,第一项趋于 0,电路稳态输出为

$$u_{os}(t) = \frac{X}{\sqrt{1+T^2\omega^2}}\sin(\omega t - \arctan T\omega) = B\sin(\omega t + \varphi) \tag{5-2}$$

式中，B 为输出电压的振幅，$B = \dfrac{X}{\sqrt{1+T^2\omega^2}}$；$\varphi$ 为 $u_o(t)$ 与 $u_i(t)$ 之间的相位差。

　　式(5-2)表明：RC 电路在正弦信号 $u_i(t)$ 作用下，过渡过程结束后，输出的稳态响应仍是一个与输入信号同频率的正弦信号，只是幅值变为输入正弦信号幅值的 $1/\sqrt{1+T^2\omega^2}$ 倍，相位则滞后了 $\arctan T\omega$。

　　上述结论具有普遍意义。事实上，一般线性系统（或元件）输入正弦信号 $x(t) = X\sin\omega t$ 的情况下，系统的稳态输出（即频率响应）$y(t) = Y\sin(\omega t + \varphi)$ 也一定是同频率的正弦信号，只是幅值和相位不一样。

　　如果对输出、输入正弦信号的幅值比 $A = Y/X$ 和相位差 φ 作进一步的研究，就不难发现，在系统结构参数给定的情况下，A 和 φ 仅仅是 ω 的函数，它们反映出线性系统在不同频率下的特性，分别称为幅频特性（用 $A(\omega)$ 表示）和相频特性（用 $\varphi(\omega)$ 表示）。

　　由于输入、输出信号（稳态时）均为正弦函数，故可用电路理论的符号法将其表示为复数形式，即输入为 $X\mathrm{e}^{\mathrm{j}0}$，输出为 $Y\mathrm{e}^{\mathrm{j}\varphi}$。于是输出与输入的复数之比为

$$\frac{Y\mathrm{e}^{\mathrm{j}\varphi}}{X\mathrm{e}^{\mathrm{j}0}} = \frac{Y}{X}\mathrm{e}^{\mathrm{j}\varphi} = A(\omega)\mathrm{e}^{\mathrm{j}\varphi(\omega)}$$

这正是系统（或元件）的幅频特性和相频特性。通常将幅频特性 $A(\omega)$ 和相频特性 $\varphi(\omega)$ 统称为系统（或元件）的频率特性。

　　综上所述，可对频率特性定义如下：线性定常系统（或元件）的频率特性是零初始条件下稳态输出正弦信号与输入正弦信号的复数比。用 $G(\mathrm{j}\omega)$ 表示，则有

$$G(\mathrm{j}\omega) = A(\omega)\mathrm{e}^{\mathrm{j}\varphi(\omega)} = A(\omega)\angle\varphi(\omega) \tag{5-3}$$

频率特性描述了在不同频率下系统（或元件）传递正弦信号的能力。

　　除了用式(5-3)的指数型或辐角型形式来描述以外，频率特性 $G(\mathrm{j}\omega)$ 还可用实部和虚部形式来描述，即

$$G(\mathrm{j}\omega) = P(\omega) + \mathrm{j}Q(\omega) \tag{5-4}$$

式中，$P(\omega)$ 为系统（或元件）的实频特性；$Q(\omega)$ 为系统（或元件）的虚频特性。

　　由图 5-2 的几何关系知，幅频、相频特性与实频、虚频特性之间的关系为

$$P(\omega) = A(\omega)\cos\varphi(\omega) \tag{5-5}$$

$$Q(\omega) = A(\omega)\sin\varphi(\omega) \tag{5-6}$$

$$A(\omega) = \sqrt{P^2(\omega) + Q^2(\omega)} \tag{5-7}$$

$$\varphi(\omega) = \arctan\frac{Q(\omega)}{P(\omega)} \tag{5-8}$$

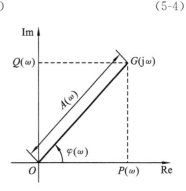

图 5-2　$G(\mathrm{j}\omega)$ 在复平面上的表示

5.1.2　频率特性和传递函数的关系

设系统的输入信号、输出信号分别为 $r(t)$ 和 $c(t)$，其拉普拉斯变换分别为 $R(s)$ 和 $C(s)$，系统的传递函数可以表示为

$$G(s)=\frac{C(s)}{R(s)}=\frac{M(s)}{(s+p_1)(s+p_2)\cdots(s+p_n)}.\tag{5-9}$$

式中，$M(s)$ 表示 $G(s)$ 的分子多项式；$-p_1,-p_2,\cdots,-p_n$ 为系统传递函数的极点。

为方便讨论并且不失一般性，设所有极点都是互不相等的实数。

在正弦信号 $r(t)=X\sin\omega t$ 作用下，由式(5-9)可得输出信号的拉普拉斯变换为

$$C(s)=\frac{M(\omega)}{(s+p_1)(s+p_2)\cdots(s+p_n)}\frac{X\omega}{(s+\mathrm{j}\omega)(s-\mathrm{j}\omega)}$$

$$=\frac{C_1}{s+p_1}+\frac{C_2}{s+p_2}+\cdots+\frac{C_n}{s+p_n}+\frac{C_a}{s+\mathrm{j}\omega}+\frac{C_{-a}}{s-\mathrm{j}\omega}\tag{5-10}$$

式中，$C_1,C_2,\cdots,C_n,C_a,C_{-a}$ 均为待定系数，其中 C_a、C_{-a} 为一对共轭复数。对式(5-10)求拉普拉斯逆变换，可得输出为

$$c(t)=C_1\mathrm{e}^{-p_1 t}+C_2\mathrm{e}^{-p_2 t}+\cdots+C_n\mathrm{e}^{-p_n t}+C_a\mathrm{e}^{\mathrm{j}\omega}+C_{-a}\mathrm{e}^{-\mathrm{j}\omega}\tag{5-11}$$

假设系统稳定，当 $t\to\infty$ 时，式(5-10)等号右边除了最后两项外，其余各项都将衰减至 0。所以 $c(t)$ 的稳态分量为

$$c_s(t)=\lim_{t\to\infty}c(t)=C_a\mathrm{e}^{\mathrm{j}\omega}+C_{-a}\mathrm{e}^{-\mathrm{j}\omega}\tag{5-12}$$

其中，系数 C_a 和 C_{-a} 计算如下：

$$C_a=G(s)\frac{X\omega}{(s+\mathrm{j}\omega)(s-\mathrm{j}\omega)}(s+\mathrm{j}\omega)\bigg|_{s=-\mathrm{j}\omega}=-\frac{G(-\mathrm{j}\omega)X}{2\mathrm{j}}\tag{5-13}$$

$$C_{-a}=G(s)\frac{X\omega}{(s+\mathrm{j}\omega)(s-\mathrm{j}\omega)}(s-\mathrm{j}\omega)\bigg|_{s=\mathrm{j}\omega}=\frac{G(\mathrm{j}\omega)X}{2\mathrm{j}}\tag{5-14}$$

$G(\mathrm{j}\omega)$ 是复数，可写为

$$G(\mathrm{j}\omega)=|G(\mathrm{j}\omega)|\mathrm{e}^{\mathrm{j}\angle G(\mathrm{j}\omega)}=A(\omega)\mathrm{e}^{\mathrm{j}\varphi(\omega)}\tag{5-15}$$

$G(\mathrm{j}\omega)$ 与 $G(-\mathrm{j}\omega)$ 共轭，故有

$$G(-\mathrm{j}\omega)=A(\omega)\mathrm{e}^{-\mathrm{j}\varphi(\omega)}\tag{5-16}$$

将式(5-15)、式(5-16)分别代回式(5-13)、式(5-14)，得

$$C_a=-\frac{X}{2\mathrm{j}}A(\omega)\mathrm{e}^{-\mathrm{j}\varphi(\omega)}$$

$$C_{-a}=\frac{X}{2\mathrm{j}}A(\omega)\mathrm{e}^{\mathrm{j}\varphi(\omega)}$$

再将 C_a、C_{-a} 代入式(5-12)，则系统稳态分量为

$$c_s=A(\omega)X\frac{\mathrm{e}^{\mathrm{j}[\omega t+\varphi(\omega)]}-\mathrm{e}^{\mathrm{j}[\omega t-\varphi(\omega)]}}{2\mathrm{j}}=A(\omega)X\sin[\omega t+\varphi(\omega)]=Y\sin[\omega t+\varphi(\omega)]$$

$$\tag{5-17}$$

根据频率特性的定义,由式(5-17)可直接写出线性系统的幅频特性和相频特性,分别为

$$\frac{Y}{X}=A(\omega)=|G(\mathrm{j}\omega)| \tag{5-18}$$

$$\omega t+\varphi(\omega)-\omega t=\varphi(\omega)=\angle G(\mathrm{j}\omega) \tag{5-19}$$

从式(5-18)、式(5-19)可以看出,频率特性和传递函数的关系为

$$G(\mathrm{j}\omega)=G(s)\big|_{s=\mathrm{j}\omega} \tag{5-20}$$

即传递函数的复变量 s 用 $\mathrm{j}\omega$ 代替后,就变为相应的频率特性。频率特性和前几章介绍过的微分方程、传递函数一样,都能表征系统的运动规律。所以,频率特性也是一种描述线性控制系统的数学模型。

5.1.3 频率特性的图形表示方法

微分方程、传递函数和频率特性都是描述系统动态性能的数学模型,但仅仅根据它们的解析式来分析和设计系统,往往是比较困难的。频率特性可以用图形表示,根据系统的频率特性图能够对系统的性能作出相当明确的判断,并可找出改善系统性能的途径,从而建立一套分析和设计系统的图解分析方法。这就是控制理论中的频率特性法,也称频域分析法。

用频域分析法分析、设计控制系统时,不是从频率特性的函数表达式出发,而是将频率特性绘制成一些曲线,借助这些曲线对系统进行图解分析。因此必须熟悉频率特性的各种图形表示方法和图解运算过程。这里以图 5-1 所示的 RC 电路为例,介绍控制工程中常见的四种频率特性图示法(见表 5-1),其中第二、三种图示方法在实际中应用广泛。

表 5-1 常用频率特性曲线及其坐标

序号	名　　　称	图形常用名	坐　标　系
1	幅频特性曲线, 相频特性曲线	频率特性图	直角坐标
2	幅相频率特性曲线	奈奎斯特图,极坐标图	极坐标
3	对数幅频特性曲线, 对数相频特性曲线	伯德图,对数坐标图	半对数坐标
4	对数幅相频率特性曲线	尼柯尔斯图,对数幅相坐标图	对数幅相坐标

1. 频率特性图

频率特性图包括幅频特性曲线和相频特性曲线。幅频特性描述频率特性幅值 $|G(\mathrm{j}\omega)|$ 随频率 ω 的变化规律;相频特性描述频率特性相位 $\angle G(\mathrm{j}\omega)$ 随频率 ω 的变化规律。图 5-1 所示电路的频率特性如图 5-3 所示。

2. 奈奎斯特图

奈奎斯特图又称为极坐标图或幅相频率特性曲线图,在复平面上以极坐标的形式表示。设系统的频率特性为

$$G(j\omega) = A(\omega) e^{j\varphi(\omega)}$$

对于某个特定频率 ω_i 下的 $G(j\omega_i)$,可以在复平面用一个向量表示,向量的长度为 $A(\omega_i)$,相位为 $\varphi(\omega_i)$。当 $\omega = 0 \rightarrow \infty$ 变化时,向量 $G(j\omega)$ 的端点在复平面 $[G]$ 上描绘出来的轨迹就是幅相频率特性曲线。通常把 ω 作为参变量标在曲线相应点的旁边,并用箭头表示 ω 增大时特性曲线的走向。

图 5-4 中的实线就是图 5-1 所示电路的幅相频率特性曲线。

图 5-3　RC 电路的频率特性曲线

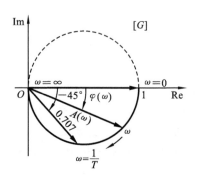

图 5-4　RC 电路的幅相频率特性曲线

3. 伯德图

伯德图又称为对数坐标图或对数频率特性曲线图。它由对数幅频特性和对数相频特性两条曲线所组成,是频域分析法中应用最广泛的一组图线。伯德图是在半对数坐标纸上绘制出来的。横坐标采用对数刻度,纵坐标采用线性的均匀刻度。

伯德图中,对数幅频特性是 $G(j\omega)$ 的对数值 $20\lg|G(j\omega)|$ 和频率 ω 的关系曲线;对数相频特性则是 $G(j\omega)$ 的相位 $\varphi(\omega)$ 和频率 ω 的关系曲线。在绘制伯德图时,为了作图和读数方便,常将两种曲线画在半对数坐标纸上,采用同一横坐标作为频率轴,横坐标虽采用对数分度,但以 ω 的实际值标定,单位为 rad/s 或 s^{-1}。

绘制伯德图时,必须掌握对数刻度的概念。尽管在 ω 坐标轴上标明的数值是实际的 ω 值,但坐标上的距离却是按 ω 值的常用对数 $\lg\omega$ 来刻度的。坐标轴上任何两点 ω_1 和 ω_2(设 $\omega_2 > \omega_1$)之间的距离为 $\lg\omega_2 - \lg\omega_1$,而不是 $\omega_2 - \omega_1$。横坐标上若两对频率间距离相同,则其比值相等。

频率 ω 每变化到上一次的 10 倍称为一个 10 倍频程,记作 dec。每个 dec 沿横坐标走过的间隔为一个单位长度,如图 5-5 所示。由于横坐标按 ω 的对数分度,故对 ω 而言是不均匀的,但对 $\lg\omega$ 来说却是均匀的线性刻度。

图 5-5　对数分度

对数幅频特性将 $A(\omega)$ 取常用对数,并乘以 20,使其变成对数幅值 $L(\omega)$,并将其作为纵坐标值。$L(\omega)=20\lg A(\omega)$ 称为对数幅值,单位是 dB(分贝)。幅值 $A(\omega)$ 每增大 10 倍,对数幅值 $L(\omega)$ 就增加 20 dB。由于纵坐标 $L(\omega)$ 已作过对数转换,故纵坐标按分贝值是线性刻度的。

对数相频特性的纵坐标为相位 $\varphi(\omega)$,单位是度,采用线性刻度。

图 5-1 所示电路的对数频率特性如图 5-6 所示。

图 5-6　$1/(j\omega T+1)$ 的对数频率特性

采用对数坐标图的优点较多,主要表现在:

(1) 由于横坐标采用对数刻度,低频段相对展宽了(低频段频率特性的形状对于控制系统性能的研究具有较重要的意义),而高频段相对压缩了。这样可以在较宽的频段范围中研究系统的频率特性。

(2) 由于对数可将乘除运算变成加减运算,因此当绘制由多个环节串联而成的系统的对数坐标图时,只要将各环节对数坐标图的纵坐标相加、相减即可,从而简化了画图的过程。

（3）在对数坐标图上,所有典型环节的对数幅频特性乃至系统的对数幅频特性均可用分段直线近似表示,这种近似具有相当的精确度。若对分段直线进行修正,即可得到精确的特性曲线。

（4）若将实验所得的频率特性数据进行整理并用分段直线画出对数频率特性曲线,那么就很容易写出实验对象的频率特性表达式或传递函数。

4. 尼柯尔斯图

尼柯尔斯图又称对数幅相坐标图。对数幅相频率特性曲线是由对数幅频特性和对数相频特性合并而成的曲线。对数幅相坐标图的横轴为相位 $\varphi(\omega)$,纵轴为对数幅频值 $L(\omega)=20\lg A(\omega)$,单位是 dB。横坐标和纵坐标均是线性刻度。图 5-1 所示电路的对数幅相频率特性如图 5-7 所示。

采用对数幅相特性可以利用尼柯尔斯图线方便地求得系统的闭环频率特性及其有关的特性参数,用以评估系统的性能。

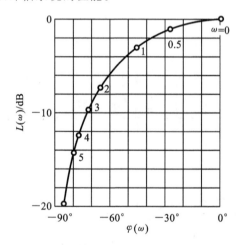

图 5-7　$1/(j\omega T+1)$ 的尼柯尔斯图

5.2　典型环节及一般系统的频率特性

5.2.1　开环系统的典型环节分解

虽然控制系统中有许多不同结构和不同性质的元件,但从它们的动态特性或传递函数的共性进行分类,却可以归纳为若干种类型,称它们为典型环节。一般地,对系统的开环传递函数而言,其很容易分解为如下形式:

$$G(s)=\frac{b_m(s-z_1)(s-z_2)\cdots(s-z_m)}{a_n(s-p_1)(s-p_2)\cdots(s-p_n)}$$

式中,$z_1,z_2,\cdots,z_m$ 为 $G(s)$ 的零点;$p_1,p_2,\cdots,p_n$ 为 $G(s)$ 的极点。

　　由于上式中的系数均为实数,所以 $G(s)$ 的零点和极点为实数或共轭复数。对于共轭复数的零点和极点所组成的因子合并成的二次因式,其系数均为实数。这时,上式可表示为

$$G(s) = \frac{K \prod\limits_{i=1}^{\mu}(T_i s + 1) \prod\limits_{i=1}^{\eta}(T_i^2 s^2 + 2\xi_i T_i s + 1)}{s^v \prod\limits_{j=1}^{\rho}(T_j s + 1) \prod\limits_{j=1}^{\sigma}(T_j^2 s^2 + 2\xi_j T_j s + 1)}$$

　　通常,线性定常连续系统的开环传递函数均可分解成以上七种简单因子的乘积,其中的每一种因子所构成的传递函数表示一种运动特性,把这七种因子所构成的传递函数或其所对应的微分方程称为典型环节。

　　这七种典型环节是:

　　(1) 比例环节,其传递函数为

$$G(s) = K$$

　　(2) 惯性环节,其传递函数为

$$G(s) = \frac{1}{\tau s + 1}$$

　　(3) 积分环节,其传递函数为

$$G(s) = \frac{1}{s}$$

　　(4) 微分环节,其传递函数为

$$G(s) = s$$

　　(5) 一阶微分环节,其传递函数为

$$G(s) = \tau s + 1$$

　　(6) 二阶振荡环节,其传递函数为

$$G(s) = \frac{1}{T^2 s^2 + 2\xi T s + 1} \quad \text{或} \quad \frac{\omega_n^2}{s^2 + 2\xi \omega_n s + \omega_n^2}$$

　　(7) 二阶微分环节,其传递函数为

$$G(s) = T^2 s^2 + 2\xi T s + 1$$

5.2.2　典型环节的频率特性

　　既然控制系统通常可以等效为由若干个简单环节组成的系统,系统的频率特性也是由典型环节的频率特性组成的,那么,掌握典型环节的频率特性,对于复杂系统的分析是至关重要的。

1. 比例环节

　　比例环节的传递函数为常数 K,$G(s) = K$,其频率特性为

$$G(j\omega) = K \tag{5-21}$$

显然,实频特性恒为 K,虚频特性恒为 0;幅频特性 $|G(j\omega)|＝K$,相频特性 $\angle G(j\omega)＝$ 0°。由此可见,比例环节的奈奎斯特图为实轴上的一定点,其坐标为 $(K,j0)$,如图 5-8 所示。

对数幅频特性和相频特性为

$$\begin{cases} L(\omega)＝20\lg K \\ \varphi(\omega)＝0 \end{cases} \tag{5-22}$$

比例环节的对数幅频特性曲线是一条水平线,分贝数为 $20\lg K$,K 值大小变化使曲线上下移动,如图 5-9 所示。

图 5-8　比例环节的奈奎斯特图　　　　　图 5-9　比例环节的对数幅频特性曲线

比例环节的幅频特性、相频特性与 ω 无关,输出量振幅永远是输入量振幅的 K 倍,且相位永远相同。

2. 惯性环节

惯性环节的传递函数为

$$G(s)＝\frac{1}{1+\tau s}$$

其频率特性为

$$G(j\omega)＝\frac{1}{1+j\tau\omega}$$

幅频特性和相频特性如下:

$$A(\omega)＝\frac{1}{\sqrt{1+\omega^2\tau^2}}, \quad \varphi(\omega)＝-\tan^{-1}\tau\omega$$

用实频和虚频特性表示为

$$G(j\omega)＝U(\omega)+jV(\omega)$$

式中　　　　　$$U(\omega)＝\frac{1}{1+\omega^2\tau^2}, \quad V(\omega)＝-\frac{\omega\tau}{1+\tau^2\omega^2}$$

显然有下式成立:

$$\left[U(\omega)-\frac{1}{2}\right]^2+V^2(\omega)＝\left(\frac{1}{2}\right)^2$$

上式表示,惯性环节的奈奎斯特图是复平面上圆心为 $(1/2,0)$、半径为 $1/2$ 的圆(见图 5-10)。下半圆对应 $0\leqslant\omega\leqslant\infty$,上半圆对应 $-\infty\leqslant\omega\leqslant0$。

对数幅频特性为

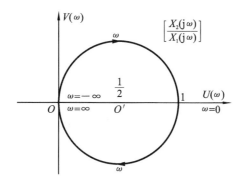

图 5-10　惯性环节的奈奎斯特图

$$L(\omega) = 20\lg A(\omega) = -20\lg \sqrt{1+\omega^2\tau^2}$$

5.1 节中提及的 RC 电路就是一个惯性环节,其对数频率特性如图 5-6 所示。图中两条渐近线相交处对应的频率称为转折频率,惯性环节的转折频率为 $\omega_1 = 1/\tau$。如前所述,对数幅频特性用渐近线近似,在转折频率处的最大误差为 -3 dB。必要时,可以用图 5-11 所示的误差修正曲线进行修正。

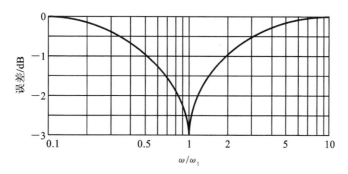

图 5-11　误差曲线

惯性环节在低频端($\omega \to 0$)时,输出振幅等于输入振幅,输出相位紧跟输入相位,即此时信号全部通过;随 ω 的增大,输出振幅越来越小(衰减),相位越来越滞后;到高频端($\omega \to \infty$)时输出振幅衰减至 0,即高频信号被完全滤掉。因此,惯性环节本质上就是一个低通滤波器。

3. 积分环节

积分环节的传递函数为

$$G(s) = \frac{1}{s}$$

其频率特性为

$$G(j\omega) = \frac{1}{j\omega} = \frac{1}{\omega}e^{-j\frac{\pi}{2}}$$

图 5-12　积分环节的
奈奎斯特图

可见,积分环节的幅频特性与角频率 ω 成反比,而相频特性恒为 $-\pi/2$。因此,积分环节的奈奎斯特图是一条与负虚轴重合的直线,由无穷远指向原点,相位总是 $-90°$,如图 5-12 所示。

积分环节的对数幅频特性和相频特性分别为

$$\begin{cases} L(\omega) = -20\lg\omega \\ \varphi(\omega) = -90° \end{cases}$$

其相应的伯德图即为图 5-13,对数幅频特性是一条斜率为 -20 dB/dec 的直线,在 $\omega = 1$ s^{-1} 时,$L(\omega) = 0$。相频特性是一条平行于横坐标的直线,其纵坐标是 $-\pi/2$。

可见,积分环节在低频段 ($\omega \rightarrow 0$) 时,输出振幅很大;到高频段 ($\omega \rightarrow \infty$) 时输出振幅为 0;输出相位总是滞后输入相位 90°。

4. 微分环节

微分环节的传递函数为 $G(s) = s$。微分环节的幅频特性和相频特性的表达式为

$$\begin{cases} A(\omega) = \omega \\ \varphi(\omega) = \pi/2 \end{cases}$$

其奈奎斯特图即为图 5-14。显然 ω 由 0 到 ∞ 变化时,其幅值由 0 变化到 ∞,而相位始终为 90°。

微分环节的对数幅频特性和相频特性为

$$\begin{cases} L(\omega) = 20\lg\omega \\ \varphi(\omega) = \pi/2 \end{cases}$$

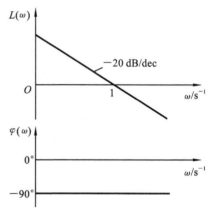

图 5-13　积分环节的伯德图

其相应的伯德图即为图 5-15,由图可见,其对数幅频特性为一条斜率为 20 dB/dec 的直线,此线通过 $\omega = 1$s^{-1}、$L(\omega) = 0$ dB 的点。相频特性是一条平行于横轴的直线,其

图 5-14　微分环节的奈奎斯特图

图 5-15　微分环节的伯德图

纵坐标为 $\pi/2$。

积分环节和微分环节的传递函数互为倒数,它们的对数幅频特性和相频特性则对称于横轴。

5. 一阶微分环节

理想微分环节的传递函数为 $G(s)=s$,而实际应用的是一阶微分环节和二阶微分环节。一阶比例微分环节的传递函数为

$$G(s)=1+\tau s$$

其频率特性为

$$G(j\omega)=1+j\tau\omega=\sqrt{1+\omega^2\tau^2}\,e^{j\varphi(\omega)}$$

其中,相频特性为 $\varphi(\omega)=\tan^{-1}\omega\tau$。理想微分环节的奈奎斯特轨迹是与正虚轴重合的直线,由原点指向无穷远,相位总是 $90°$。一阶微分环节的频率特性是复平面上一条垂直于横轴、并经过点 $(1,0)$ 的直线,如图 5-16 所示。当 ω 由 0 到 ∞ 变化时,相频特性由 0 到 $\pi/2$ 变化。

微分环节的对数频率特性为

$$\begin{cases} L(\omega)=20\lg\sqrt{1+\omega^2\tau^2} \\ \varphi(\omega)=\tan^{-1}\omega \end{cases}$$

其伯德图即为图 5-17,交接频率为 $\omega_1=1/\tau$,在交接频率处,相位超前量为 $\pi/4$。

图 5-16　一阶微分环节的奈奎斯特图

图 5-17　一阶微分环节的伯德图

6. 二阶微分环节

二阶微分环节的传递函数为

$$G(s) = 1 + 2\xi\tau s + \tau^2 s^2$$

频率特性为

$$G(j\omega) = 1 - \tau^2\omega^2 + j2\xi\tau\omega$$

当 $\omega = 0$ 时,相位超前量为 0,当 $\omega = \infty$ 时,相位超前量为 π。其奈奎斯特图即为图 5-18 所示。

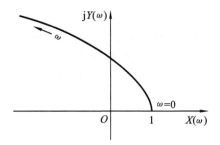

图 5-18　二阶微分环节的奈奎斯特图

对数频率特性为

$$\begin{cases} L(\omega) = 20\lg\sqrt{(1 - \omega^2\tau^2)^2 + (2\xi\omega\tau)^2} \\ \varphi(\omega) = \tan^{-1}\left(\dfrac{2\xi\omega\tau}{1 - \omega^2\tau^2}\right) \end{cases}$$

其伯德图即为图 5-19。

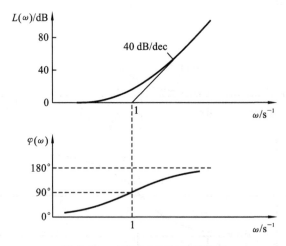

图 5-19　二阶微分环节的伯德图

7. 振荡环节

振荡环节的传递函数为

$$G(s) = \frac{1}{\tau^2 s^2 + 2\xi\tau s + 1} = \frac{\omega_n}{s^2 + 2\xi\omega_n s + \omega_n^2}$$

式中，ω_n 为无阻尼自由振荡频率，$\omega_n = 1/\tau$。

从第 3 章的讨论可知，$0 < \xi < 1$ 时，上式表示振荡环节，为欠阻尼振荡。振荡环节的频率特性为

$$G(j\omega) = \frac{1}{1 + j2\xi\tau\omega - \tau^2\omega^2} = A(\omega)e^{j\varphi(\omega)}$$

$$\begin{cases} A(\omega) = \dfrac{1}{\sqrt{(1-\omega^2\tau^2)^2 + (2\xi\tau\omega)^2}} \\ \varphi(\omega) = -\tan^{-1}\left(\dfrac{2\xi\tau\omega}{1-\omega^2\tau^2}\right) \end{cases}$$

振荡环节的幅频特性和相频特性跟阻尼比 ξ 有关。当 $\omega = \omega_n$ 时，有

$$\begin{cases} A(\omega) = \dfrac{1}{2\xi} \\ \varphi(\omega) = -90° \end{cases}$$

因此，振荡环节的频率特性与虚轴相交处的频率就是无阻尼自由振荡频率 ω_n，阻尼比越小，对应的自由振荡的幅值就越大。

频率变化情况如下：

当 $\omega = 0(\lambda = 0)$ 时，有

$$|G(j\omega)| = 1, \quad \angle G(j\omega) = 0°$$

当 $\omega = \omega_n(\lambda = 1)$ 时，有

$$|G(j\omega)| = \frac{1}{2}\xi, \quad \angle G(j\omega) = -90°$$

当 $\omega = \infty(\lambda = \infty)$ 时，有

$$|G(j\omega)| = 0, \quad \angle G(j\omega) = -180°$$

奈奎斯特轨迹为在第三、第四象限内的曲线，起始点$(1, j0)$，终止点$(0, j0)$，如图 5-20 所示。

对数幅频特性为

$$L(\omega) = 20\lg A(\omega) = -20\lg\sqrt{(1-\omega^2\tau^2)^2 + (2\xi\tau\omega)^2}$$

在 $\omega \ll \omega_n$ 的低频段，有

$$L(\omega) \approx -20\lg 1 = 0$$

所以，渐近线是一条与横轴重合的直线。

在 $\omega \gg \omega_n$ 的高频段，有

图 5-20　振荡环节的奈奎斯特图

$$L(\omega) \approx 40\lg\tau\omega$$

所以，渐近线是一条斜率为 -40 dB/dec 的直线。

综合上面的分析得到振荡环节的对数幅频特性的渐近特性如图 5-21 所示。

图 5-21　振荡环节渐近对数幅频特性

另一方面,ξ取不同的值,精确计算得到振荡环节的伯德图(见图 5-22)。可见,在转折频率附近,对数幅频特性与渐近线之间有一定误差,大小与阻尼比ξ有关,ξ越小,误差越大。误差修正曲线如图 5-23 所示。

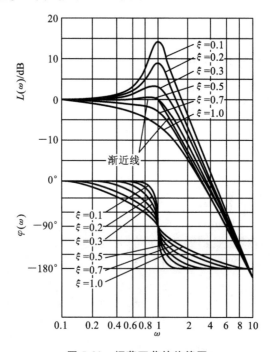

图 5-22　振荡环节的伯德图

从振荡环节的奈奎斯特轨迹可看出,ξ取值不同,奈奎斯特图形状也不同,ξ值越大,曲线范围就越小。

振荡环节的固有频率ω_n就是奈奎斯特曲线与虚轴的交点,此时幅值为

$$|G(j\omega)| = \frac{1}{2}\xi。$$

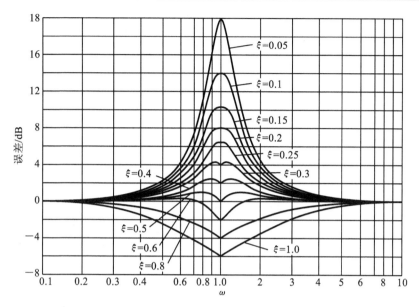

图 5-23 振荡环节的误差修正曲线

系统谐振频率 ω_r 就是使 $|G(j\omega)|$ 出现峰值的频率。值得注意的是,当 $\xi <$ 0.707时,系统频率特性出现峰值。

$$\frac{\partial |G(j\omega)|}{\partial \omega} = 0$$

$$\omega_r = \omega_n \sqrt{1 - 2\xi^2} \quad (\xi < \frac{\sqrt{2}}{2})$$

$$|G(j\omega_r)| = \frac{1}{2\xi\sqrt{1-\xi^2}}$$

$$\angle G(j\omega_r) = -\arctan\frac{\sqrt{1-2\xi^2}}{\xi}$$

可知,$\omega_r < \omega_d$,欠阻尼下,谐振频率总小于有阻尼固有频率。

5.2.3 不稳定环节的频率特性

以不稳定惯性环节 $G(s) = 1/(Ts-1)$ 为例,其相应的频率特性为

$$G(j\omega) = 1/(j\omega T - 1)$$

注意到图 5-24 中,向量 $j\omega T - 1$ 在 ω 由 0 到 ∞ 变化时,其幅值由 1 变化到 ∞,而相位由 180° 变化到 90°,因此不稳定惯性环节的幅值由 1 变化到 0,相位由 $-180°$ 变化到 $-90°$。不稳定惯性环节的幅相频率特性曲线如图 5-25 所示。

不稳定惯性环节的对数幅频特性为 $-20\lg\sqrt{1+(\omega T)^2}$,相频特性为 $-(\pi - \arctan\omega T)$,不稳定惯性环节和惯性环节的对数幅频特性相同,而相频特性曲线却对称于 $-90°$ 水平线,如图 5-26 所示。

图 5-24　$j\omega T-1$ 向量图

图 5-25　不稳定惯性环节的幅相频率特性曲线

图 5-26　不稳定惯性环节、惯性环节的伯德图

1—不稳定惯性环节　2—惯性环节

由类似分析可知,不稳定振荡环节的幅频特性与其对应的振荡环节的幅频特性相同;而相频特性曲线则对称于$-180°$线。其幅相频率特性曲线和对数频率特性曲线,如图5-27所示。

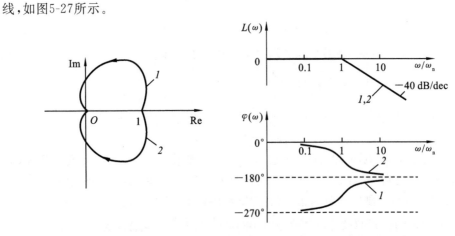

图 5-27　不稳定振荡环节、振荡环节的幅相频率特性曲线和伯德图

1—不稳定振荡环节　2—振荡环节

　　不稳定一阶微分环节的幅频特性与其对应的一阶微分环节的幅频特性相同,而相频特性曲线对称于 90°线,不稳定二阶微分环节的幅频特性和其对应的二阶微分环节的幅频特性相同,而相频特性曲线对称于 180°线,如图 5-28、图 5-29 所示。

　　不稳定环节对数幅频特性曲线的精确化方法,与对应环节对数幅频特性曲线的精确化方法完全一样。

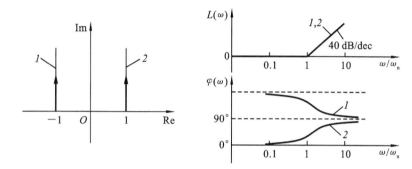

图 5-28　不稳定一阶微分环节、一阶微分环节的幅相频率特性曲线和伯德图
1—不稳定一阶微分环节　*2*——阶微分环节

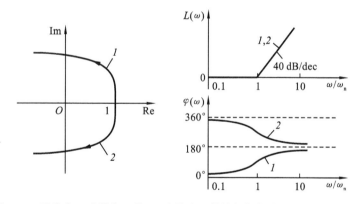

图 5-29　不稳定二阶微分环节、二阶微分环节的幅相频率特性曲线和伯德图
1—不稳定二阶微分环节　*2*—二阶微分环节

5.2.4　一般系统奈奎斯特图的绘制

1. 绘制的一般步骤

　　一般的控制系统总是由若干典型环节组成,其频率特性的求解可以通过这些典型环节的频率特性的运算进行简化。

　　绘制准确的奈奎斯特图是比较麻烦的,一般可借助计算机以一定的频率间隔逐点计算 $G(j\omega)$ 的实部与虚部或幅值与相位,并描绘在极坐标图中。在一般情况下,可绘制概略的奈奎斯特曲线进行分析。绘制奈奎斯特图的一般步骤为:

（1）由 $G(j\omega)$ 求出其实频特性、虚频特性,幅频特性、相频特性的表达式;

（2）求出起始点（$\omega=0$）、终止点（$\omega=\infty$）、与实轴的交点（$Im[G(j\omega)]=0$）、与虚轴的交点（$Re[G(j\omega)]=0$）等特征点,并标注在极坐标图上;

（3）补充必要的几点,根据幅频、相频,时频、虚频特性的变化趋势以及 $G(j\omega)$ 所处的象限,作出奈奎斯特概略图形。

根据一般系统的型次可判断系统奈奎斯特曲线的大致形状。设一般系统的传递函数的形式为

$$G(s)=\frac{K(\tau_1 s+1)(\tau_2 s+1)\cdots(\tau_m s+1)}{s^v(T_1 s+1)(T_2 s+1)\cdots(T_{n-v}s+1)}\quad(n>m)$$

则系统的频率特性为

$$G(s)=\frac{K(\tau_1 j\omega+1)(\tau_2 j\omega+1)\cdots(\tau_m j\omega+1)}{s^v(T_1 j\omega+1)(T_2 j\omega+1)\cdots(T_{n-v}j\omega+1)}\quad(n>m)$$

式中,n 为分母阶次,m 为分子阶次,一般 $m\leqslant n$;v 为系统的型次。

2. 不同型次系统的奈奎斯特图

（1）0 型系统（$v=0$）。

当 $\omega=0$ 时,有

$$|G(j\omega)|=k,\quad \angle G(j\omega)=0°$$

当 $\omega=\infty$ 时,有

$$|G(j\omega)|=0,\quad \angle G(j\omega)=(m-n)\times 90°$$

系统在低频段时,轨迹始于正实轴;系统在高频段时,轨迹取决于 $(m-n)\times 90°$ 由哪个象限趋于原点。

（2）Ⅰ 型系统（$v=1$）。

当 $\omega=0$ 时,有

$$|G(j\omega)|=\infty,\quad \angle G(j\omega)=-90°$$

当 $\omega=\infty$ 时,有

$$|G(j\omega)|=0,\quad \angle G(j\omega)=(m-n)\times 90°$$

系统在低频段时,轨迹的渐近线与负虚轴平行（或重合）;系统在高频段时,轨迹趋于原点。

（3）Ⅱ 型系统（$v=2$）。

当 $\omega=0$ 时,有

$$|G(j\omega)|=\infty,\quad \angle G(j\omega)=-180°$$

当 $\omega=\infty$ 时,有

$$|G(j\omega)|=0,\quad \angle G(j\omega)=(m-n)\times 90°$$

系统在低频段时,轨迹的渐近线与负实轴平行（或重合）;系统在高频段时,轨迹趋于原点。

一般系统的奈奎斯特曲线的大致形状如图 5-30 所示。

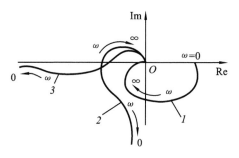

图 5-30　一般系统奈奎斯特曲线的大致形状

1—0 型系统　2—Ⅰ型系统　3—Ⅱ型系统

可见,无论 0 型系统、Ⅰ型系统或Ⅱ型系统,低频端幅值都很大,高频端都收敛且趋于 0。也就是说,控制系统总是具有低通滤波的性能。

例 5-1　已知系统的传递函数为

$$G(s) = \frac{K(T_1 s + 1)}{s(T_2 s + 1)} \quad (T_1 > T_2)$$

试绘制其奈奎斯特图。

解　系统的频率特性为

$$G(j\omega) = \frac{K(1 + jT_1\omega)}{j\omega(1 + jT_2\omega)}$$

$$|G(j\omega)| = \frac{K}{\omega} \frac{\sqrt{1 + T_1^2\omega^2}}{\sqrt{1 + T_2^2\omega^2}}$$

$$\angle G(j\omega) = \arctan T_1\omega - 90° - \arctan T_2\omega \quad (T_1 > T_2)$$

对于 $\omega = 0$,有

$$|G(j\omega)| = \infty, \quad \angle G(j\omega) = -90°$$

对于 $\omega \to \infty$,有

$$|G(j\omega)| = 0, \quad \angle G(j\omega) = -90°$$

$$G(j\omega) = \frac{K(1 + jT_1\omega)}{j\omega(1 + jT_2\omega)} = \frac{K(T_1 - T_2)}{1 + T_2^2\omega^2} - j\frac{K(1 + T_1 T_2\omega^2)}{\omega(1 + T_2^2\omega^2)}$$

$$\lim_{\omega \to 0} \mathrm{Re}[G(j\omega)] = \lim_{\omega \to 0} \frac{K(T_1 - T_2)}{1 + T_2^2\omega^2} = K(T_1 - T_2)$$

$$\lim_{\omega \to 0} \mathrm{Im}[G(j\omega)] = \lim_{\omega \to 0} \frac{-K(1 + T_1 T_2\omega^2)}{\omega(1 + T_2^2\omega^2)} = -\infty$$

由此可画出系统的奈奎斯特图(见图 5-31)。

例 5-2　某单位反馈系统的开环传递函数为

$$G(s) = \frac{K}{s(T_1 s + 1)(T_2 s + 1)(T_3 s + 1)}$$

图 5-31　系统的奈奎斯特图

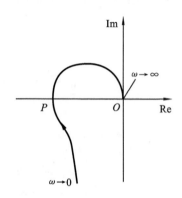

图 5-32　系统的奈奎斯特图

概略绘制系统的开环奈奎斯特图。

　　解　系统的开环频率特性为

$$G(j\omega) = \frac{K}{j\omega(j\omega T_1+1)(j\omega T_2+1)(j\omega T_3+1)}$$

显然　　　　　　$G(j0^+)=\infty, \quad G(j\omega)=\angle -90°$

$$G(j\infty)=0, \quad G(j\omega)=\angle -360°$$

也就是说,幅相频率特性曲线起始于虚轴负方向,由 $-360°$ 方向终止于原点,如图 5-32 所示。若把频率特性写成实部与虚部的形式,则为

$$G(j\omega) = \frac{-K[\omega(T_1+T_2+T_3)-\omega^3 T_1 T_2 T_3]}{\omega(1+\omega^2 T_1^2)(1+\omega^2 T_2^2)(1+\omega^2 T_3^2)}$$

$$+j\frac{-K[1-\omega^2(T_1 T_2+T_2 T_3+T_3 T_1)]}{\omega(1+\omega^2 T_1^2)(1+\omega^2 T_2^2)(1+\omega^2 T_3^2)}$$

幅相频率特性曲线与负实轴有交点 P。为了求出交点的数值,令 $G(j\omega)$ 的虚部为零,即

$$\frac{-K[1-\omega^2(T_1 T_2+T_2 T_3+T_3 T_1)]}{\omega(1+\omega^2 T_1^2)(1+\omega^2 T_2^2)(1+\omega^2 T_3^2)}=0$$

解得　　　　　　　$$\omega_x = \frac{1}{\sqrt{T_1 T_2+T_2 T_3+T_3 T_1}}$$

再把 ω_x 代入 $G(j\omega)$,得

$$G(j\omega_x) = \frac{-K[(T_1+T_2+T_3)-\omega_x^2 T_1 T_2 T_3]}{(1+\omega_x^2 T_1^2)(1+\omega_x^2 T_2^2)(1+\omega_x^2 T_3^2)}$$

ω_x 和 $G(j\omega)$ 即为幅相频率特性曲线与负实轴相交时对应的频率以及交点的数值。

5.2.5　一般系统伯德图的绘制

　　设开环系统由 n 个环节串联组成,系统频率特性为

$$G(j\omega) = G_1(j\omega)G_2(j\omega)\cdots G_n(j\omega)$$

$$= A_1(\omega)\mathrm{e}^{\mathrm{j}\varphi_1(\omega)} \cdot A_2(\omega)\mathrm{e}^{\mathrm{j}\varphi_2(\omega)} \cdot \cdots \cdot A_n(\omega)\mathrm{e}^{\mathrm{j}\varphi_n(\omega)} = A(\omega)\mathrm{e}^{\mathrm{j}\varphi(\omega)}$$

式中
$$A(\omega) = A_1(\omega)A_2(\omega)\cdots A_n(\omega)$$

取对数后,有

$$L(\omega) = 20\lg A_1(\omega) + 20\lg A_2(\omega) + \cdots + 20\lg A_n(\omega)$$
$$= L_1(\omega) + L_2(\omega) + \cdots + L_3(\omega)$$
$$\varphi(\omega) = \varphi_1(\omega) + \varphi_2(\omega) + \cdots + \varphi_n(\omega)$$

$A_i(\omega)(i=1,2,\cdots,n)$ 表示各典型环节的幅频特性,$L_i(\omega)$ 表示各典型环节的对数幅频特性;$\varphi_i(\omega)$ 表示各典型环节的相频特性。因此,只要能作出 $G(\mathrm{j}\omega)$ 所包含的各典型环节的对数幅频和对数相频特性曲线,将它们分别进行代数相加,就可以求得整个开环系统的伯德图。实际上,在熟悉了对数幅频特性的性质后,可以采用更为简捷的办法直接画出开环系统的伯德图。具体步骤如下:

(1)将开环传递函数写成标准形式,确定系统开环增益 K,把各典型环节的转折频率由小到大依次标在频率轴上。

(2)绘制开环对数幅频特性的渐近线。由于系统低频段渐近线的频率特性为 $K/(\mathrm{j}\omega)^v$,因此,低频段渐近线为过点$(1,20\lg K)$、斜率为 $-20v\ \mathrm{dB/dec}$ 的直线(v 为积分环节数)。

(3)随后沿频率增大的方向每遇到一个转折频率就改变一次斜率,其规律是遇到惯性环节的转折频率,则斜率变化量为 $-20\ \mathrm{dB/dec}$;遇到一阶微分环节的转折频率,斜率变化量为 $20\ \mathrm{dB/dec}$;遇到振荡环节的转折频率,斜率变化量为 $-40\ \mathrm{dB/dec}$ 等。渐近线最后一段(高频段)的斜率为 $-20(n-m)\ \mathrm{dB/dec}$,其中 n、m 分别为 $G(s)$ 分母、分子的阶数。

(4)如果需要,可按照各典型环节的误差曲线对相应段的渐近线进行修正,以得到精确的对数幅频特性曲线。

(5)绘制相频特性曲线。分别绘出各典型环节的相频特性曲线,再沿频率增大的方向逐点叠加,最后将相加点连接成曲线。

下面通过实例说明开环系统伯德图的绘制过程。

例 5-3　绘制系统传递函数为 $G(s) = \dfrac{K}{s^2(Ts+1)}$ 的伯德图。

解　将系统传递函数改写为

$$G(s) = K\,\frac{1}{s}\,\frac{1}{s}\,\frac{1}{Ts+1}$$

所以该系统可以看成是由比例环节、惯性环节和两个积分环节串联而成的。利用各环节的伯德图,就可以直接画出系统的伯德图(见图 5-33)。由于几个环节中,只有惯性环节有转折频率 $\omega_1=1/T$,所以整个系统的对数幅频特性也只有一个转折频率 $\omega_1=1/T$。而在转折频率处,相位超前量为 $-225°$,等于各环节相位超前量之和。

图 5-33　系统的伯德图

1—$\dfrac{1}{s^2}$环节的相频曲线　　2—$\dfrac{1}{Ts+1}$环节的相频曲线　　3—整个系统的相频曲线

例 5-4　已知开环系统传递函数为

$$G(s) = \frac{64(s+2)}{s(s+0.5)(s^2+3.2s+64)}$$

试绘制开环系统的伯德图。

解　首先将 $G(s)$ 化为标准形式，即

$$G(s) = \frac{4\left(\dfrac{s}{2}+1\right)}{s\left(\dfrac{s}{0.5}+1\right)\left(\dfrac{s^2}{8^2}+0.4\times\dfrac{s}{8}+1\right)}$$

此系统由比例环节、积分环节、惯性环节、一阶微分环节和振荡环节共五个环节组成。确定转折频率如下：

惯性环节转折频率为

$$\omega_1 = 1/T_1 = 0.5 \text{ s}^{-1}$$

一阶复合微分环节转折频率为

$$\omega_2 = 1/T_2 = 2 \text{ s}^{-1}$$

振荡环节转折频率为

$$\omega_3 = 1/T_3 = 8 \text{ s}^{-1}$$

开环增益系数 $K=4$，系统型次 $\upsilon=1$，低频起始段由 $\dfrac{K}{s}=\dfrac{4}{s}$ 决定。

绘制伯德图的步骤如下：

（1）过点 $\omega=0.2 \text{ s}^{-1}$、$20\lg K$ 作一条斜率为 -20 dB/dec 的直线，此即为低频段

的渐近线。

（2）在 $\omega_1 = 0.5\ \text{s}^{-1}$ 处，将渐近线斜率由 $-20\ \text{dB/dec}$ 变为 $-40\ \text{dB/dec}$，这是惯性环节作用的结果。

（3）在 $\omega_2 = 2\ \text{s}^{-1}$ 处，由于一阶微分环节的作用使渐近线斜率又增加 $20\ \text{dB/dec}$，即由原来的 $-40\ \text{dB/dec}$ 变为 $-20\ \text{dB/dec}$。

（4）在 $\omega_3 = 8\ \text{s}^{-1}$ 处，由于振荡环节的作用，渐近线频率改变了 $-40\ \text{dB/dec}$，形成了 $-60\ \text{dB/dec}$ 的线段。

（5）若有必要，可利用误差曲线修正。

（6）对数相频特性，比例环节相位恒为零，积分环节相位恒为 $-90°$，惯性环节、一阶微分和振荡环节的对数相频曲线，分别如图 5-34 中的曲线 *1*、曲线 *2*、曲线 *3* 所示。开环系统的对数相频曲线经叠加得到，如曲线 *4* 所示。

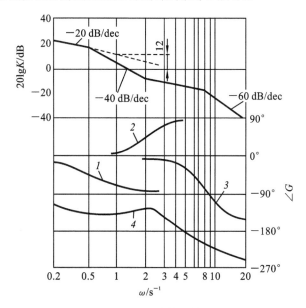

图 5-34　系统的伯德图

1—惯性环节　*2*—一阶微分环节　*3*—振荡环节　*4*—对数相频曲线

5.2.6　最小相位系统和非最小相位系统

从以上例子可以看出，伯德图中各典型环节的对数幅频特性与相频特性有一一对应的关系。如惯性环节，在 $\omega = 1/T$ 左右的对数幅频特性为 0 dB 线和 $-20\ \text{dB/dec}$ 线，对应的相频特性为 $0°$ 和 $-90°$，而一阶微分环节则为 0 dB、20 dB/dec 和 $0°$、$90°$。对振荡环节也有同样的结果，这是因为在开环传递函数中，不论是开环极点还是开环零点，都位于 [s] 平面左半部，即开环系统传递函数不含 [s] 平面右半部的零点、极点。

最小相位系统是指开环传递函数在[s]平面右半部无零点、极点的系统,而在[s]平面右半部只要有一个开环零点或开环极点的系统统称为非最小相位系统。如

$$G(s)=\frac{1-\tau s}{1+Ts}, \quad G(s)=\frac{K(T_3 s-1)}{(T_1+1)(T_2+2)}$$

均为非最小相位系统。

例 5-5　已知系统的传递函数为

$$G_1(s)=\frac{1+\tau s}{1+Ts} \quad 和 \quad G_2(s)=\frac{1-\tau s}{1+Ts}$$

试绘制系统的伯德图。

解　$G_1(s)=\dfrac{1+\tau s}{1+Ts}$ 为最小相位系统,而 $G_2(s)=\dfrac{1-\tau s}{1+Ts}$ 为非最小相位系统,但它们具有相同的幅频特性,即

$$A_1(\omega)=A_2(\omega)=\sqrt{\frac{1+(\omega\tau)^2}{1+(\omega T)^2}}$$

而相频特性分别为

$$\varphi_1(\omega)=\arctan\omega\tau-\arctan\omega T, \quad \varphi_2(\omega)=-\arctan\omega\tau-\arctan\omega T$$

两个系统的伯德图即为图 5-35。

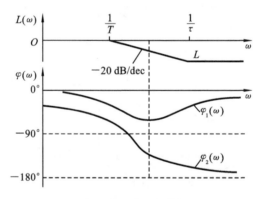

图 5-35　两个系统的伯德图

从以上例子分析可知,系统虽然具有相同的对数幅频特性,但相频特性已经不再有对应关系。而对具有相同幅频特性的系统来说,最小相位系统具有最小的延迟相位。在工程中,延迟相位越大,对系统的稳定性越不利,因此要尽量减小延迟环节的影响和尽可能避免非最小相位特性的元器件。

由于最小相位系统的幅频特性与相频特性有确定关系,所以在大多数情况下不用绘制相频特性图,这使得用频率特性法分析、设计系统更简捷和方便。另一方面,如果系统为最小相位系统,那么只要系统的伯德图已知,也可较方便地求出系统的开环传递函数。

5.3　控制系统的频域稳定判据与相对稳定性

闭环控制系统稳定的充要条件是：闭环特征方程的根均具有负的实部，或者说，全部闭环极点都位于[s]平面的左半部。第 3 章中介绍的利用闭环特征方程的系数判断系统稳定性的劳斯稳定判据，其特点是利用闭环信息来判断闭环系统的稳定性。这里要介绍的频域稳定判据，则是利用系统的开环信息——开环频率特性 $G(\mathrm{j}\omega)$ 来判断闭环系统的稳定性。

5.3.1　奈奎斯特稳定判据

频域稳定判据是奈奎斯特于 1932 年提出的，它是频域分析法的重要内容。利用奈奎斯特稳定判据，不但可以判断系统是否稳定（绝对稳定性），而且可以确定系统的稳定程度（相对稳定性）。同时，奈奎斯特稳定判据还可以用来分析系统的动态性能以及指出改善系统性能指标的途径，因此，它是一种重要而实用的稳定判据，工程上应用十分广泛。

1. 辅助函数

图 5-36 所示控制系统的开环传递函数为

$$G(s)=G_0(s)H(s)=\frac{M(s)}{N(s)} \qquad (5\text{-}23)$$

相应的闭环传递函数为

$$\Phi(s)=\frac{G_0(s)}{1+G(s)}=\frac{G_0(s)}{1+\dfrac{M(s)}{N(s)}}=\frac{N(s)G_0(s)}{N(s)+M(s)}$$

$$(5\text{-}24)$$

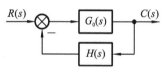

图 5-36　反馈控制系统方框图

式中，$M(s)$ 为开环传递函数的分子多项式，为 m 阶；$N(s)$ 为开环传递函数的分母多项式，为 n 阶，$n\geqslant m$。

由式(5-23)、式(5-24)可见，$N(s)+M(s)$ 和 $N(s)$ 分别为闭环和开环特征方程多项式。现以两者之比定义为辅助函数，即

$$F(s)=\frac{M(s)+N(s)}{M(s)}=1+G(s) \qquad (5\text{-}25)$$

实际系统开环传递函数 $G(s)$ 分母阶数 n 总是大于或等于分子阶数 m 的，因此辅助函数的分子、分母同阶，即其零点数与极点数相等。设 $-z_1,-z_2,\cdots,-z_n$ 和 $-p_1$，$-p_2,\cdots,-p_n$ 分别为其零点和极点，则辅助函数 $F(s)$ 可表示为

$$F(s)=\frac{(s+z_1)(s+z_2)\cdots(s+z_n)}{(s+p_1)(s+p_2)\cdots(s+p_n)} \qquad (5\text{-}26)$$

综上所述可知，辅助函数 $F(s)$ 具有以下特点：

(1) 辅助函数 $F(s)$ 是闭环特征多项式与开环特征多项式之比，其零点和极点分

别为闭环极点和开环极点。

(2) $F(s)$ 的零点、极点的个数相同,均为 n 个。

(3) $F(s)$ 与开环传递函数 $G(s)$ 之间只差常量 1。$F(s)=1+G(s)$ 的几何意义为:[F]平面上的坐标原点就是[G]平面上的点 $(-1,j0)$。

2. 辐角定理

辅助函数 $F(s)$ 是复变量[s]的单值有理复变函数。由复变函数理论可知,如果函数 $F(s)$ 在[s]平面上指定域内是非奇异的,那么对于此区域内的任一点 d,都可通过 $F(s)$ 的映射关系在[F]平面上找到一个相应的点 d'(称 d' 为 d 的像);对于[s]平面上的任意一条不通过 $F(s)$ 任何奇异点的封闭曲线 Γ,也可通过映射关系在[F]平面找到一条与它相对应的封闭曲线 Γ'(称 Γ' 为 Γ 的像),如图 5-37 所示。

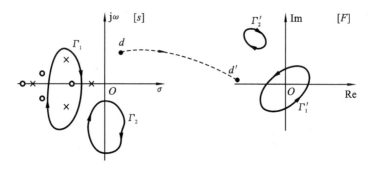

图 5-37　[s]平面与[F]平面的映射关系

设[s]平面上不通过 $F(s)$ 任何奇异点的某条封闭曲线 Γ,它包围了 $F(s)$ 在[s]平面上的 Z 个零点和 P 个极点。当 s 顺时针沿封闭曲线 Γ 移动一周时,则在[F]平面上相对应于封闭曲线 Γ 的像 Γ' 将逆时针围绕原点旋转 R 圈。R 与 Z、P 的关系为

$$R=Z-P \tag{5-27}$$

3. 奈奎斯特稳定判据

1)曲线 Γ

为了确定辅助函数 $F(s)$ 位于[s]平面右半部的所有零点、极点数,现将封闭曲线 Γ 扩展到[s]平面整个右半部。为此,设计曲线 Γ 由以下线段所组成:

Ⅰ段:正虚轴 $s=j\omega$,频率 ω 由 0^+ 变到 ∞;

Ⅱ段:半径为无限大的右半圆 $s=Re^{j\theta}$,$R\to\infty$,θ 由 $\pi/2$ 变化到 $-\pi/2$;

Ⅲ段:负虚轴 $s=j\omega$,频率 ω 由 $-\infty$ 变化到 0^-;

Ⅳ段:开环传递函数 $G(s)$ 很有可能在原点处有极点,而辐角定理要求奈奎斯特轨线不能经过 $F(s)$ 的奇点,为了在这种情况下应用奈奎斯特稳定判据,将奈奎斯特路径略作修改——使其沿着半径为无穷小($r\to 0$)的右半圆绕过虚轴上的极点。例如,当开环传递函数中有纯积分环节时,[s]平面的原点有极点,相应的奈奎斯特路径可以修改如图 5-37 所示。图中的小半圆绕过了位于坐标原点的极点,使奈奎斯特路

径避开了极点,又包围了[s]平面的整个右半部,前述的奈奎斯特稳定判据结论仍然适用。

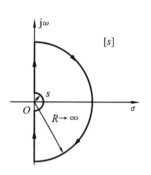

这样,以上线段组成的封闭曲线 Γ(奈奎斯特路径)就包含了[s]平面的整个右半部,如图 5-38 所示。

2)曲线 Γ'

在[F]平面上绘制与 Γ 相对应的像 Γ':当 s 沿虚轴变化时,由式(5-25)有

$$F(j\omega)=1+G(j\omega) \qquad (5\text{-}28)$$

式中,$G(j\omega)$ 为系统的开环频率特性。

图 5-38　封闭曲线 Γ

因此,曲线 Γ' 由下面几段组成:

Ⅰ段:与正虚轴对应的是辅助函数的频率特性 $F(j\omega)$,相当于把 $G(j\omega)$ 右移一个单位;

Ⅱ段:与半径为无限大的右半圆相对应的辅助函数 $F(s) \to 1$,由于开环传递函数的分母阶数高于分子阶数,当 $s \to \infty$ 时,$G(s) \to 0$,故有 $F(s)=1+G(s) \to 1$;

Ⅲ段:与负虚轴相对应的是辅助函数频率特性 $F(j\omega)$ 对称于实轴的镜像。

图 5-39 绘出了系统开环频率特性曲线 $G(j\omega)$。将曲线右移一个单位,并取镜像,则成为[F]平面上的封闭曲线 Γ' 如图 5-40 所示。图中虚线表示镜像。

图 5-39　$G(j\omega)$ 特性曲线

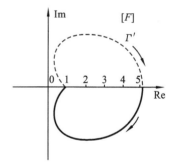

图 5-40　[F]平面上的封闭曲线

对包含了[s]平面整个右半部的奈奎斯特路径来说,式(5-27)中的 Z 和 P 分别为闭环传递函数和开环传递函数在[s]平面右半部上的极点数,而 R 则是[F]平面上 Γ' 曲线顺时针包围原点的圈数,也就是[G]平面上系统开环幅相特性曲线及其镜像顺时针包围点(-1,j0)的圈数。在实际系统分析过程中,一般只绘制开环幅相特性曲线不绘制其镜像曲线,考虑到角度定义的方向性,有

$$R=-2N \qquad (5\text{-}29)$$

式中,N 为开环幅相频率特性曲线 $G(j\omega)$(不包括其镜像)包围[G]平面上点(-1,j0)的圈数(逆时针为正,顺时针为负)。

将式(5-29)代入式(5-27)，可得奈奎斯特稳定判据

$$Z=P-2N \tag{5-30}$$

式中，Z 为[s]平面右半部中闭环极点的个数，P 为[s]平面右半部中开环极点的个数，N 为[G]平面上 $G(j\omega)$ 包围点(-1,j0)的圈数(逆时针为正，顺时针为负)。显然，只有当 $Z=P-2N=0$ 时，闭环系统才是稳定的。

例 5-6　系统的开环传递函数为

$$G(s)=\frac{52}{(s+2)(s^2+2s+5)}$$

试用奈奎斯特稳定判据判断闭环系统的稳定性。

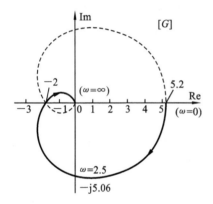

图 5-41　幅相特性曲线及其镜像

解　绘制出系统的开环幅相频率特性曲线如图5-41所示。当 $\omega=0$ 时，曲线起始点在实轴上 $P(\omega)=5.2$。当 $\omega=\infty$ 时，终止点在原点。当 $\omega=2.5$ 时，曲线和负虚轴相交，交点为(0,$-$j5.06)。当 $\omega=3$ 时，曲线和负实轴相交，交点为(0,-2.0)。如图 5-41 实线部分所示。

在[s]平面的右半部，系统的开环极点数为 0。开环频率特性 $G(j\omega)$ 随着 ω 从 0 变化到 ∞ 时，顺时针方向围绕点(-1,j0)一圈，即 $N=-1$。用式(5-30)可求得闭环系统在[s]平面右半部的极点数为

$$Z=P-2N=0-2\times(-1)=2$$

所以闭环系统不稳定。

用奈奎斯特稳定判据还可讨论开环增益系数 K 对闭环系统稳定性的影响。当 K 值变化时，幅频特性成比例变化，而相频特性不受影响。因此，就图 5-41 而论，当频率 $\omega=3$ 时，曲线与负实轴正好相交在点(-2,j0)，若 K 减小一半，取 $K=2.6$，曲线恰好通过点(-1,j0)，这是临界稳定状态；当 $K<2.6$ 时，幅相频率特性曲线 $G(j\omega)$ 将从点(-1,j0)的右方穿过负实轴，不再包围点(-1,j0)，这时闭环系统是稳定的。

例 5-7　系统的结构如图 5-42 所示，试判断系统的稳定性并讨论 K 值对系统稳定性的影响。

解　系统是一个非最小相位系统，开环不稳定。开环传递函数在[s]平面的右半部有一个极点，$P=1$。幅相频率特性曲线如图 5-43 所示。当 $\omega=0$ 时，曲线从

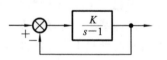

图 5-42　系统的结构图

负实轴点($-K$,j0)出发；当 $\omega=\infty$ 时，曲线以 $-90°$ 趋于坐标原点；幅相特性包围点(-1,j0)的圈数 N 与 K 值有关。

图 5-43 绘制出了 $K>1$ 和 $K<1$ 的两条曲线，可见：当 $K>1$ 时，曲线逆时针绕

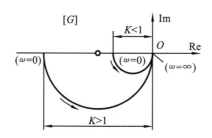

图 5-43　$K>1$ 和 $K<1$ 时的频率特性曲线

点$(-1,\mathrm{j}0)$的 1/2 圈,即 $N=1/2$,此时 $Z=P-2N=1-2\times(1/2)=0$,故闭环系统稳定;当 $K<1$ 时,曲线不包围点$(-1,\mathrm{j}0)$,即 $N=0$,此时 $Z=P-2N=1-2\times0=1$,有一个闭环极点在$[s]$平面右半部,故系统不稳定。

5.3.2　伯德稳定判据

实际上,系统的频域分析设计通常是在伯德图上进行的。将奈奎斯特稳定判据引申到伯德图上,以伯德图的形式表现出来,就成为对数频率稳定判据。在伯德图上运用奈奎斯特稳定判据的关键在于如何确定 $G(\mathrm{j}\omega)$ 包围点$(-1,\mathrm{j}0)$的圈数 N。

系统开环频率特性的奈奎斯特图与伯德图存在一定的对应关系(见图 5-44)。

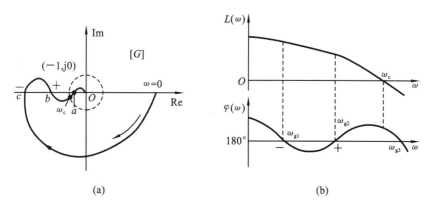

图 5-44　奈奎斯特图与伯德图的对应关系

(a) 奈奎斯特图　(b) 伯德图

(1) 奈奎斯特图上 $|G(\mathrm{j}\omega)|=1$ 的单位圆与伯德图上的 0 dB 线相对应。单位圆外部对应于 $L(\omega)>0$,单位圆内部对应于 $L(\omega)<0$。

(2) 奈奎斯特图上的负实轴对应于伯德图上 $\varphi(\omega)=-180°$线。

在奈奎斯特图中,如果开环幅相频率特性曲线在点$(-1,\mathrm{j}0)$以左穿过负实轴,称为"穿越"。若沿 ω 增加方向,曲线自上而下(相位增大)穿过点$(-1,\mathrm{j}0)$以左的负实轴,则称为正穿越;反之,曲线自下而上(相位减小)穿过点$(-1,\mathrm{j}0)$以左的负实轴,则称为负穿越。如果沿 ω 增加方向,幅相频率特性曲线自点 $(-1,j0)$ 以左负实轴开始向下或向上,则分别称为半次正穿越或半次负穿越,如图 5-44(a)所示。

在伯德图上,对应 $L(\omega)>0$ 的频段内沿 ω 增加方向,对数相频特性曲线自下而上(相位增大)穿过 $-180°$ 线称为正穿越;反之曲线自上而下(相位减小)穿过 $-180°$ 线为负穿越。

同样,若沿 ω 增加方向,对数相频曲线自 $-180°$ 线开始向上或向下,分别称为半次正穿越或半次负穿越,如图 5-44(b)所示。

在奈奎斯特图上,正穿越一次,对应于幅相频率特性曲线逆时针包围点 $(-1,j0)$ 一圈,而负穿越一次,对应于顺时针包围点 $(-1,j0)$ 一圈,因此幅相频率特性曲线包围点 $(-1,j0)$ 的圈数等于正、负穿越次数之差,即

$$N=N_+-N_-$$

式中,N_+ 为正穿越次数,N_- 为负穿越次数。

例 5-8　控制系统的开环传递函数为

$$G(s)=\frac{K}{s^2(Ts+1)}$$

试用对数频率稳定判据判断系统的稳定性。

解　系统的开环对数频率特性曲线如图5-45所示。由于 $G(s)$ 有两个积分环节,故在对数相频特性曲线 ω 趋于 0 处,补画了 0°到 $-180°$ 的虚线,作为对数相频特性曲线的一部分。容易得到

$$N=N_+-N_-=-1$$

根据 $G(s)$ 的表达式知道,$P=0$,所以,$Z=P-2N=2$,说明闭环系统是不稳定的,有两个闭环极点位于 $[s]$ 平面的右半部。

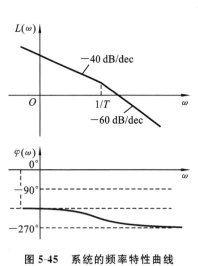

图 5-45　系统的频率特性曲线

5.3.3　控制系统的相对稳定性

控制系统稳定与否是绝对稳定性的概念。而对一个稳定的系统而言,还存在稳定的程度,即相对稳定性的概念。相对稳定性与系统的动态性能指标有着密切的关系。在设计一个控制系统时,不仅要求它必须是绝对稳定的,而且还应保证系统具有一定的稳定程度。只有这样,才能不至于因系统参数变化而导致系统性能变差甚至不稳定。

对一个最小相位系统而言,$G(j\omega)$ 曲线越靠近点 $(-1,j0)$,系统阶跃响应的振荡就越强烈,系统的相对稳定性就越差。因此,可用 $G(j\omega)$ 曲线对点 $(-1,j0)$ 的接近程度来表示系统的相对稳定性。通常,这种接近程度以相位裕度和幅值裕度来表示。

相位裕度和幅值裕度是系统开环频率指标,它与闭环系统的动态性能密切相关。

1. 相位裕度

相位裕度是指幅相频率特性 $G(\mathrm{j}\omega)$ 的幅值 $A(\omega)=\left|G(\mathrm{j}\omega)\right|=1$ 时的向量与负实轴的夹角,常用希腊字母 γ 表示。

在[G]平面上画出以原点为圆心的单位圆(见图 5-46)。$G(\mathrm{j}\omega)$ 曲线与单位圆相交,交点处的频率 ω_c 称为穿越频率,此时有 $A(\omega_c)=1$。按相位裕度的定义,有

$$\gamma=\varphi(\omega_c)-(-180^\circ)=180^\circ+\varphi(\omega_c) \tag{5-31}$$

由于 $L(\omega_c)=20\lg A(\omega_c)=20\lg 1=0$,因此在伯德图中,相位裕度表现为 $L(\omega)=0\ \mathrm{dB}$ 处的相位 $\varphi(\omega_c)$ 与 -180° 水平线之间的差,如图 5-46 所示。由图 5-46、图 5-47 可知,γ 均为正值。

图 5-46　相位裕度和幅值裕度的定义

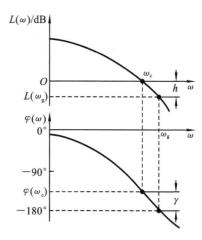

图 5-47　稳定裕度在伯德图上的表示

2. 幅值裕度

$G(\mathrm{j}\omega)$ 曲线与负实轴交点处的频率 ω_g 称为相位交界频率,此时幅相频率特性曲线的幅值为 $A(\omega_g)$,如图 5-47 所示。幅值裕度是指点$(-1,\mathrm{j}0)$的幅值 1 与 $A(\omega_g)$ 之比,常用 h 表示,即

$$h=\frac{1}{A(\omega_g)}$$

在对数坐标图上

$$20\lg h=-20\lg A(\omega_g)=-L(\omega_g)$$

即 h 的分贝值等于 $L(\omega_g)$ 与 0 dB 之间的距离(0 dB 下为正)。

相位裕度的物理意义在于:稳定系统在穿越频率 ω_c 处若相位再滞后一个 γ 角度,则系统处于临界状态;若相位滞后大于 γ,系统将变得不稳定。

幅值裕度的物理意义在于:稳定系统的开环增益系数再增大 h 倍,则 $\omega=\omega_g$ 处的幅值 $A(\omega_g)$ 等于 1,曲线正好通过点$(-1,\mathrm{j}0)$,系统处于临界稳定状态;若开环增益系数增大 h 倍以上,系统将变得不稳定。

对于最小相位系统,要使系统稳定,要求相位裕度 $\gamma>0$,幅值裕度 $h>1$。为保证系统具有一定的相对稳定性,稳定裕度不能太小。在工程设计中,一般取 $\gamma=30°\sim60°$, $h\geqslant2$ 对应 $20\lg h\geqslant6$ dB。

3. 稳定裕度的计算

根据式(5-30),要计算相位裕度 γ,首先要知道穿越频率 ω_c。较方便地求 ω_c 的方法是:先由 $G(s)$ 绘制 $L(\omega)$ 曲线,再由 $L(\omega)$ 与 0 dB 线的交点确定 ω_c。而求幅值裕度 h 首先要知道相位交界频率 ω_g,对于阶数不太高的系统,直接解三角方程 $\angle G(\mathrm{j}\omega_g)=-180°$ 求 ω_g,是一种较方便的方法。通常是将 $G(\mathrm{j}\omega)$ 写成虚部和实部,令虚部为零而解得 ω_g。

例 5-9 某单位反馈系统的开环传递函数为

$$G(s)=\frac{K_0}{s(s+1)(s+5)}$$

试求 $K_0=10$ 时系统的相位裕度和幅值裕度。

解 对开环传递函数进行标准化,即

$$G(s)=\frac{K_0/5}{s(s+1)\left(\frac{1}{5}s+1\right)}$$

$$\begin{cases}K=K_0/5\\v=1\end{cases}$$

绘制开环增益系数 $K=K_0/5=2$ 时的 $L(\omega)$ 曲线如图 5-48 所示。

当 $K=2$ 时,有

$$A(\omega_c)=\frac{2}{\omega_c\sqrt{\omega_c^2+1^2}\sqrt{\left(\frac{\omega_c}{5}\right)^2+1^2}}=1\approx\frac{2}{\omega_c\sqrt{\omega_c^2}\sqrt{1^2}}=\frac{2}{\omega_c^2}\quad(0<\omega_c<2)$$

所以

$$\omega_c=\sqrt{2}$$

$$\begin{aligned}\gamma_1&=180°+\angle G(\mathrm{j}\omega_c)=180°-90°-\arctan\omega_c-\arctan\frac{\omega_c}{5}\\&=90°-54.7°-15.8°=19.5°\end{aligned}$$

又由

$$180°+\angle G(\mathrm{j}\omega_g)=180°-90°-\arctan\omega_g-\arctan\frac{\omega_g}{5}=0$$

有

$$\arctan\omega_g+\arctan\frac{\omega_g}{5}=90°$$

等号两边取正切,有

$$\left[\frac{\omega_g+\frac{\omega_g}{5}}{1-\frac{\omega_g^2}{5}}\right]=\tan 90°=\infty$$

得 $\qquad\qquad 1-\omega_g^2/5=0$　即　$\omega_g=\sqrt{5}=2.236$

在对数坐标下,有

$$h_1=20\lg\frac{1}{|A(\omega_g)|}=20\lg\frac{\omega_g\sqrt{\omega_g^2+1}\sqrt{\left(\dfrac{\omega_g}{5}\right)^2+1}}{2}=20\lg3.0=9.54\ dB$$

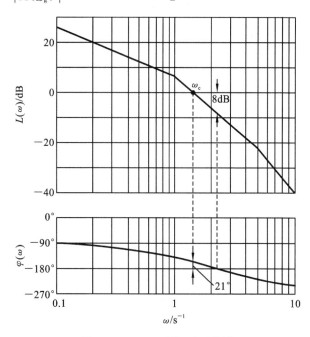

图 5-48　$K=2$ 时的 $L(\omega)$ 曲线

在实际工程设计中,只要绘出 $L(\omega)$ 曲线,直接在图上近似地读数即可。

5.4　频率特性的性能指标

本节介绍在频域分析时要用到的一些频率性能指标。频域性能指标是用系统的频率特性曲线在数值和形状上某些特征点来评价系统的性能,如图 5-49 所示。

1. 零频幅值 $A(0)$

零频幅值 $A(0)$ 表示当频率 ω 接近于零时,系统输出的幅值与输入的幅值之比。在频率极低时,对单位反馈系统而言,若输出幅值能完全准确地反映输入幅值,则 $A(0)=1$。$A(0)$ 越接近于 1,表明系统的稳态误差越小。因此 $A(0)$ 的数值与 1 的接近程度,反映了系统的稳态精度。

2. 复现频率 ω_M 与复现带宽 $0\sim\omega_M$

若规定一个 Δ 作为反映低频输入信号的允许误差,则复现频率 ω_M 就是幅值特性值与零频幅值 $A(0)$ 的差第一次达到 Δ 时的频率值。当频率超过 ω_M,输出就不能"复

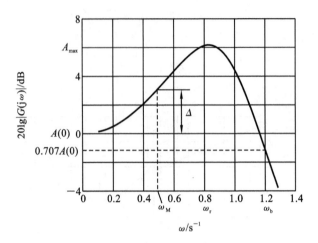

图 5-49　频率特性的性能指标

现"输入,所以 $0 \sim \omega_M$ 表征复现低频输入信号的频带宽度,称为复现带宽。

3. 谐振频率 ω_r 和谐振峰值 M_r

对于二阶系统,有

$$|G(j\omega)| = \frac{1}{\sqrt{\left(1-\frac{\omega^2}{\omega_n^2}\right)^2 + \left(2\xi\frac{\omega}{\omega_n}\right)^2}}$$

令

$$g(\omega) = \left(1-\frac{\omega^2}{\omega_n^2}\right)^2 + \left(2\xi\frac{\omega}{\omega_n}\right)^2$$

$$\frac{d}{dt}g(\omega) = 2\left(1-\frac{\omega^2}{\omega_n^2}\right)\left(-2\frac{\omega}{\omega_n^2}\right) + 2\left(2\xi\frac{\omega}{\omega_n}\right)2\xi\frac{1}{\omega_n} = 0$$

或

$$g(\omega) = \left[\frac{\omega^2 - \omega_n^2(1-2\xi^2)}{\omega_n^2}\right]^2 + 4\xi^2(1-\xi^2)$$

当谐振频率

$$\omega = \omega_r = \omega_n\sqrt{1-2\xi^2} \quad \left(0 \leqslant \xi \leqslant \frac{\sqrt{2}}{2}\right)$$

时,$g(\omega)$ 有最小值,$|G(j\omega)|$ 有最大值,这个最大值称为谐振峰值,用 M_r 表示。

$$M_r = \frac{1}{2\xi\sqrt{1-\xi^2}} \quad \left(0 \leqslant \xi \leqslant \frac{\sqrt{2}}{2}\right)$$

M_r 反映了系统的相对平稳性。一般来说,M_r 越大,系统阶跃响应的超调量也越大,这就意味着系统的平稳性较差。在二阶系统中,一般希望选取 M_r 小于 1.4,这时对应的阶跃响应的超调量将小于 25%,系统有较满意的过渡过程。

谐振频率 ω_r 在一定程度上反映了系统瞬态响应的速度。ω_r 值越大,则瞬态响应越快。

4. 截止频率 ω_b 和截止带宽 $0\sim\omega_b$

一般规定,当幅频特性 $A(\omega)$ 的数值由零频幅值 $A(0)$ 下降 3 dB 时的频率,也就是 $A(\omega)$ 由 $A(0)$ 下降到 $0.707A(0)$ 时的频率称为系统的截止频率 ω_b。频率范围 $0\sim\omega_b$ 称为系统的截止带宽,或称带宽。

当系统工作频率超过截止频率 ω_b 后,输出就急剧衰减,跟不上输入,形成系统响应的截止状态。

习　题

5-1 已知放大器的传递函数 $G(s)=\dfrac{K}{Ts+1}$ 并测得 $\omega=1\ \mathrm{s}^{-1}$、幅频 $|G|=12/\sqrt{2}$、相频 $\angle G=\dfrac{\pi}{4}$。试问:放大系数 K 及时间常数 T 各为多少?

5-2 设单位反馈控制系统的开环传递函数 $G(s)=\dfrac{10}{s+1}$,试求闭环系统在下列输入信号作用下的稳态响应:

(1) $x_i(t)=\sin(t+30°)$　　　(2) $x_i(t)=2\cos(2t-45°)$

5-3 系统单位阶跃响应为
$$h(t)=1-1.8\mathrm{e}^{-4t}+0.8^{-9t}\quad(t\geqslant0)$$
试求系统的频率特性表达式。

5-4 画出下列传递函数对应的对数幅频渐近曲线和相频特性曲线:

(1) $G(s)=\dfrac{2}{(2s+1)(8s+1)}$　　　(2) $G(s)=\dfrac{50}{s^2(s^2+s+1)(6s+1)}$

(3) $G(s)=\dfrac{10(s+0.2)}{s^2(s+0.1)}$　　　(4) $G(s)=\dfrac{8(s+0.1)}{s(s^2+s+1)(s^2+4s+25)}$

5-5 测得一些元部件的对数幅频渐近曲线如图 5-50 所示,试写出对应的传递函数 $G(s)$。

图 5-50 题 5-5 图

5-6 已知某控制系统如图 5-51 所示,试计算系统的开环穿越频率和相位裕度。

5-7 设单位反馈控制系统的开环传递函数分别为

图 5-51　题 5-6 图

(1) $G(s) = \dfrac{Ts+1}{s^2}$　　(2) $G(s) = \dfrac{K}{(0.01s+1)^3}$

试确定使系统相位裕度 γ 等于45°的 T 及 K 值。

5-8　负反馈系统的开环传递函数为

$$G(s) = \frac{K}{s(0.01s^2 + 0.01s + 1)}$$

试求系统幅值裕度为 20 dB 的 K 值,并求对应的相位裕度。

5-9　一单位反馈系统的开环对数幅频渐近曲线如图 5-52 所示,且开环具有最小相位性质。

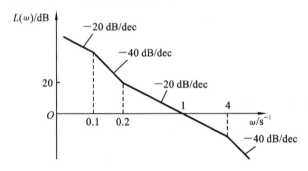

图 5-52　题 5-9 图

(1) 试写出系统开环传递函数的表达式;

(2) 试判断闭环系统的稳定性;

(3) 将幅频特性曲线向右平移 10 倍频程,试讨论系统阶跃响应性能指标 σ、t_s 及 e_{ss} 的变化。

5-10　已知非最小相位系统的开环传递函数为 $G(s)H(s) = \dfrac{K(s-1)}{s(s+1)}$,试由频率稳定判据判断闭环系统的稳定性。

第6章 控制系统的校正

学习要点 掌握控制系统校正的基本概念和系统设计及校正的一般原则；了解控制系统时频性能指标及相互关系；熟悉各种校正方式和校正装置，掌握相位超前校正、相位滞后校正和相位超前-滞后校正的设计分析方法和步骤；熟悉反馈校正、前馈校正的校正方式；掌握根轨迹校正设计方法。

6.1 控制系统校正的基本概念

6.1.1 校正

控制原理研究的内容有两方面：其一，已知控制系统的结构和参数，研究和分析其静态性能、动态性能，称此过程为系统分析，本书的第 3~5 章就是采用不同的方法进行系统分析；其二，在被控对象已知的前提下，根据实际生产中对系统提出的各项性能要求，设计一个系统来改善原有系统，使系统静态性能、动态性能满足实际需要，称此过程为系统校正。所谓校正，就是在工程实际中，根据对系统提出的性能指标要求，选择具有合适的结构和参数的控制器，使之与被控对象组成的系统满足实际性能指标的要求。

在工程实践中，控制系统一般包含两大部分：一部分在系统设计、计算过程中实际上不可能变化，如执行机构、功率放大器和检测装置等，称为不可变部分或系统的固有部分；另一部分的设计、计算参数有较大的选择范围，如放大器、校正装置，称为可变部分。通常，不可变部分的选择不仅受性能指标的约束，而且也受限于其本身尺寸、重量、能源、成本等因素。因此，所选择的不可变部分一般并不能完全满足性能指标的要求。在这种情况下，引入某种起校正作用的子系统即所谓的校正装置，以补偿不可变部分在性能指标方面的不足。

引入校正装置将使系统的传递函数发生变化，结果导致系统的零点和极点重新分布。适当地增加零点和极点，可使系统满足规定的要求，以实现对系统品质进行校正的目的。引入校正环节的实质是改变系统的零点和极点分布，或者说是改变系统的频率特性。

系统校正问题实际上是最优设计问题，即当输入已知时，确定系统的结构和参数，使得输出尽可能符合给定的最佳要求。系统优化问题不像系统分析那样，在系统已给定和输入已知的情况下，通过求解系统的输出来研究系统本身的有关问题。此时，系统的输出具有单一性和确定性。而系统优化时，能够全面满足性能指标的系统并不是唯一确定的。在工程实践中,选择校正方案时,既要考虑保证良好的控制性能,又要顾及工艺性、经济性以及使用寿命、体积、重量等因素,以便从多种方案中选取最优方案。

6.1.2　校正的方式

校正的方法很多,按照校正装置在系统中的位置以及它和系统不可变部分的连接方式的不同,通常可分为四种基本的校正方法:串联校正、反馈校正、前馈校正和复合校正。

1. 串联校正

串联校正是指校正装置 $G_c(s)$ 串联在系统固有部分的前向通道中的方式,如图6-1所示。

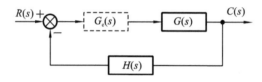

图 6-1　串联校正

按校正装置 $G_c(s)$ 的性质,串联校正可分为相位超前校正、相位滞后校正和相位超前-滞后校正三种形式。为了减小校正装置的输出功率,降低系统功率损耗和成本,串联校正环节一般安置在前向通道的前端、系统误差测量点之后、放大器之前的位置。串联校正的特点是结构简单,易于实现,但需附加放大器,且对于系统参数的变化比较敏感。

2. 反馈校正

反馈校正是指校正装置 $G_c(s)$ 接在系统的局部反馈通道中,与系统的不可变部分或不可变部分中的一部分构成反馈连接的方式,如图6-2所示。

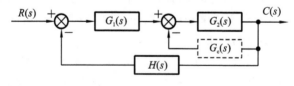

图 6-2　反馈校正

由于反馈校正的信号是从高功率点传向低功率点,故不需加放大器。反馈校正的特点是不仅能改善系统性能,而且对系统参数波动及非线性因素对系统性能的影响有一定的抑制作用。但其结构比较复杂,实现起来相对困难。

3. 前馈校正

前馈校正又称顺馈校正,是在系统主反馈回路之外,由输入经校正装置直接校正的方式。按输入信号性质和校正装置位置的不同,前馈校正通常分为两种:一种是校正装置接在系统给定输入信号之后,主反馈回路作用点之前的前向通道上,如图 6-3(a)所示,其作用是对给定值进行整形和滤波;另一种是校正装置接在系统可测扰动信号和误差作用点之间,对扰动信号进行测量、变换后接入系统,如图 6-3(b)所示,其作用是对扰动影响进行直接补偿。

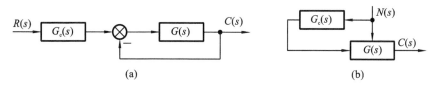

图 6-3　前馈校正

(a) 按给定输入前馈补偿　(b) 按扰动输入前馈补偿

前馈校正可以单独作用于开环控制系统之外,可以基于开环补偿的办法提高系统的精度,但最终不能检查控制的精度是否达到设计要求。其最主要的优点是,针对主要扰动及时、迅速地克服其对被控参数的影响,对于其他次要扰动,利用反馈控制予以克服,即构成复合控制系统,使控制系统在稳态时能准确地把被控量控制在给定值上。

4. 复合校正

复合校正是在反馈控制回路中加入前馈校正通路,组成一个有机整体,即将串联(或反馈)校正和前馈校正结合在一起,构成复杂控制系统以改善系统性能的方式,如图 6-4 所示。其中图 6-4(a)所示为按给定补偿的复合校正系统,图 6-4(b)所示为按扰动补偿的复合校正系统。

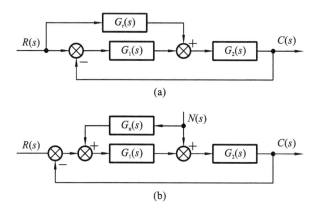

图 6-4　复合控制

(a) 按给定补偿的复合校正系统　(b) 按扰动补偿的复合校正系统

复合校正系统充分利用了开环前馈控制与反馈控制两者的优点,解决了系统静态与动态性能方面,以及对扰动的抑制与对给定的跟随方面的矛盾,极大地改善了系统的性能。但其系统结构复杂,实现起来比较困难。

6.1.3 校正装置

校正装置根据本身是否有电源,可分为无源校正装置和有源校正装置。

1. 无源校正装置

无源校正装置通常是由电阻和电容组成的二端口网络,图 6-5 所示是几种典型的无源校正装置。根据它们对频率特性的影响,又分为相位滞后校正、相位超前校正和相位滞后-超前校正。

图 6-5 无源校正装置

(a) 相位滞后 (b) 相位超前 (c) 相位滞后-超前

无源校正装置线路简单,组合方便,不需要外供电源,但本身没有增益,只有衰减,且输入阻抗低,输出阻抗高,因此在应用时要增设放大器或隔离放大器。

2. 有源校正装置

有源校正装置是由运算放大器组成的调节器。图 6-6 所示是几种典型的有源校正装置。有源校正装置本身有增益,且输入阻抗高,输出阻抗低,所以目前较多采用有源校正装置。有源校正装置的缺点是需另供电源。

图 6-6 有源校正装置

(a) PD 校正环节 (b) PI 校正环节

6.2　控制系统的设计指标与一般原则

6.2.1　控制系统时频性能指标及误差准则

1. 时域性能指标

时域性能指标包括瞬态性能指标和稳态性能指标。

（1）瞬态性能指标，一般是在单位阶跃输入下，反映输出过渡过程的一些特性参数。它们实质上是由瞬态响应所决定的，主要包括上升时间 t_r、峰值时间 t_p、最大超调量 σ_p、调整时间 t_s。

（2）稳态性能指标，反映系统的稳态精度，用来描述系统在过渡过程结束后实际输出与期望输出之间的偏差，常用稳态误差表示。

2. 频域性能指标

频域性能指标包括开环频域指标和闭环频域指标。

（1）开环频域指标，主要包括相位裕度 γ、幅值裕度 K_g、穿越频率 ω_c。

（2）闭环频域指标，主要包括复现频率 ω_M 及复现带宽 $0 \sim \omega_M$、谐振频率 ω_r、谐振峰值 M_r、截止频率 ω_b 及截止带宽 $0 \sim \omega_b$。

3. 误差准则

误差准则（综合性能指标）是系统性能的综合测度。它们是系统的期望输出与实际输出之差的某个函数的积分。因为这些积分是系统参数的函数，因此，当系统的参数取最优时，综合性能指标将取极值，从而可以通过选择适当参数得到综合性能指标为最优的系统。目前使用的综合性能指标有多种，此处简单介绍三种。

1）误差积分性能指标

理想系统对于阶跃输入的输出，也应是阶跃函数。实际输出 $c(t)$ 与理想输出 $c^*(t)$ 总存在误差，系统设计时应使误差 $e(t)$ 尽可能小。

图 6-7(a)所示为系统在单位阶跃下无超调的过渡过程，图 6-7(b)所示为其误差曲线。在没有超调的情况下，误差 $e(t)$ 是单调减少的。因此系统的综合性能指标可以取为

$$I = \int_0^\infty e(t)\,\mathrm{d}t$$

式中，误差 $e(t) = c^*(t) - c(t)$，由于误差 $e(t)$ 的拉普拉斯变换为

$$E_1(s) = \int_0^\infty e(t)\mathrm{e}^{-st}\,\mathrm{d}t$$

故有
$$I = \lim_{s \to 0} \int_0^\infty e(t)\mathrm{e}^{-st}\,\mathrm{d}t = \lim_{s \to 0} E_1(s) \tag{6-1}$$

只要系统在阶跃输入下其过渡过程无超调，就可以根据式(6-1)计算其 I 值，并根据此式计算出使 I 值最小的系统参数。

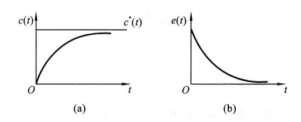

图 6-7　阶跃输入下的响应曲线及误差曲线

(a) 响应曲线　(b) 误差曲线

2) 误差平方积分性能指标

若给系统以单位阶跃输入后,其响应过程有振荡,则常取误差平方的积分为系统的综合性能指标,即

$$I = \int_0^\infty e^2(t)\mathrm{d}t \tag{6-2}$$

由于积分号中含有误差的平方项,误差的正负不会相互抵消,这是与式(6-1)有根本区别的地方。而且,式(6-2)中的积分上限可以用足够大的时间 T 来代替,因此求解性能最优系统就可以转化为求解式(6-2)的极小值。

因为式(6-2)等号右边的积分往往可以采用分析或实验的方法获得,所以,在实际运用中,误差平方积分性能指标在评价系统性能优劣时被广泛采用。

在图 6-8 中,图(a)中的细实线表示希望的阶跃输出,粗实线表示实际输出;图(b)为误差曲线;图(c)为误差平方曲线;图(d)为式(6-2)表示的误差平方积分曲线。

图 6-8　阶跃输入下的响应曲线、误差及其平方积分曲线

(a) 响应曲线　(b) 误差曲线　(c) 误差平方曲线　(d) 误差平方积分曲线

误差平方积分性能指标的最大特点是:重视大的误差,忽略小的误差。因为较大的误差其平方更大,对性能指标 I 的影响显著;而较小的误差其平方更小,对性能指标 I 的影响轻微甚至可以忽略。所以根据误差平方积分性能指标设计的系统,能使大的误差迅速减小,但系统也容易产生振荡。

3) 广义误差平方积分性能指标

广义误差平方积分性能指标由下式定义:

$$I = \int_0^\infty \left[e^2(t) + \alpha \dot{e}^2(t) \right]\mathrm{d}t \tag{6-3}$$

式中，α 为给定的加权系数；$\dot{e}(t)$ 为误差变化率。

在此误差准则下，最优系统为使此性能指标 I 取极小值的系统。此指标的特点是，既不允许大的动态误差长期存在，也不允许大的误差变化率长期存在。因此，按此准则设计的系统，过渡过程较短而且平稳。

6.2.2　频域性能指标与时域性能指标的关系

在工程实践中，有时用开环频率特性来设计控制系统，有时用闭环频率特性来设计控制系统。当用开环频率特性来设计系统时，常采用的动态指标有相位裕度 γ 和穿越频率 ω_c。当用闭环频率特性来设计系统时，常采用的动态指标有谐振峰值 M_r 和谐振频率 ω_r。这些指标在很大程度上能表征系统的动态品质。其中相位裕度 γ 和谐振峰值 M_r 反映了系统过渡过程的平稳性，与时域指标超调量 σ_p 相对应；穿越频率 ω_c 和谐振频率 ω_r 则反映了系统响应的快速性，与时域指标调整时间 t_s 相对应。

下面针对一阶、二阶系统，通过其开环频率特性来研究闭环系统的动态性能。

1. 一阶系统

对于一阶系统，其传递函数的标准形式为

$$G(s) = \frac{1}{Ts+1}$$

其闭环结构传递函数框图即为图 6-9(a)，其单位阶跃时间响应曲线如图 6-9(b)所示，图 6-9(c)、(d)分别为其开环对数幅频特性和闭环对数幅频特性。

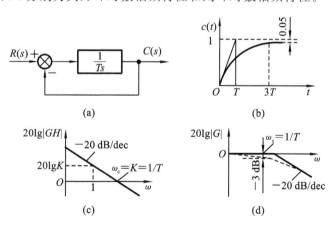

图 6-9　一阶惯性环节

(a) 框图　(b) 单位阶跃时间响应曲线　(c) 开环对数幅频特性曲线　(d) 闭环对数幅频特性曲线

从图 6-9(c)可以看出，一阶系统的穿越频率 ω_c 等于开环增益系数 K，也就是积分时间常数的倒数 $1/T$。从图 6-9(d)可以看出，闭环对数幅频特性曲线的转折频率为 $1/T$。另外，当 ω 为 $1/T$ 时，闭环频率特性的幅值为 0.707，即频率为零时幅值的

0.707 倍,故这一点的频率值也是一阶系统的闭环截止频率 ω_b。因此,一阶系统的时域指标 t_s,可以用开环指标 ω_c 或闭环指标 ω_b 来表示,即

$$t_s = 3T = \frac{3}{\omega_c} = \frac{3}{\omega_b} \quad (\Delta = \pm 0.05) \tag{6-4}$$

因此,开环指标穿越频率 ω_c 或闭环指标截止频率 ω_b,可以反映系统调整时间的长短,即可以反映系统响应的快速性。

2. 二阶系统

一般地,假设二阶系统的开环传递函数为

$$G(s)H(s) = \frac{K}{s(Ts+1)}$$

记

$$\omega_n = \sqrt{\frac{K}{T}}, \quad \xi = \frac{1}{2\sqrt{TK}}$$

则有

$$G(s)H(s) = \frac{\omega_n^2}{s(s+2\xi\omega_n)}$$

1) 开环频域指标与时域指标的关系

开环对数幅频特性曲线如图 6-10 所示。其中,转折频率 $\omega_1 = 1/T$,斜率为 -20 dB/dec 的直线或其延长线与 0 dB 线的交点频率 $\omega_2 = K$。

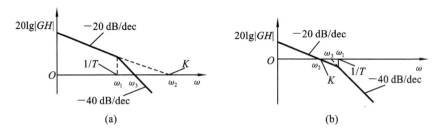

图 6-10 二阶系统开环伯德图

根据图 6-10 中的关系,有如下方程:

$$20\lg\frac{\omega_2}{\omega_1} = 40\lg\frac{\omega_3}{\omega_1}$$

进而可得

$$\omega_3 = \sqrt{\omega_1\omega_2} = \sqrt{\frac{K}{T}} = \omega_n \tag{6-5}$$

即图中斜率为 -40 dB/dec 的直线或其延长线与 0 dB 线的交点频率 $\omega_3 = \omega_n$,它恰是 ω_1 与 ω_2 的几何中心。由此可见,根据对数幅频特性曲线就可以确定系统参数。

再来看性能指标与系统参数之间的关系。

(1) 穿越频率 穿越频率 ω_c 是指系统开环奈奎斯特轨迹图上与单位圆交点的频率,即输入与输出幅值相等时的频率。根据穿越频率的定义,有

$$\left| \frac{\omega_n^2}{j\omega_c(j\omega_c + 2\xi\omega_n)} \right| = 1$$

即

$$\frac{\omega_n^2}{\omega_c\sqrt{\omega_c^2 + (2\xi\omega_n)^2}} = 1$$

等号两边取平方并整理,得

$$\left(\frac{\omega_c}{\omega_n}\right)^4 - 4\xi^2\left(\frac{\omega_c}{\omega_n}\right) - 1 = 0$$

解得

$$\frac{\omega_c}{\omega_n} = \sqrt{\sqrt{1 + 4\xi^4} + 2\xi^2}$$

即

$$\omega_c = \omega_n\sqrt{\sqrt{1 + 4\xi^4} + 2\xi^2} \tag{6-6}$$

(2) 相位裕度　相位裕度 γ 是指当 $\omega = \omega_c$ 时相频特性 $\angle GH$ 与 $-180°$ 线的相位差值。轨迹图上与单位圆交点的频率即输入与输出幅值相等时的频率,有

$$\gamma = 180° - 90° - \arctan\frac{\omega_c}{2\xi\omega_n} = \arctan\frac{2\xi\omega_n}{\omega_c} \tag{6-7}$$

根据式(6-7),得

$$\gamma = \arctan\frac{2\xi}{\sqrt{\sqrt{1 + 4\xi^4} + 2\xi^2}}$$

由于二阶系统的超调量 σ_p 和相位裕度 γ 都仅由阻尼比 ξ 决定,因此 γ 的大小反映了系统动态过程的平稳性。而阻尼比 ξ 与超调量 σ_p 之间的函数关系为超越函数,常用曲线来反映,这在第 3 章系统的时间响应中已经论述过,在此不再赘述。从上式可知,相位裕度 γ 和阻尼比 ξ 同向变化。为了使二阶系统在过渡过程中不致振荡得太厉害,以致调整时间过长,一般希望 $0.4 \leqslant \xi \leqslant 0.8, 45° \leqslant \gamma \leqslant 70°$。

二阶系统的调整时间为

$$t_s = \frac{3}{\xi\omega_n} \quad (\Delta = 0.05)$$

将式(6-7)代入上式,得

$$t_s = \frac{3}{\xi\omega_c}\sqrt{\sqrt{1 + 4\xi^4} + 2\xi^2}$$

显然,当阻尼比 ξ 一定时, t_s 与 ω_c 成反比,即 ω_c 越大, t_s 越小;反之, ω_c 越小, t_s 越大。因此,穿越频率 ω_c 的大小反映了系统过渡过程的快慢。

2) 闭环频域指标与时域指标的关系

在第 5 章系统的频率特性分析中,我们知道,二阶系统的闭环频率特性可用下式表示:

$$G(j\omega) = \frac{\omega_n^2}{(\omega_n^2 - \omega^2) + 2j\xi\omega_n\omega}$$

其幅频特性为

$$|G(\mathrm{j}\omega)| = \frac{\omega_n^2}{\sqrt{(\omega_n^2 - \omega^2)^2 + (2\mathrm{j}\xi\omega_n\omega)^2}}$$

系统发生谐振时,幅频特性达到最大值,故其值可通过极值条件求得。满足极值条件的频率即为谐振频率 ω_r,且

$$\omega_r = \omega_n\sqrt{1 - 2\xi^2}$$

从上式可以看出,只有当 $\xi < 0.707$ 时,ω_r 才为实数。而当 $\xi > 0.707$ 时,系统闭环频率无峰值。当 ξ 一定时,调整时间 t_s 与谐振频率 ω_r 成反比。因此,谐振频率 ω_r 的大小反映了系统响应的快速性。

二阶系统的闭环频率特性可用下式表示:

$$M_r = \frac{1}{2\xi\sqrt{1 - \xi^2}}$$

可见,谐振峰值 M_r 只和阻尼比 ξ 有关,它反映了系统超调量的大小,即系统过渡过程的平稳性。

控制系统中最直接的性能指标是时域指标。但频域分析法涉及的一些重要特征值,如开环频率特性中的相位裕度、增益裕度,闭环频率特性中的谐振峰值、频带宽度和谐振频率等,与控制系统的瞬态响应存在着一定的关系。标准二阶系统的时域和频域性能指标都只与系统特征参数 ω_n 和 ξ 有关,消去中间变量后系统时频指标之间具有确切关联性,可从不同分析域反映系统动态性能。

(1)谐振频率乘以调整时间的积与谐振峰值　谐振频率 ω_r 和调整时间 t_s 都取决于系统的特征参数 ω_n 和 ξ,联立求解消去中间变量 ω_n,可知 ω_r 与 t_s 之间的直接关联性,有

$$\omega_r t_s = \frac{1}{\xi}\sqrt{1 - 2\xi^2}\ln\frac{1}{\Delta\sqrt{1 - \xi^2}}$$

可知,ω_r 乘以 t_s 的积仅与 ξ 有关。对给定的阻尼比,调整时间与系统的谐振频率成反比,即谐振频率高的系统,其反应速度快,反之则反应速度慢。谐振频率乘以调整时间的积与谐振峰值的关联性可用下式表示:

$$\omega_r t_s = \sqrt{\frac{2\sqrt{M_r^2 - 1}}{M_r - \sqrt{M_r^2 - 1}}}\ln\frac{\sqrt{2M_r^2}}{\Delta\sqrt{M_r + \sqrt{M_r^2 - 1}}} \tag{6-8}$$

(2)截止频率乘以调整时间的积与谐振峰值　ω_b 和 t_s 都取决于特征参数 ω_n 和 ξ,联立求解可知 ω_b 与 t_s 的直接关联性,有

$$\omega_b t_s = \frac{1}{\xi}\sqrt{1 - 2\xi^2 + \sqrt{4\xi^4 - 4\xi^2 + 2}}\ln\frac{1}{\Delta\sqrt{1 - \xi^2}}$$

从上式可知,当阻尼比 ξ 给定后,控制系统的截止频率与调整时间成反比。也就是说,控制系统的截止频率越大,则该系统反应输入信号的快速性便越好。这充分证

明,截止频率是表征控制系统的反应速度的重要指标。截止频率乘以调整时间,可知谐振峰值的关联性,有

$$\omega_{\mathrm{b}} t_{\mathrm{s}} = \sqrt{\frac{2\sqrt{M_{\mathrm{r}}^2-1}+\sqrt{2M_{\mathrm{r}}^2-1}}{M_{\mathrm{r}}-\sqrt{M_{\mathrm{r}}^2-1}}\ln\frac{\sqrt{2M_{\mathrm{r}}}}{\Delta\sqrt{M_{\mathrm{r}}^2+\sqrt{M_{\mathrm{r}}^2-1}}}} \tag{6-9}$$

利用上述方法也可推导出频率指标 ω_{r}、ω_{b}、M_{r} 与时域指标 t_{r}、t_{p} 的关联性。

（3）谐振峰值与最大超调量　频域相对谐振峰值 M_{r} 与时域最大超调量 σ_{p} 具有确切关联性,即

$$\sigma_{\mathrm{p}} = \exp\left(-\pi\sqrt{\frac{M_{\mathrm{r}}-\sqrt{M_{\mathrm{r}}^2-1}}{M_{\mathrm{r}}+\sqrt{M_{\mathrm{r}}^2-1}}}\right) \times 100\% \tag{6-10}$$

M_{r} 和 σ_{p} 均由控制系统的阻尼比 ξ 所确定,均随 ξ 的减小而增大。当 $\xi>0.4$ 时, M_{r} 和 σ_{p} 存在相近的关系;当 ξ 很小时, M_{r} 将变得很大, σ_{p} 的值却不会超过 1。对某一控制系统来说,在时域中 σ_{p} 大,反映到频域中 M_{r} 也大,反之亦然。因此, M_{r} 是度量控制系统振荡程度的一项频域指标, M_{r} 值表征了系统的相对稳定性。一般而言, M_{r} 越大,系统阶跃响应的超调量也越大,意味着系统的平稳性较差。在二阶系统设计中,希望选取 $M_{\mathrm{r}}<1.4$,因为这时阶跃响应的最大超调量 $\sigma_{\mathrm{p}}<25\%$,系统有较满意的过渡过程。

二阶系统的时域和频域动态性能指标反映了系统瞬态过程的性能,各指标间存在一定关联性和制约性。实际系统调节时,快速性和平稳性这两大性能要求往往矛盾,可根据系统用途,通过调节实际系统的内部参数来影响其振荡频率和阻尼系数,折中改善系统的快速性和平稳性。

对于高阶系统频率响应与时间响应指标之间的关系,二阶系统中存在着确定的解析关联,而高阶系统中却不是那样,因为附加的一些极点和/或零点,可以改变存在于标准二阶系统中的阶跃瞬态响应与频率响应的关系。但实际的高阶系统中一般都设计了一对共轭复数闭环主导极点。如果高阶系统的频率响应由一对共轭复数闭环极点支配,则标准二阶系统的时频性能指标关系可以近似推广到高阶系统。工程设计中常通过一些经验公式建立频域响应指标和时域响应主要指标的关系,这在用频域分析法分析和设计控制系统时是很有用的。

6.2.3　控制系统校正的一般原则

由于系统的开环传递函数与具有单位反馈的闭环传递函数之间有一一对应的关系,而且决定闭环系统稳定性的特征方程又完全取决于开环传递函数。工程上习惯于用频域分析法进行综合,特别是广泛应用伯德图进行设计,因为控制系统各组成元件的性能与作用表现在伯德图上比较直观,易于作图。再者,有些系统或元件的微分方程不易导出,仅可通过试验求得频率特性曲线,作为系统综合与校正的依据。

　　如前所述,控制系统的静态误差决定于系统开环频率特性的增益和系统类型。控制系统的稳定性、动态品质决定于开环频率特性曲线的形状和位置。因此对系统性能指标的要求,可以归结为对系统开环频率特性的要求。

　　在低频段($\omega=1$ s^{-1}附近的频率范围)的开环对数频率特性$L(\omega)$曲线,决定着系统稳态误差的大小,为使控制系统以足够小的误差跟踪输入,希望在低频段提供足够高的增益,如若根据稳态误差的要求已经确定了系统的无差度λ和开环增益系数K,则希望特性$L(\omega)$曲线的低频渐近线或它的延长线必须在$\omega=1$处高于或等于$20\lg K$。

　　在中频段(穿越频率ω_c附近的频率范围),开环频率特性$L(\omega)$曲线的形状决定着系统的稳定性及动态品质,ω_c的大小决定着系统的快速性。为使控制系统具有足够的稳定裕度($\gamma=40°\sim60°$),$L(\omega)$曲线的斜率应当限制在-20 dB/dec(这是因为,若以-40 dB/dec的斜率穿越横轴,那么其相频特性已接近$-180°$,一般情况下已无多少稳定裕度了)。考虑到稳定裕度(包括相位裕度和幅值裕度)的要求和增益的变动,-20 dB/dec的斜率应在穿越频率ω_c处上下延长足够的频程,中频渐近线的长度取决于$h=\dfrac{\omega_2}{\omega_1}$(见图 6-11),对图中所示这种开环幅频特性具有(-40 dB/dec)—(-20 dB/dec)—(-40 dB/dec)的形式(简称 2—1—2 型)渐近特性的典型系统,可根据谐振峰值按下式求取h(证明从略):

$$h=\frac{\sigma_p+1}{M_r-1}$$

或
$$M_r=\frac{h+1}{h-1}$$

　　由上式可见,为获得满意的动态特性,令$M_r\leqslant1.4$,则$h>6$,h增大,稳定性增强,但h过大会降低抗高频干扰的能力,给技术上的实现带来困难。

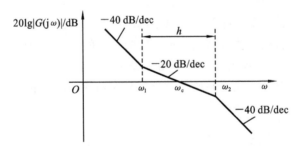

图 6-11　理想的中频段特性

　　在高频段(高于穿越频率ω_c的频率范围),开环$L(\omega)$曲线的形状决定着系统抗干扰的能力,为减小高频噪声的影响,希望在高频段$L(\omega)$曲线尽快衰减。

　　利用频域法对系统进行综合与校正,实际上就是根据控制系统的性能指标来调节系统的开环增益或选择校正装置,对系统的开环伯德图进行整形。

6.2.4　系统设计的基本方法

经典控制论中的设计方法采用的是设计-校正法。其过程是：根据系统的输入、输出以及系统的传递函数,按照要求的性能指标,设计一个控制系统,然后检查设计出来的系统是否满足全部性能指标的要求,若不能满足,则应通过调整参数或调整结构的方法重新设计,直至控制系统满足全部性能指标为止。这种方法建立在试探的基础上,设计者的知识与经验在设计过程中起重要作用。一个有经验的设计人员,不需进行很多校正,就能设计出满意的系统来。根据设计-校正的途径不同,它通常又可分为分析法和综合法。

1. 分析法

根据设计要求、控制系统的用途和事先初步选定的系统特性,依靠分析和经验,首先选择一种校正装置加入系统中,然后计算校正后系统的品质指标,如能满足要求,则可确定校正装置的结构和参数,否则重选校正装置,重复计算,直到满足设计指标为止。这种方法称为分析法,它操作简单,但只适用于典型的校正装置,并且设计进程与设计经验密切相关。

2. 综合法

根据设计指标,求取能够满足设计指标的开环对数频率特性,即希望的对数幅频特性,将希望的特性和原有的特性相比较,得到校正装置的幅频特性,然后校验校正后系统的相位裕度,若满足要求,则可确定校正装置的结构和参数,否则重新调整参数或结构,直到满足设计指标为止。这种方法称为综合法,它只适用于最小相位系统,因其幅值和相位间有确定的关系,故按幅频特性的形状就能确定系统的性能。

应当注意：

（1）不论采用哪种动态设计方法,往往都应辅以物理系统的试验,并根据试验的结果进一步修改,完善设计,直至满足设计要求,才能设计定型。

（2）能够满足设计要求的控制系统不是唯一的,即能够设计出多种系统都能满足给定的性能指标。这就需要对多种系统各方面的性能、成本、体积、重量等诸因素综合考虑,以寻求最优方案。

6.3　串联校正

本节讨论控制系统串联校正方案的设计,重点介绍如何在伯德图上利用分析法校正系统,同时介绍一种简便易行的综合设计方法。

一个需校正的控制系统,大约有如下几种类型：

（1）系统是稳定的,动态响应也好,但稳态精度超差,因此需要提高低频增益,又要在伯德图上保持中频特性不变,如图 6-12(a)所示。

（2）系统具有足够的稳态精度,但稳定性或动态品质不好,需要改善中频特性,如图 6-12(b)所示。

（3）系统是稳定的，但稳态精度和动态品质都不好，需要改善其低频和中频特性，如图 6-12(c)所示。

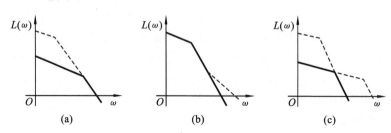

图 6-12　需要校正的系统类型

（a）提高增益　（b）提高响应速度　（c）同时提高增益和响应速度

对应上述三种情况，可以采用三种基本校正方法，即滞后校正、超前校正和滞后-超前校正。

6.3.1　滞后校正

滞后校正就是使输出相位滞后于输入相位，对控制信号产生相移作用。滞后校正适用于系统的动态品质满意但稳态精度差的场合，用作增大开环增益而又不使动态品质受影响；适用于系统的稳态精度差且稳定性也不好，但对快速性要求不高的场合，用作增大开环增益又造成中频区特性衰减，以便改善稳态精度和稳定性。

1. 滞后校正网络

1）无源滞后网络

无源滞后网络由无源阻容元件组成，其线路图即为图 6-13(a)。它的传递函数是

$$G_c(s) = \frac{U_c(s)}{U_r(s)} = \frac{R_2cs+1}{(R_1+R_2)cs+1} \tag{6-11}$$

令

$$T = R_1c, \quad \alpha = \frac{R_1+R_2}{R_2} > 1$$

则式(6-11)可写成

$$G_c(s) = \frac{Ts+1}{\alpha Ts+1} = \frac{1}{\alpha} \frac{s+\dfrac{1}{T}}{s+\dfrac{1}{\alpha T}} \tag{6-12}$$

其相位是

$$\varphi = \arctan\omega T - \arctan\omega\alpha T$$

滞后环节的伯德图即为图 6-13(b)。由图可见，其转折频率分别为

$$\omega_1 = \frac{1}{\alpha T}, \quad \omega_2 = \frac{1}{T}$$

由式(6-12)可见，φ 为负值，并随 α 变化。对式(6-12)求导，有

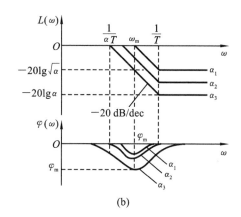

图 6-13 无源滞后网络

（a）线路图 （b）伯德图

$$\frac{\partial \varphi}{\partial \omega}=0$$

得

$$\omega_{\mathrm{m}}=\frac{1}{T\sqrt{\alpha}}=\sqrt{\omega_1\omega_2} \tag{6-13}$$

当 $\omega=\omega_{\mathrm{m}}$ 时，相位滞后最大，其值为

$$\varphi_{\mathrm{m}}=\arctan T\omega_{\mathrm{m}}-\arctan \alpha T\omega_{\mathrm{m}}=-\arcsin\frac{\alpha-1}{\alpha+1} \tag{6-14}$$

最大滞后相位 φ_{m} 和 α 的关系如图 6-14 所示。

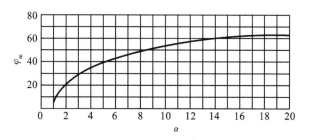

图 6-14 φ_{m} 和 α 的关系

由图 6-13（b）可见，滞后环节是个低通滤波器。当 $\omega<\dfrac{1}{\alpha T}$ 时，$L_{\mathrm{c}}(\omega)\approx1$，信号不衰减；当 $\omega>\dfrac{1}{T}$ 时，$L_{\mathrm{c}}(\omega)\approx\dfrac{1}{\alpha}<1$，信号衰减。实际应用中正是利用它的这一特性来校正系统的。

例如，对图 6-15 所示的稳态精度不好的系统，引入滞后校正网络，适当选取网络参数 τ、α，使 $\dfrac{1}{T}$、$\dfrac{1}{\alpha T}$ 向左远离穿越频率 ω_{c}，以使开环系统在 ω_{c} 附近的相位不受影响。

　　由于引入滞后网络而引起的开环幅频特性在 ω_c 附近的降低,因此可以通过提高开环增益 $20\lg\alpha$(dB)的办法来补偿。结果使系统在穿越频率处的稳定裕度保持不变,但此时的开环增益提高了 $20\lg\alpha$(dB)(见图 6-15 中的虚线部分),从而减小了稳态误差。α 越大,误差减小得越多,但考虑实现的可能性,α 的最大取值为 $\alpha_m=20$,通常取 $\alpha=10$。

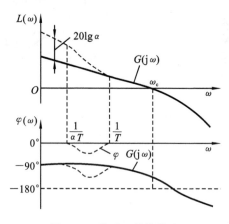

图 6-15　滞后环节的影响

　　同样,对于一个满足稳态幅度指标而稳定性不好的系统,引入滞后校正环节,可以保持开环增益不变而使穿越频率减小,以改善系统的稳定性,但这样会使系统的响应变慢。

　　无源滞后网络本身没有增益,只有衰减,并且输入阻抗较低,而输出阻抗较高,在实际应用中往往需要增设放大器或隔离放大器。无源滞后网络多用在简单的伺服系统中。

　　2) 有源滞后网络

　　有源滞后网络由一个高增益的运算放大器加上反馈网络组成,其增益和校正环节的其他参数可随意调整,故有源滞后网络适用于对调整要求比较高的场合。为分析有源滞后网络的特性,下面先推导运算放大器的传递函数。

　　(1) 运算放大器的传递函数　运算放大器的一般形式如图 6-16 所示。它有正相(+)和反相(-)两个输入端,组成反馈线路时常用反相输入,其输入电流 $I_r(s)$、反馈回路电流 $I_t(s)$ 和流入放大器的电流 $I_c(s)$ 间存在下述关系:

$$I_r(s)=I_t(s)+I_c(s)$$

因放大器输入阻抗很高,故有

$$I_c(s)\approx 0$$

因此

$$I_r(s)=I_t(s)$$

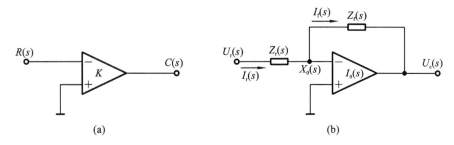

图 6-16　运算放大器线路及等效图

(a) 线路图　(b) 等效图

又
$$I_r(s) = \frac{U_t(s) - X_t(s)}{Z_r(s)}, \quad I_t(s) = \frac{X_t(s) - C(s)}{Z_t(s)}$$

考虑放大器增益的作用,有

$$U_c(s) = -KX_c(s)$$

将上述四式联立,消去 $X_x(s)$,得放大器的传递函数为

$$G_c(s) = \frac{U_c(s)}{U_r(s)} = -\cfrac{K\cfrac{Z_t(s)}{Z_r(s) + Z_t(s)}}{1 + K\cfrac{Z_r(s)}{Z_r(s) + Z_t(s)}}$$

因运算放大器的增益很高,故有

$$G_c(s) = -\frac{Z_t(s)}{Z_r(s)} \tag{6-15}$$

由式(6-15)可见,反相输入运算放大器的传递函数等于反馈阻抗 $Z_t(s)$ 与输入阻抗 $Z_r(s)$ 之比,符号为负。只要改变反馈阻抗 $Z_t(s)$ 和输入阻抗 $Z_r(s)$,就可得到不同的传递函数,以组成各种校正环节。

(2) 比例-积分元件(PI 调节器)　PI 调节器线路图即为图 6-17(a)。由图可知,输入阻抗为

$$Z_r(s) = R_1$$

反馈阻抗为
$$Z_t(s) = R_2 + \cfrac{\cfrac{R_3}{cs}}{R_3 + cs}$$

根据式(6-15)可得

$$G_c(s) = \frac{U_c(s)}{U_r(s)} = -\frac{Z_t(s)}{Z_r(s)} = -\frac{R_2 + R_3 \cfrac{\frac{R_2 R_3}{R_2 + R_3} cs + 1}{R_3 cs + 1}}{R_1} = -K\frac{Ts+1}{\alpha Ts+1} \tag{6-16}$$

式中
$$K = \frac{R_2 + R_3}{R_1}, \quad T = \frac{R_2 R_3}{R_2 + R_3} c, \quad \alpha = \frac{R_2 + R_3}{R_2} > 1$$

比较式(6-11)、式(6-16)可知,二者的动态部分完全相同,其伯德图(见图 6-17

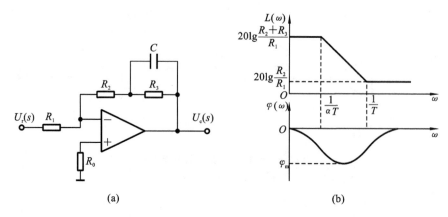

图 6-17　比例-积分元件的线路图和伯德图

(a) 线路图　(b) 伯德图

(b))和无源滞后网络的伯德图(见图 6-13(b))相似,所不同的是它有增益。

图中 R_0 为平衡电阻,一般取 $R_0 = R_1$。

2. 滞后校正的设计

滞后校正可用分析法进行,也可用综合法进行,下面分别加以介绍。

1) 利用分析法确定校正装置

举例说明滞后校正的步骤。

例 6-1　设有一单位反馈系统,系统的开环传递函数为

$$G(s) = \frac{K}{s(s+1)(0.5s+1)}$$

要求校正后系统的速度误差系数 $K_v = 5 \ \text{s}^{-1}$,相位裕度 $\gamma > 40°$,增益裕度不低于 10 dB。

解　① 确定开环增益系数 K_n,以满足稳态误差的要求,因此

$$K_v = \lim_{s \to 0} sG(s) = \lim_{s \to 0} \frac{sK}{s(s+1)(0.5s+1)} = K = 5 \ \text{s}^{-1}$$

即　　　　　　　　　　　　　$K = 5 \ \text{s}^{-1}$

② 利用已确定的增益,画出未校正系统的伯德图。即

$$G(j\omega) = \frac{5}{j\omega(j\omega+1)(0.5j\omega+1)}$$

的伯德图,如图 6-18 所示,由图可求出 $\gamma = -20°$,说明系统不稳定。

③ 因系统不稳定,需选择新的穿越频率 ω_c。在新的 ω_c 上,开环传递函数的相位裕度应等于给定的相位裕度再加上 $5° \sim 12°$。增加 $5° \sim 12°$,是为了补偿因滞后网络引起的相位滞后。为使校正网络引起的相位滞后在新的穿越频率 ω_c 处的影响足够小,故转角频率 $\omega = 1/T$ 应选在低于新的穿越频率 ω_c 的 $1/5 \sim 1/10$ 频程处。在本例

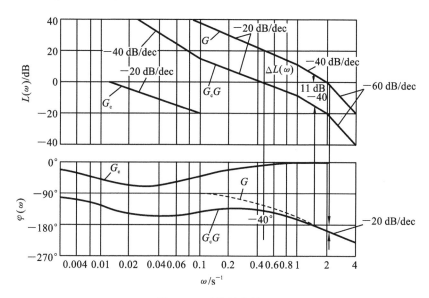

图 6-18　系统的伯德图

G—未校正系统　G_c—校正装置　G_cG—已校正系统

中,给定的相位裕度 $\gamma=40°$,再加上 $5°\sim12°$。以补偿滞后网络引起的相位变化。因与 $40°$ 相位裕度相应的频率是 0.7 s^{-1},所以新的穿越频率应选择在这一数值附近。为防止滞后网络时间常数过大,选择转角频率 $\omega=1/T$ 为 0.1 s^{-1},因这一转折频率位于新的穿越频率以下不太远的地方,所以滞后网络引起的相位滞后量可能较大,应在给定的相位裕度上增加 $12°$,因此需要的相位裕度变为 $52°$。从未校正系统的开环相频特性上可知,在 $\omega=0.5$ s^{-1} 附近的相位为 $-128°$(即相位裕度为 $52°$)。故新的穿越频率选为 $\omega_c=0.5$ s^{-1}。

④ 确定使幅频特性曲线在新穿越频率处下降到零分贝所必需的衰减量 $\Delta L(\omega_0)=-20\lg\alpha$。在本例中,由特性曲线查得

$$\Delta L(\omega_0)=-20 \text{ dB}$$

因此

$$20\lg\alpha=-20$$

$$\alpha=10$$

故另一个转角频率为

$$\omega=\frac{1}{\alpha T}=\frac{1}{10\times10} \text{ s}^{-1}=0.01 \text{ s}^{-1}$$

⑤ 确定校正后系统的开环传递函数。在本例中,校正网络的传递函数是

$$G_c(s)=\frac{1}{\alpha}\frac{s+\dfrac{1}{T}}{s+\dfrac{1}{\alpha T}}=\frac{1}{10}\frac{s+0.1}{s+0.01}$$

校正后系统的开环传递函数为

$$G_c(s)G(s)=\frac{5(10s+1)}{s(100s+1)(s+1)(0.5s+1)}$$

已校正系统的开环伯德图表示在图 6-18 上。由图可见,在高频段因校正网络引起的相位滞后可以忽略,校正后系统的相位裕度约为40°,速度误差系数为 5 s^{-1},增益裕度 K 为 11 dB,满足设计指标的要求。

应当指出,在本例中把一个不稳定的系统校正为一个稳定的系统,而开环穿越频率则由 2.1 s^{-1} 降低为 0.5 s^{-1},说明系统的频带变窄,因此响应速度降低了。但是,若未校正系统已具有满意的相位裕度 γ 和穿越频率 ω_c,则只要选择滞后网络的转折频率 $\omega=1/T$ 远离穿越频率 ω_c,就会既提高低频增益,改善稳态精度,又不影响其动态品质。

⑥ 确定校正装置的参数。在本例中,若选用无源滞后网络作校正装置(见图 6-13),则根据式(6-12)可计算出校正装置的参数,取 $C_2=100\ \mu F$,则

$$R_2=\frac{T}{C_2}=\frac{10}{100\times 10^{-6}}\ k\Omega=100\ k\Omega$$

$$R_1=R_2(\alpha-1)=900\ k\Omega$$

2) 利用综合法确定校正装置

除用分析法设计系统外,同样可用综合法设计系统。

对采用串联校正装置的控制系统,其框图即为图 6-19。其中,$G_p(s)$ 是系统固有部分(已知部分)的传递函数,$G_c(s)$ 是要求的校正装置传递函数,故校正后系统(即希望的系统)的开环传递函数是

$$G(s)=G_p(s)G_c(s)$$

图 6-19　具有串联校正系统的框图

以对数幅频特性表示,则有

$$L(\omega)=L_v(\omega)+L_c(\omega)$$

或　　　　　　$$L_c(\omega)=L(\omega)-L_v(\omega) \tag{6-17}$$

式(6-17)表明,校正装置的对数幅频特性 $L_c(\omega)$ 等于希望的对数幅频特性(可按给定性能指标绘制)和系统固有的对数幅频特性之差。

如前所述,为使系统具有足够的稳定性,系统开环对数幅频特性在穿越频率 ω_c 处的斜率应为 -20 dB/dec,简化以 -1 斜率代表,同时系统的稳定裕度还与中频线的长度有关,即与 $h=\frac{\omega_1}{\omega_2}$ 有关(见图 6-20),h 越大,则系统的稳定性越好。下面推证

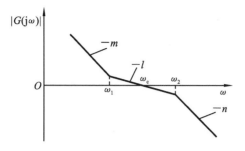

图 6-20　典型系统的幅频特性

系统最大相位裕度 γ_m 与 h 的关系。

在图 6-20 中,设 ω_c 附近幅频特性渐近线的斜率变化为 $k=-m$、$k=-l$、$k=-n$,则其传递函数的形式为

$$G(s)=\frac{K}{s^m\left(1+\frac{s}{\omega_1}\right)^{1-m}\left(1+\frac{s}{\omega_2}\right)^{n-1}} \tag{6-18}$$

在穿越频率处的相位为

$$G(j\omega_c)=-m\,\frac{\pi}{2}-(1-m)\arctan\frac{\omega_c}{\omega_1}-(n-1)\arctan\frac{\omega_c}{\omega_2}$$

相位裕度为

$$\gamma=\pi+G(j\omega_0)=\pi-m\,\frac{\pi}{2}-(1-m)\arctan\frac{\omega_c}{\omega_1}-(n-1)\arctan\frac{\omega_c}{\omega_2} \tag{6-19}$$

当 $\omega_2\gg\omega_c$ 时,有

$$\arctan\frac{\omega_c}{\omega_2}\approx\frac{\omega_c}{\omega_2} \tag{6-20}$$

当 $\omega_c\gg\omega_1$ 时,有

$$\arctan\frac{\omega_c}{\omega_1}=\frac{\pi}{2}-\arctan\frac{\omega_1}{\omega_c}\approx\frac{\pi}{2}-\frac{\omega_1}{\omega_c} \tag{6-21}$$

将式(6-20)、式(6-21)代入式(6-19),得

$$\gamma=\pi-m\,\frac{\pi}{2}+(m-1)\left(\frac{\pi}{2}-\frac{\omega_1}{\omega_c}\right)-(n-1)\frac{\omega_c}{\omega_2} \tag{6-22}$$

对式(6-22)求导,有

$$\frac{\partial\gamma}{\partial\omega_c}=0$$

得

$$(m-1)\frac{\omega_1}{\omega_c^2}-(n-1)\frac{1}{\omega_2}=0$$

即

$$\omega_c=\sqrt{\frac{(m-1)\omega_1\omega_2}{n-1}} \tag{6-23}$$

因此,当 ω_c 满足式(6-23)时,相位裕度最大。

在实际系统中,m 与 n 的取值经常是以下两种情况:

(1) $m=n=2$,即在 ω_c 附近渐近线斜率变化为 $k=-2$、$k=-1$、$k=-2$,代入式(6-23)得

$$\omega_c = \sqrt{\omega_1 \omega_2} \qquad (6\text{-}24)$$

将式(6-24)代入式(6-14),得最大相位裕度为

$$\gamma_m = \frac{\pi}{2} - \frac{2}{\sqrt{h}} \qquad (6\text{-}25)$$

将式(6-25)作成曲线图即为图 6-21(a)。由图可见,相位裕度随中频线长度参数 h 增大而增大。

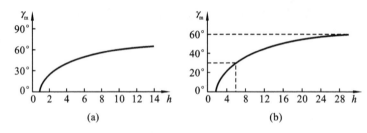

图 6-21 最大相位裕度 r_m 与 h 的关系

(a) $2-1-2$ 型　　(b) $2-1-3$ 型

(2) $m=2$ 和 $n=3$,即在 ω_c 附近渐近线斜率变化为 $k=-2$、$k=-1$、$k=-3$,代入式(6-23)得

$$\omega_c = \sqrt{\frac{\omega_1 \omega_2}{2}} \qquad (6\text{-}26)$$

将式(6-26)代入式(6-22),得最大相位裕度为

$$\gamma_m = \frac{\pi}{2} - 2\sqrt{\frac{2}{h}} \qquad (6\text{-}27)$$

将式(6-27)作成曲线图即为图 6-21(b)。

式(6-25)、式(6-27)皆为在一定假设条件下获得的,故图 6-21 并非严格的关系曲线,但它定性地说明了 γ_m 随 h 的增大而变化的趋势。在设计中初选 h 值时,可以取

$$h \geqslant \frac{M_r+1}{M_r-1}$$

式中,谐振峰值 M_r 全面描述了系统的相对稳定性。

下面举例介绍一种简单易行的综合设计法。

例 6-2　已知单位反馈系统的开环传递函数为

$$G_K(s) = \frac{h}{s\left(1+\dfrac{s}{10}\right)\left(1+\dfrac{s}{100}\right)}$$

要求采用滞后校正以使系统具有速度放大系数 $K_v = 250$ s^{-1},相位裕度 $\gamma = 45°$。

解　① 按稳态误差(或误差系数)及已知的系统传递函数,未校正系统的开环对数幅频特性为 $L_p(\omega)$。图 6-22 即为未校正系统的伯德图,该图采用双对数坐标系,仅是纵坐标直接标注放大系数以取代对应的分贝数而已。对数幅频特性曲线的形状和在半对数坐标系中完全一样。过点 $A(\omega = 1,|G(j\omega)| = 250)$ 作斜率 $k = -1$ 的斜线,再根据 $\dfrac{1}{1+\dfrac{s}{10}}$ 和

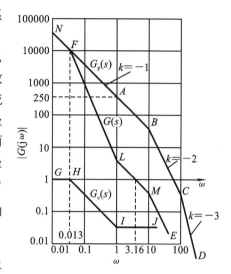

图 6-22　未校正系统的伯德图

$\dfrac{1}{1+\dfrac{s}{100}}$ 在点 B 和点 C 分别作斜率 $k = -2$ 及

$k = -3$ 的斜线,曲线 $NABC$ 即为未校正系统的开环对数幅频特性曲线 $L_v(\omega)$。由图可见,在未校正系统的穿越频率 ω_c(在图中幅值 $|G_p(j\omega)| = 1$ 处)附近的曲线斜率为 -2,故不能满足稳定性要求。

② 根据给定的设计指标,作校正后系统开环对数幅频特性 $L_c(\omega)$。

设校正后系统幅频特性曲线在穿越频率 ω_c 附近的斜率变化为 $k = -2$、$k = -1$、$k = -2$。按式(6-24)取穿越频率为

$$\omega_c = \sqrt{\omega_1 \omega_2}$$

此时相位裕度最大。根据要求的相位裕度 γ 为 $45°$。初取 $h = 10$,$\omega_2 = 10$ s^{-1},则

$$\omega_c = \sqrt{\omega_2 \omega_1} = \frac{\omega_2}{\sqrt{h}} = 3.16 \text{ s}^{-1}$$

过穿越频率 $\omega_c = 3.16$ s^{-1} 作斜率为 $k = -1$ 的斜线,交 $\omega_2 = 10$ s^{-1} 及 ω_1 $(\omega_1 = \omega_2/h) = 1$ s^{-1} 的垂线于点 L,M,过点 L 仍作斜率为 $k = -2$ 的斜线交 AB 的延长线于点 F,点 F 的横坐标 $\omega_p = 0.013$ s^{-1}。曲线 $NFLME$ 即为校正后系统的对数幅频特性曲线 $L(\omega)$。

③ 按式(6-17)求校正环节的对数幅频特性。在本例中,在图 6-22 中将已校正系统的渐近线(NFLME)斜率分段减去未校正系统的渐近线(NFABCD)斜率,即为所求校正装置的对数幅频特性曲线(GHIJ)。由此可以写出校正装置的传递函数为

$$G_c(s) = \frac{1+s}{1+\dfrac{s}{0.013}}$$

④ 求校正后系统的开环传递函数 $G(s)$,校验稳定裕度。在本例中,校正后系统

的开环传递函数为

$$G(s)=G_c(s)G_p(s)=\frac{250(1+s)}{s\left(1+\dfrac{s}{0.013}\right)\left(1+\dfrac{s}{10}\right)\left(1+\dfrac{s}{100}\right)}$$

据上式求校正后系统的相位裕度为

$$\gamma=\pi+\arctan 3.16-\frac{\pi}{2}-\arctan\frac{3.16}{0.013}-\arctan\frac{3.16}{10}-\arctan\frac{3.16}{100}\approx52°>45°$$

从上式可知,校正后系统相位裕度比要求的45°显得大一些。这样还可以重新选取参数,如选 $\omega_2=10$、$h=7$。重复上述步骤,直至满意为止。

3) 结论

通过上述分析计算可知:

(1) 滞后校正实际上起到了低通滤波器的作用,它使得低频信号具有较高的增益,从而降低了稳态误差,同时又降低了较高临界频率范围内的增益,对频率较高的信号表现出显著的衰减特性,这就可能防止不稳定现象的出现。必须指出,在滞后校正中,利用的是滞后网络在高频段的衰减特性,而不是网络的相位滞后特性。从图6-9看出,相位滞后特性并不能提高原有系统的相位裕度。

(2) 因滞后网络的高频衰减作用,系统的穿越频率移到了低频点,在该点的相位裕度增加了,但系统带宽降低了,响应变慢了。

(3) 因滞后校正装置对输入信号有积分作用,其作用近似一个 PI 控制器,故滞后校正有降低系统稳定性的趋向。为防止这种不利影响,网络的时间常数 T 应当比系统的最大时间常数还要大,以将滞后校正装置在穿越频率处造成的相位滞后控制在几度(如 $5°\sim10°$)之内。

6.3.2　超前校正

超前校正的作用和滞后校正的作用相反,主要用来产生足够大的超前角,以补偿原有系统过大的相位滞后,从而提高系统的稳定性或者改善系统的动态品质。

1. 超前校正网络

1) 无源超前网络

无源超前网络如图 6-14(a)所示,其传递函数为

$$G_c(s)=\frac{U_c(s)}{U_r(s)}=\frac{R_2}{R_1+R_2}\frac{R_1C_1s+1}{\dfrac{R_2}{R_1+R_2}R_1C_1s+1}=\frac{1}{\alpha}\frac{Ts+1}{\dfrac{T}{\alpha}s+1} \tag{6-28}$$

式中　　　　　　　　　　$T=C_1R_1,\quad \alpha=\dfrac{R_1+R_2}{R_2}>1$

超前网络的相位是

$$\varphi=\arctan T\omega-\arctan\frac{T}{\alpha}\omega \tag{6-29}$$

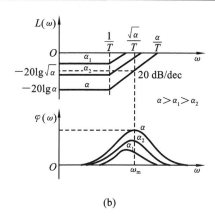

(a)　　　　　　　　　　　　　　　　　(b)

图 6-23　无源超前网络

(a) 线路图　(b) 伯德图

超前网络的伯德图即为图 6-23(b)。由图可见,其转折频率 ω 分别为 $1/T$、α/T。低频($\omega<1/T$)时,幅值衰减;高频($\omega>\alpha/T$)时,幅值为 1。相位 φ 为正值,并且随 α 的增加而增加。对式(6-29)求导,有

$$\frac{\partial \varphi}{\partial \omega}=0$$

得

$$\omega_m=\frac{\sqrt{\alpha}}{T}=\sqrt{\omega_1 \omega_2} \qquad (6\text{-}30)$$

即最大相位超前量 φ_m 相应的频率 ω_m 是在两个转折频率的几何中点,如图 6-23(b)所示。将式(6-30)代入式(6-29),得最大相位超前量为

$$\varphi_m=\arcsin \frac{\alpha-1}{\alpha+1} \qquad (6\text{-}31)$$

超前校正提供一个相位超前量,可以使系统频带加宽,改善动态响应,图 6-24 中曲线 I 表示一个临界稳定的系统,为使系统稳定,引入相位超前校正装置后对系统的影响如图中虚线所示。其参数 α 和 T 可以这样选择:使未校正系统 I 的穿越频率位于转角频率 $\omega_1=\dfrac{1}{T}$ 和 $\omega_2=\dfrac{\alpha}{T}$ 之间。这就提高了穿越频率附近的相频特性,使新的穿越频率 ω_c 处的总相位具有给定的相位裕度 γ。同时 ω_c 增大,动态品质得到改善。

采用超前网络时注意,所选择的 α 值不能太大,应限制在 20 以内,通常取 $10\sim15$。

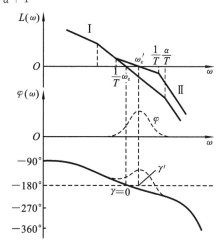

图 6-24　相位超前校正对系统的影响

n/a

因 α 越大,相位超前量越大,从图 6-23(b)可见,超前校正环节实际上起到了高通滤波器的作用,会加强高频噪声的响应。同时 $1/\alpha$ 是个衰减量,从式(6-28)可知,α 越大,幅值衰减越大。因此,为了不降低低频增益,保证稳态精度,需要提高回路增益或附加放大环节作为补偿。

2)有源超前网络(PD 调节器)

有源超前网络如图 6-25(a)所示,对这种反馈网络,其传递函数推导如下。

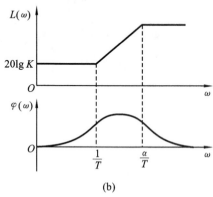

图 6-25　有源超前网络

(a) 线路图　(b) 伯德图

根据基尔霍夫定律,有

$$I_1(s)=I_2(s),\quad I_3(s)=I_4(s)+I_2(s)$$

因此

$$\frac{U_r(s)-U_B(s)}{Z_1(s)}=\frac{U_B(s)-U_F(s)}{Z_2(s)}$$

$$\frac{U_F(s)-U_c(s)}{Z_3(s)}=\frac{-U_F(s)}{Z_4(s)}+\frac{U_B(s)-U_F(s)}{Z_2(s)}$$

因 $U_c(s)=-KU_B(s)$,K 很大,而 $U_c(s)$ 有限,故 $U_B(s)\approx0$ 称为虚地点,代入上两式,联立可求得

$$\frac{U_c(s)}{U_r(s)}=-\left\{\frac{Z_2(s)[Z_3(s)+Z_4(s)]}{Z_1(s)Z_4(s)}+\frac{Z_0(s)}{Z_1(s)}\right\}\tag{6-32}$$

式中的阻抗分别为

$$Z_1(s)=R_1,\quad Z_2(s)=R_2,\quad Z_3(s)=R_3,\quad Z_4(s)=R_4+\frac{1}{C_2 s}$$

代入式(6-32)得

$$\frac{U_c(s)}{U_r(s)}=-K\frac{Ts+1}{\frac{Ts}{\alpha}+1}\tag{6-33}$$

式中

$$K=\frac{R_2+R_3}{R_1},\quad T=\left(\frac{R_2 R_3}{R_2+R_3}+R_4\right)C_2$$

$$\alpha = \frac{1}{R_4}\left(R_4 + \frac{R_2 R_3}{R_2 + R_3}\right) > 1$$

比较式(6-28)、式(6-33)可知,二者动态部分相同,伯德图相似,所不同的是有源网络的增益较大。

2. 超前校正装置的设计

1) 利用分析法确定超前校正装置

下面举例说明超前校正的设计步骤。

例 6-3　设有一单位反馈的控制系统,其开环传递函数为

$$G(s) = \frac{4K}{s(s+2)}$$

若要使系统的速度误差系数 K_v 等于 $20\ \mathrm{s}^{-1}$,相位裕度不小于$50°$,增益裕度不小于 10 dB,试求校正装置。

解　① 根据对误差系数的要求,确定开环增益,有

$$K_v = \lim_{s \to 0} sG(s) = \lim_{s \to 0}\frac{s 4K}{s(s+2)} = 2K = 20\ \mathrm{s}^{-1}$$

即　　　　　　　　　　　　　　　$K = 10\ \mathrm{s}^{-1}$

② 利用已确定的增益,计算未校正系统的相位裕度。系统的开环传递函数为

$$G_\mathrm{p}(s) = \frac{40}{s(s+2)} = \frac{20}{s(0.5s+1)}$$

其伯德图即为图 6-26。由图可见,系统的相位裕度和增益裕度分别为$17°$和∞（dB）。相位裕度$17°$意味着系统存在严重振荡。

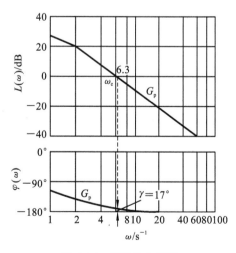

图 6-26　系统的伯德图

③ 确定在系统上需要增加的相位超前量。为满足稳定性要求,系统需要增加的相位超前量为 $\varphi = 50° - 17° = 33°$,在不减小 K 的条件下,为获得$50°$的相位裕度,必须

引入超前校正装置。

应当指出,加入相位超前校正装置会使增益穿越频率 ω_c 右移,从而造成 $G_p(j\omega)$ 的相位滞后增大,为补偿这一因素的影响,再增加 5° 的相位超前量。于是系统需增加的相位超前量为38°,即需超前校正装置提供的最大相位超前量为 $\varphi_m = 38°$。

④ 根据 φ_m 确定衰减系数 α 和新的穿越频率 ω_c。由式(6-31)得

$$38° = \arcsin\frac{\alpha-1}{\alpha+1}$$

即

$$\alpha = \frac{1+\sin 38°}{1-\sin 38°} = 4.2$$

由式(6-30)求出与最大相位超前量相应的频率为

$$\omega_m = \frac{\sqrt{\alpha}}{T}$$

根据式(6-28),在 ω_m 处 $G_p(j\omega)$ 的振幅曲线变化量为

$$20\lg\left|\frac{1+jT\omega}{1+j\frac{T\omega}{\varepsilon}}\right|_{\omega=\frac{\sqrt{\alpha}}{T}} = 20\lg\left|\frac{1+j\sqrt{\alpha}}{1+j\frac{1}{\sqrt{\alpha}}}\right| = 20\lg\sqrt{\alpha} = 20\lg\sqrt{4.2} \text{ dB} = 6.2 \text{ dB}$$

由图 6-26 可知, $|G_p(j\omega)| = -6.2$ dB,相应的 $\omega = 9$ s^{-1},故选择这一频率为新的穿越频率 ω_c。在这一频率上将可能产生最大相位超前量 φ_m。

⑤ 确定超前网络的转角频率。根据式(6-30)知

$$\omega_0 = \omega_m = \frac{\sqrt{\alpha}}{T}$$

即

$$\frac{1}{T} = \frac{\omega_0}{\sqrt{\alpha}} = \frac{9}{\sqrt{4.2}} \text{ s}^{-1} = 4.39 \text{ s}^{-1}$$

$$\frac{\alpha}{T} = 4.2 \times 4.39 \text{ s}^{-1} = 18.4 \text{ s}^{-1}$$

因此相位超前网络的传递函数为

$$\frac{s+4.39}{s+18.4} = \frac{0.238 \times (0.228s+1)}{0.054s+1}$$

⑥ 引进增益为 α 的放大器或将现有放大器的增益增加 α 倍,以补偿超前网络造成的衰减。在本例中,放大器增益可提高 4.2 倍。若不增加放大器增益,给定的稳态指标就不能实现。所以由放大器和超前网络组成的校正装置传递函数变为

$$G_0(s) = 4.2 \times \frac{s+4.39}{s+18.4} = \frac{0.228s+1}{0.054s+1}$$

$G_0(j\omega)$ 的伯德图即为图 6-27,校正后系统的开环传递函数为

$$G(s) = G_0(s)G_p(s) = \frac{0.228s+1}{0.054s}\frac{20}{s(0.5s+1)}$$

图 6-27 中实线表示已校正系统的幅值和相位,可见,超前校正装置使系统增益穿越

频率从 $8.3\ \mathrm{s}^{-1}$ 增加到 $9\ \mathrm{s}^{-1}$，说明系统响应加快。校正后系统的相位裕度和增益裕度分别为 $50°$ 和 ∞（dB），说明校正后的系统满足设计要求。

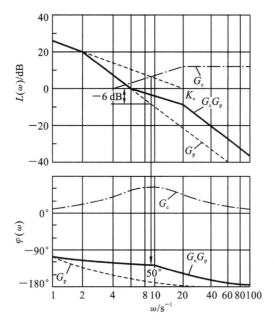

图 6-27　已校正系统的伯德图

⑦ 确定校正装置参数。借助式(6-28)可算出图 6-23(a)所示无源超前网络的参数。若取 $C_1 = 1\ \mu\mathrm{F}$，则

$$R_1 = \frac{T}{C_1} = \frac{0.228}{1 \times 10^{-6}}\ \Omega = 228\ \mathrm{k}\Omega$$

$$R_2 = \frac{R_1}{\alpha - 1} = \frac{228}{4.2 - 1}\ \mathrm{k}\Omega = 71\ \mathrm{k}\Omega$$

设计到此告一段落，应当注意，如在增益穿越频率附近，$G_\mathrm{p}(\mathrm{j}\omega)$ 的相位减小很快，则无源超前网络就变得无效了，随着穿越频率右移，无源超前网络很难产生足够大的相位超前量。产生足够大的相位超前量，必须有足够大的 α 值，但 α 值不应大于 20，最大相位超前量 φ_m 也不应大于 $60°$，否则系统的增益系数将要增加得过分大。如需 $60°$ 以上的相位超前量时，可采用两个或两个以上的超前网络与隔离放大器串联在一起。当 $\alpha > 20$ 时，最好采用有源超前网络。

2）利用综合法确定超前校正装置

举例说明其设计步骤。

例 6-4　已知单位反馈系统的开环传递函数是

$$G_\mathrm{K}(s) = \frac{K}{s\left(1 + \dfrac{s}{10}\right)\left(1 + \dfrac{s}{200}\right)}$$

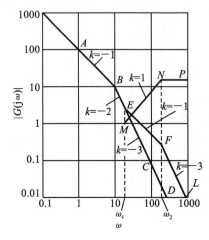

图 6-28　未校正系统的伯德图

试用超前校正使系统达到：速度放大系数 $K_v \geqslant 100$；穿越频率 $\omega_c > 20\ \text{s}^{-1}$；相位裕度 $\gamma \geqslant 50°$。

解　① 根据稳态误差要求绘制未校正系统的伯德图（见图 6-28）。在图 6-28 中的点 A（$\omega = 1$，$|G(\text{j}\omega)| = 100$）处作斜率 $k = -1$ 的斜线，再根据 $\dfrac{1}{1 + \dfrac{s}{10}}$ 和 $\dfrac{1}{1 + \dfrac{s}{200}}$ 在点 B 和点 C 分别作斜率 $k = -2$ 和 $k = -3$ 的斜线，曲线 $ABCD$ 即为未校正系统的幅频特性 $L_p(\omega)$。由图可见，在穿越频率处曲线的斜率 $k = -2$，故稳定性不满足要求。

② 根据给定的品质指标，绘制校正后系统的幅频特性。本例要求 $\omega_c > 20\ \text{s}^{-1}$，而 $L_p(\omega)$ 在 $\omega > 20\ \text{s}^{-1}$ 处曲线斜率 $k = -3$。若选 $\omega_2 = 200\ \text{s}^{-1}$，$h = 10$，则 $\omega_1 = \dfrac{\omega_2}{h} = 20\ \text{s}^{-1}$。这样，在 ω_c 附近校正后系统的幅频特性曲线斜率变化为 $k = -2$、$k = -1$、$k = -3$。由式（6-29）可知，当

$$\omega_c = \sqrt{\frac{\omega_1 \omega_2}{2}} = \sqrt{\frac{20 \times 200}{2}} \approx 45\ \text{s}^{-1}$$

所决定的取值时，相位裕度最大。过 $\omega_c = 45\ \text{s}^{-1}$ 作斜率 $k = -1$ 的斜线，与 $\omega_2 = 200\ \text{s}^{-1}$ 的垂线及 BC 线分别交于点 F 和点 E，过点 F 作 $k = -3$ 斜率的斜线 FL，曲线 $ABEFL$ 即为校正后系统的对数幅频特性 $L(\omega)$。

③ 按式（6-17）求校正装置的传递函数 $G_c(s)$。因为

$$L_c(\omega) = L(\omega) - L_p(\omega)$$

所以，逐段取校正后系统的幅频特性 $ABEFL$ 和未校正系统的幅频特性 $ABCD$ 之差，即可求得校正环节的幅频特性 MNP。据此写出校正装置的传递函数为

$$G_c(s) = \frac{1 + \dfrac{s}{20}}{1 + \dfrac{s}{200}}$$

④ 校验品质指标。校正后系统的传递函数为

$$G(s) = G_c(s) G_p(s) = \frac{1 + \dfrac{s}{20}}{1 + \dfrac{s}{200}} \frac{100}{s\left(1 + \dfrac{s}{10}\right)\left(1 + \dfrac{s}{200}\right)} = \frac{100\left(1 + \dfrac{s}{20}\right)}{s\left(1 + \dfrac{s}{10}\right)\left(1 + \dfrac{s}{200}\right)^2}$$

相位裕度为

$$\gamma = \pi + \arctan \frac{45}{20} - \frac{\pi}{2} - \arctan \frac{45}{10} - 2\arctan \frac{45}{200} \approx 53° > 50°$$

因此,校正后系统满足设计要求。

3. 超前校正的效果

综上所述,超前校正的效果简要归纳如下:

(1) 超前校正可以提高系统的相对稳定性,或者说在保证相对稳定性的基础上,可适当增大开环增益系数。

(2) 超前校正可以加快反应速度,因为随着穿越频率的增加,系统频带加宽。

(3) 无源超前校正网络适用于已知系统在其穿越频率附近相位衰减不太大的场合,否则超前校正将难以奏效。当需要的最大相位超前量在60°以上时,可考虑两个或两个以上无源超前网络和隔离放大器串联使用,或采用有源超前网络。

6.3.3　滞后-超前校正

超前校正的作用在于提高系统的相对稳定性和响应的快速性,但对稳态性能改善不大。滞后校正可以大大改善稳态性能,但在一般情况下滞后校正会使系统响应速度稍有降低。如若系统的稳态精度和动态品质都不满足要求时,可采用滞后-超前校正,串联滞后-超前校正可同时提高系统的稳态精度和动态品质。

1. 滞后-超前网络

1) 无源滞后-超前网络

无源滞后-超前网络线路图即为图 6-29(a),其传递函数是

$$G_c(s) = \frac{U_c(s)}{U_r(s)} = \frac{(R_1 C_1 s + 1)(R_2 C_2 s + 1)}{(R_1 C_1 s + 1)(R_2 C_2 s + 1) + R_1 C_2 s}$$

$$= \frac{(T_1 s + 1)(T_2 s + 1)}{T_1 T_2 s^2 + (T_1 + \alpha T_2)s + 1} \qquad (6\text{-}34)$$

式中
$$T_1 = R_1 C_1, \quad T_2 = R_2 C_2$$

$$\alpha = 1 + \frac{R_1}{R_2}$$

若 $T_2 \gg T_1$,且 $\alpha > 1$,则式(6-34)可近似写成

$$G_c(s) = \frac{T_1 s + 1}{\dfrac{T_1}{\alpha} s + 1} \cdot \frac{T_2 s + 1}{\alpha T_2 s + 1} \qquad (6\text{-}35)$$

式(6-34)中第一项是超前网络,第二项是滞后网络,其伯德图即为图 6-29(b)。由图可见,当 $\omega = \dfrac{1}{\sqrt{T_1 T_2}}$ 时,其相位为零。因此,当 $\omega < \dfrac{1}{\sqrt{T_1 T_2}}$ 时,滞后-超前网络起相位滞后作用;当 $\omega > \dfrac{1}{\sqrt{T_1 T_2}}$ 时,滞后-超前网络起相位超前作用。

2) 有源滞后-超前网络

比例-积分-微分装置(又称 PID 调节器),其线路图即为图 6-30(a)。由图可知,

图 6-29　相位超前-滞后网络

(a) 线路图　(b) 伯德图

其输入阻抗为

$$Z_r(s) = \frac{R_1 \dfrac{1}{C_1 s}}{R_1 + \dfrac{1}{C_1 s}}$$

反馈阻抗为

$$Z_f(s) = R_2 + \frac{1}{C_2 s}$$

传递函数为

$$G_c(s) = -\frac{Z_f(s)}{Z_r(s)} = -\frac{(\tau_1 s + 1)(\tau_2 s + 1)}{Ts} \tag{6-36}$$

式中

$$\tau_1 = R_1 C_1, \quad \tau_2 = R_2 C_2, \quad T = R_1 C_2$$

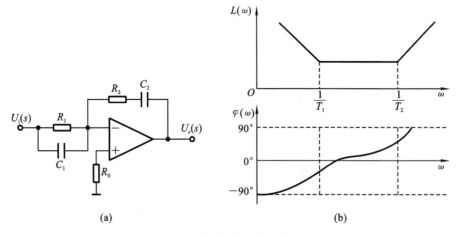

图 6-30　比例-积分-微分网络

(a) 线路图　(b) 伯德图

式(6-36)也可写成另一种形式,即

$$G_c(s) = -K_p\left(1 + \frac{1}{T_1 s} + T_D s\right) \tag{6-37}$$

式中　　　　　　　　$K_p = \dfrac{\tau_1 + \tau_2}{T}, \quad T_1 = \tau_1 + \tau_2, \quad T_D = \dfrac{\tau_1 \tau_2}{\tau_1 + \tau_2}$

比例-积分-微分伯德图即为图 6-30(b)。由图可见,该装置特性和无源滞后-超前网络特性(见图 6-29(b))相似。

2. 滞后-超前校正装置的设计

1) 利用分析法确定滞后-超前校正装置

举例说明校正设计步骤。

例 6-5　已知单位反馈系统的开环传递函数为

$$G_K(s) = \frac{K}{s(s+1)(s+2)}$$

要求静态速度误差系数 $K_v = 10\ s^{-1}$,相位裕度等于 $50°$,增益裕度不小于 $10\ dB$。试设计滞后-超前校正装置。

解　① 根据系统对速度误差系数的要求,有

$$K_v = \lim s G_p(s) = \lim \frac{sK}{s(s+1)(s+2)} = 10\ s^{-1}$$

所以　　　　　　　　　　　　　　$K = 20\ s^{-1}$

其伯德图即为图 6-31。由图可见,$\gamma = -32°$,故系统不稳定。

② 选择新的穿越频率。从 $L_p(\omega)$ 可见,当 $\omega = 1.5\ s^{-1}$ 时,$\varphi(\omega) = -180°$,在这一频率处,提供 $50°$ 的相位超前量就可以满足设计要求,而采用滞后-超前校正是完全可以做到的,故选择新的穿越频率 $\omega_c = 1.5\ s^{-1}$。

③ 确定滞后环节。为使滞后校正部分对校正后系统相位裕度的影响控制在 $-5°$ 以内,取其一个转折频率(滞后网络的零点)在新穿越频率 ω_c 以下 10 倍频程处,即 $\omega_2 = \dfrac{\omega_c}{10} = 0.15\ s^{-1}$。考虑技术实现上的方便,取 $\alpha = 12$,则滞后网络的另一转折频率 $\omega_1 = \dfrac{\omega_2}{\alpha} = 0.0125\ s^{-1}$。因此滞后网络部分的传递函数是

$$\frac{s + 0.15}{s + 0.0125} = 12 \times \frac{6.07s + 1}{80s + 1}$$

滞后环节在 ω_c 处造成的相位滞后为

$$\arctan \frac{\omega_c}{\omega_2} - \arctan \frac{\omega_c}{\omega_1} \approx \arctan \frac{1.5}{0.15} - \arctan \frac{1.5}{0.0125} \approx -5°$$

④ 确定超前环节。从图 6-31 可知,在新穿越频率 $\omega_c = 1.5\ s^{-1}$ 处,$L_c(\omega) = 13$ dB,若超前网络在此处产生 $-13\ dB$ 的增益,即可实现新穿越频率 $\omega_c = 1.5\ s^{-1}$ 的要求。据此,通过点 $(-13\ dB, 1.5\ s^{-1})$ 可画一斜率为 $20\ dB/dec$ 的线,该线与 $0\ dB$ 线和 $-20\lg\alpha \approx -22\ dB$ 线的交点,即为超前环节的转折频率,分别为 $\omega_3 = 0.6\ s^{-1}, \omega_4 =$

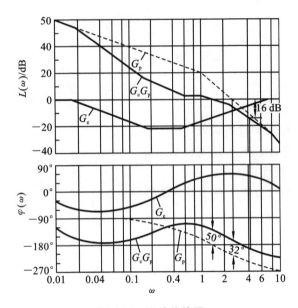

图 6-31　系统伯德图

（G_p为未校正系统　G_c为校正装置　G_cG_p为已校正系统）

$7~\mathrm{s}^{-1}$。故超前网络的传递函数为

$$\frac{s+0.6}{s+7}=\frac{1}{12}\times\frac{1.67s+1}{0.143s+1}$$

超前网络在穿越频率 $\omega_c=1.5~\mathrm{s}^{-1}$ 处造成的相位超前量为

$$\arctan\frac{\omega_c}{\omega_3}-\arctan\frac{\omega_c}{\omega_4}=\arctan\frac{1.5}{0.6}-\arctan\frac{1.5}{7}\approx56°$$

滞后网络与超前网络在 $\omega_c=1.5~\mathrm{s}^{-1}$ 处造成的总相位变化为 $56°-5°=51°$，满足设计要求，故确定滞后-超前网络的传递函数为

$$G_c(s)=\frac{s+0.15}{s+0.0125}\frac{s+0.6}{s+7}=\frac{6.67s+1}{80s+1}\frac{1.67s+1}{0.143s+1}$$

⑤ 校验性能指标。已校正系统的开环传递函数为

$$G(s)=G_p(s)G_c(s)=\frac{20(s+0.15)(s+0.6)}{s(s+0.0125)(s+7)(s+1)(s+2)}$$

$$=\frac{10(6.67s+1)(1.67s+1)}{s(80s+1)(0.143s+1)(s+1)(0.5s+1)}$$

其伯德图即为图 6-31。由图可知，相位裕度为 $50°$，幅值裕度为 $16~\mathrm{dB}$，性能指标满足设计要求。

2）利用综合法确定滞后-超前校正装置

举例说明校正设计步骤。

例 6-6　已知单位反馈控制系统的开环传递函数为

$$G_K(s) = \cfrac{K}{s\left(\cfrac{s}{10}+1\right)\left(\cfrac{s}{100}+1\right)}$$

试设计校正装置。对系统的要求是:速度放大系数 $K_v \geqslant 100$ s^{-1};相位裕度 $\gamma \geqslant 50°$; 在 $\omega \geqslant 300$ s^{-1} 处输入信号衰减到 $\dfrac{1}{100}$ 以下;穿越频率 $\omega_c \geqslant 15$ s^{-1},且在 ω_c 之前不能出现斜率 $k=-3$ 的衰减。

解　① 按稳态误差系数的要求,画出未校正系统的开环伯德图(见图 6-32)。过双对数坐标图中之点 $A(\omega=1,|G(j\omega)|=100)$ 作 $G_p(s)$ 的幅频图,见图 6-32 中的曲线 $ABCD$。由图可见,穿越频率附近曲线斜率 $k=-2$,不能满足稳定性要求。考虑给定指标,采用滞后-超前校正。

② 根据给定的设计指标,选定已校正系统的开环伯德图。若在 $\omega=1$ s^{-1} 处采取滞后校正,则校正后的系统在新的穿越频率 ω_c 附近的斜率变化可以是 $k=-2$、$k=-1$、$k=-3$,这就可以满足在 ω_c 之前不出现 $k=-3$ 的斜率,也可以在 $\omega>300$ s^{-1} 时,输入信号衰减到 $\dfrac{1}{100}$ 以下。

取滞后校正的转折频率 $\omega_1=1$ s^{-1}、$\omega_2=6.2$ s^{-1},中频线长度参数 $h=14$,则

$$\omega_3 = h\omega_2 = 14 \times 6.2 \text{ s}^{-1} = 86.8 \text{ s}^{-1}$$

$$\omega_c = \sqrt{\frac{\omega_2\omega_3}{2}} = \sqrt{\frac{6.2 \times 86.8}{2}} \text{ s}^{-1} = 16.4 \text{ s}^{-1}$$

图 6-32　未校正系统的开环伯德图

校正后系统的对数幅频特性,如图 6-32 中的曲线 $AEFG$ 所示。

③ 根据式(6-17),求校正装置的传递函数。即在图 6-32 中,由已校正系统的幅频特性 $AEFG$ 减去未校正系统的幅频特性 $ABCD$,从而求得校正装置的幅频特性 $ILMNKP$。其相应的传递函数为

$$G_c(s) = \frac{1+\dfrac{s}{6.2}}{1+s}\ \frac{1+\dfrac{s}{10}}{1+\dfrac{s}{86.8}}$$

④ 校验。校正后系统的总传递函数是

$$G(s) = G_c(s)G_v(s) = \frac{100\left(1+\dfrac{s}{6.2}\right)\left(1+\dfrac{s}{10}\right)}{s(1+s)\left(1+\dfrac{s}{10}\right)\left(1+\dfrac{s}{86.8}\right)\left(1+\dfrac{s}{100}\right)}$$

$$= \frac{100\left(1+\dfrac{s}{6.2}\right)}{s(1+s)\left(1+\dfrac{s}{86.8}\right)\left(1+\dfrac{s}{100}\right)}$$

相位裕度为

$$\gamma = \pi + \arctan\frac{16.4}{6.2} - \frac{\pi}{2} - \arctan 16.4 - \arctan\frac{16.4}{86.8} - \arctan\frac{16.4}{100} \approx 53° > 50°$$

从图 6-32 可以估计:当 $\omega = 300\ \mathrm{s}^{-1}$ 时,已校正系统的幅频特性曲线已降至 0.01 以下。校核完毕。

6.4　反馈校正

在工程中,除采用串联校正外,反馈校正也是常用的校正方法之一,反馈校正不仅能收到与串联校正同样的效果,还能抑制为反馈所包围的环节参数波动对系统性能的影响。因之,当系统参数经常变化而又能取出适当的反馈信号时,一般来说,采用反馈校正是合适的。

6.4.1　反馈的作用

正确采用反馈校正,首先要了解反馈的功能。

1. 比例负反馈

比例负反馈可以减弱所包围环节的惯性,从而扩展该环节的带宽,提高反应速度。例如图 6-33 所示的系统,若 $G(s)$ 为惯性环节,即

$$G(s) = \frac{K}{Ts+1}$$

于是　　　　　　　　　　$$\frac{C(s)}{R(s)} = \frac{K}{Ts+1+KK_n} = \frac{K'}{T's+1}$$　　　　　　　(6-38)

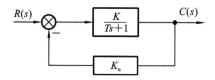

图 6-33　具有比例负反馈的系统

式中
$$T' = \frac{1}{1+KK_n}T, \quad K' = \frac{1}{1+KK_nK}$$

　　显然,反馈后的时间常数 $T' < T$,惯性减小,同时反馈后的放大系数 K' 也减小,$K' < K$,但这可通过提高其他环节(如放大环节)的增益来补偿。

　　如若图 6-33 中的 $G(s)$ 为振荡环节,即

$$G(s) = \frac{K}{T^2 s^2 + 2T\xi s + 1}$$

于是
$$\frac{C(s)}{R(s)} = \frac{K}{T^2 s^2 + 2\xi Ts + 1 + KK_n} = \frac{K'}{T'^2 s^2 + 2\xi' T' s + 1} \tag{6-39}$$

式中
$$K' = \frac{K}{1 + KK_n} \quad (K' < K)$$

$$T' = \frac{T}{\sqrt{1 + KK_n}} \quad (T' < T)$$

$$\xi' = \frac{\xi}{\sqrt{1 + KK_n}} \quad (\xi' < \xi)$$

　　同样,K'、T'、ξ' 都减小了,该环节的响应加快。

　　例如,在电液伺服控制系统中,由伺服放大器输入伺服阀线圈的是电压 $U(s)$,内电压转变为线圈电流时,要考虑伺服阀线圈电阻 R_c 和电感 L_c 的作用,如图 6-34(a) 所示。其输入电压和输出电流间的关系是

$$U(s) = I(s)(R_c + R + L_c s)$$

即
$$\frac{I(s)}{U(s)} = \frac{1}{R_c + R + L_c s} = \frac{K}{\dfrac{s}{\omega_c} + 1}$$

式中
$$\omega_c = \frac{R_c + R}{L_c}, \quad K_1 = \frac{1}{R_c + R}$$

　　若 $R_c = \dfrac{220}{2}\ \Omega$,$L_c = \dfrac{0.4}{2}\ \text{H}$,$R = 10\ \Omega$,则 $\omega_c = 600\ \text{s}^{-1}$。

　　对多数控制系统来说,ω_c 太小,为增加响应速度,即增加 ω_c,可采用深度电流负反馈,如图 6-34(b) 所示。在图中的点 A,因运算放大器内阻很大,故可忽略流向放大器的电流。根据基尔霍夫定律,有

$$\frac{U_1(s) - U_A(s)}{R_1} = \frac{U_0(s)}{R_2}$$

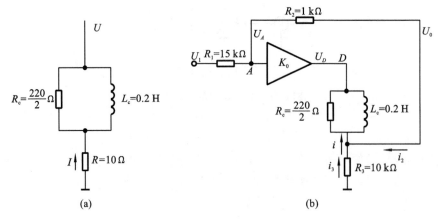

图 6-34　伺服放大系统线路图

(a) 无反馈　(b) 电流负反馈

即

$$U_1 - \frac{R_1}{R_2}U_0(s) = U_A(s) \tag{6-40}$$

运算放大器增益系数为

$$K_0 = \frac{U_D(s)}{U_A(s)} \tag{6-41}$$

$U_D(s)$ 产生电流 $I(s)$,有

$$U_D = I(s)(L_0 s + R_0 + R_3)$$

$$\frac{I(s)}{U_D(s)} = \frac{K_1}{\dfrac{s}{\omega_c} + 1} \tag{6-42}$$

式中

$$\omega_c = \frac{R_c + R_3}{L_3}, \quad K_1 = \frac{1}{R_c + R_3}$$

反馈电压 $U_0(s)$ 为

$$U_0(s) = I_3(s)R_3 \approx I(s)R_3 \tag{6-43}$$

根据式(6-40)至式(6-43)可以画出图 6-35。图中,反馈系数 $K_f = \dfrac{R_1 R_3}{R_2}$。由图可求得

$$\frac{I(s)}{U_1(s)} = \frac{\dfrac{K_f K_1}{1 + K_0 K_1 K_f}}{\dfrac{s}{(1 + K_0 K_1 K_f)\omega_c} + 1}$$

因为 $K_0 K_1 K_f \gg 1$,所以

$$\frac{I(s)}{U_1(s)} \approx \frac{1/K_f}{\dfrac{s}{\omega_c'} + 1}$$

式中 $\qquad \omega'_c = (1 + K_0 K_1 K_f) \omega_c \approx K_0 K_1 K_f \omega_c = K_0 \dfrac{1}{R_c + R_3} \dfrac{R_1 R_3}{R_2} \omega_c$

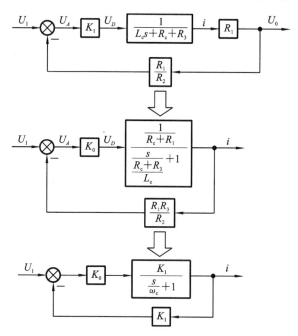

图 6-35　具有电流负反馈系统的框图

若　$K_0 = 100000$,　$R_c = \dfrac{220}{2}$ Ω,　$R_1 = 15$ kΩ,　$R_2 = 1$ kΩ,　$R_3 = 10$ Ω

则 $\qquad\qquad\qquad\qquad K_0 K_1 K_f = 125000$

即 $\qquad\qquad \omega'_c = 125000 \omega_c = 125000 \times 600 \text{ s}^{-1} = 75 \times 10^7 \text{ s}^{-1}$

由此可见,加上电流负反馈后,大大展宽了伺服放大器的响应速度,该环节的响应时间可以忽略。

2. 负反馈可以减弱参数变化对控制系统的影响

对一个输入为 $R(s)$、输出为 $C(s)$、传递函数为 $G(s)$ 的开环系统,其输出为

$$C(s) = G(s)R(s)$$

因 $G(s)$ 变化 $\Delta G(s)$ 引起的输出变化量为

$$\Delta C(s) = \Delta G(s)R(s)$$

对开环传递函数为 $G(s)$ 的闭环系统,当存在 $\Delta G(s)$ 时,系统的输出为

$$C(s) + \Delta C(s) = \frac{G(s) + \Delta G(s)}{1 + [G(s) + \Delta G(s)]} R(s)$$

通常 $1 + G(s) \gg \Delta G(s)$,所以有

$$\Delta C(s) \approx \frac{\Delta G(s)}{1 + G(s)} R(s)$$

即 $\Delta C(s)$ 较开环系统时缩为原来的 $\dfrac{1}{1+G(s)}$。又因一般情况下 $1+G(s)\gg1$,故负反馈能大大削弱参数变化的影响。

3. 负反馈可以消除系统中某些环节不希望有的特性

如图 6-36 所示系统,若环节 $G_2(s)$ 的特性是不希望的,则加上局部反馈环节 $H_2(s)$ 后,相应的频率特性为

$$\frac{Y(j\omega)}{X(j\omega)}=\frac{G_2(j\omega)}{1+G_2(j\omega)H_2(j\omega)}$$

如若

$$|G_2(j\omega)H_2(j\omega)|\gg1 \tag{6-44}$$

则

$$\frac{Y(j\omega)}{X(j\omega)}\approx\frac{1}{H_2(j\omega)} \tag{6-45}$$

也就是说,可以适当选取反馈通道的参数,用 $\dfrac{1}{H_2(s)}$ 取代不希望的特性 $G_2(s)$。

图 6-36　多环控制系统框图

4. 反馈可能降低系统的无差度

为不降低系统的无差度,反馈通道中微分环节的个数应不小于前向通道中积分环节的个数。

对图 6-36 中的内环,设

$$G_2(s)=\frac{G_{20}(s)}{s^{\lambda_1}},\quad H_2(s)=s^{\lambda_2}H_{20}(s)$$

式中,$G_{20}(s)$ 中不含积分因子,$H_{20}(s)$ 中不含微分因子,则

$$\frac{Y(s)}{X(s)}=\frac{G_2(s)}{1+G_2(s)H_2(s)}=\frac{G_{20}(s)}{s^{\lambda_1}}\frac{1}{1+s^{\lambda_2-\lambda_1}G_{20}(s)H_{20}(s)}$$

$$=\frac{G_{20}(s)}{s^{\lambda_2}[s^{\lambda_2-\lambda_1}+G_{20}(s)H_{20}(s)]} \tag{6-46}$$

由式(6-46)可见,局部反馈回路的积分作用可能减弱。当 $\lambda_1>\lambda_2$ 时,若 $s\to0$,则

$$\lim_{s\to0}\left|\frac{Y(s)}{X(s)}\right|=\frac{1/H_{20}(0)}{s^{\lambda_2}} \tag{6-47}$$

故系统的无差度减小了。又当 $\lambda_1\leqslant\lambda_2$ 时,若 $s\to0$,则

$$\lim_{s\to0}\left|\frac{Y(s)}{X(s)}\right|=\frac{1/G_{20}(0)}{s^{\lambda_1}} \tag{6-48}$$

为不降低系统的无差度,反馈通道的微分因子 λ_2,不应小于前向通道的积分因子 λ_1。

5. 正反馈可以提高反馈回路的增益

对图 6-37 所示正反馈系统,其闭环放大系数为

$$\frac{C}{R} = \frac{K}{1 - KK_4} \tag{6-49}$$

若 $K_1 \approx K$,则闭环增益 $\frac{C}{R}$ 将远大于开环增益 K。

6.4.2 反馈校正装置的设计

举例说明反馈校正的设计步骤。

例 6-7 已知系统的框图为图 6-37,试设计校正
装置。对系统的要求是:速度放大系数 $K_v = 200$
s^{-1};相位裕度 $\gamma \geqslant 45°$;穿越频率 $\omega_c = 20\ \text{s}^{-1}$;因结构
上的要求,采用图 6-38 所示的局部反馈校正。

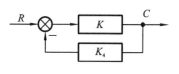

图 6-37　系统框图

解　① 根据稳态误差系数画未校正系统的开
环频率特性曲线。在双对数坐标图6-39上过点 $M(\omega=1, |G(\mathrm{j}\omega)|=200)$ 作 $H(s) = 0$
的开环对数幅频特性为

$$G_\mathrm{p}(s) = \frac{K_1 K_2}{s\left(1+\dfrac{s}{10}\right)\left(1+\dfrac{s}{100}\right)} = G_1(s)G_2(s)G_3(s)$$

图 6-38　局部反馈校正系统框图

图 6-39 中的曲线 $MNCD$ 即为对数幅频特性曲线 $G_\mathrm{p}(s)$。

在穿越频率附近的曲线斜率 $k = -2$,不满足稳定要求,需校正。

② 根据设计要求作校正后系统的开环幅频特性。由 $G_\mathrm{p}(s)$ 的幅频特性曲线可
知,在 $\omega = 100\ \text{s}^{-1}$ 处,曲线斜率变为 $k = -3$,取 $\omega_c = 20\ \text{s}^{-1}$,则校正后系统在穿越频率
附近的斜率变化为 $k = -2$、$k = -1$、$k = -3$。若取 $\omega_2 = 100\ \text{s}^{-1}$,得

$$\omega_1 = 2\omega_c^2/\omega_2 = 8\ \text{s}^{-1}$$

中频线长 $h = \dfrac{\omega_2}{\omega_1} = \dfrac{100}{8} = 12.5$,故稳定性足够好。

过 $\omega_c = 20\ \text{s}^{-1}$ 作斜率为 $k = -1$ 的线与 $\omega_1 = 8\ \text{s}^{-1}$,$\omega_2 = 10\ \text{s}^{-1}$ 的垂线分别交于点
B 和点 C,过点 B 作斜率为 $k = -2$ 的斜线交 $\omega = 0.8\ \text{s}^{-1}$ 于点 A,曲线 $ABCD$ 即表示

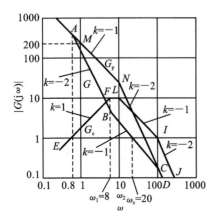

图 6-39　反馈校正系统的伯德图

校正后系统的开环幅频特性 $G(s)$。由反馈校正系统的伯德图（见图 6-39）可知

$$G(s) = \frac{200\left(1+\dfrac{s}{8}\right)}{s\left(1+\dfrac{s}{0.8}\right)\left(1+\dfrac{s}{100}\right)^2}$$

③ 根据已求的 $G_p(s)$ 和 $G(s)$ 再求校正装置的传递函数 $H(s)$。局部反馈回路的闭环传递函数为

$$\frac{Y(s)}{X(s)} = \frac{G_2(s)}{1+G_2(s)H(s)}$$

校正后系统的开环传递函数为

$$G(s) = \frac{G_1(s)G_2(s)G_3(s)}{1+G_2(s)H(s)} \tag{6-50}$$

当 $|G_2(s)H(s)| > 1$ 时，式(6-50)近似简化后可表示为

$$G(s) \approx \frac{G_1(s)G_2(s)G_3(s)}{G_2(s)H(s)} = \frac{G_p(s)}{G_2(s)H(s)} \tag{6-51}$$

当 $|G_2(s)H(s)| < 1$ 时，有

$$G(s) \approx G_1(s)G_2(s)G_3(s) \tag{6-52}$$

显然，上述分段简化处理有些粗略，主要是在 $|G_2(s)H(s)| = 1$ 及其附近的频率上不够精确，但是，一般说来，这些频率与穿越频率 ω_c 在数值上相差甚远，所以在这些频率上特性的不准确，对所设计系统的动态特性不会有明显的影响，因此从简化设计的角度考虑，本例的简化是可取的。这种方法也是目前工程中在这个问题上应用最广的一种方法。

当 $|G_2(s)H(s)| > 1$ 时，根据式(6-51)得局部反馈回路的开环传递函数为

$$G_2(s)H(s) = \frac{G_p(s)}{G(s)}$$

在对数幅频图上为

$$L_{G_2H}(\omega) = L_p(\omega) - L(\omega) \tag{6-53}$$

在图 6-39 中，即为曲线 $MNCD$ 与 $ABCD$ 所代表的幅频特性之差 $EFLI$。

当 $|G_2(s)H(s)| < 1$ 时，根据式(6-52)可知，反馈作用可以忽略，即局部反馈回路开环幅值越小，式(6-52)越准确。故在低频段内，为了与 $|G_2(s)H(s)| > 1$ 的部分具有相同的形式，以简化校正结构，将 $L_{G_2H}(\omega)$ 采用微分环节（图 6-39 中为 EF 的延长线），在高频段内将 $L_{G_2H}(\omega)$ 采用斜率 $k = -2$（图 6-39 中为 IJ 线）。这样，$L_{G_2H}(\omega)$ 在图 6-39 中便可表示为曲线 $EFLIJ$。由图可见，当 $\omega = 1$ 时，$L_{G_2H}(\omega) = 1.2$。所以

$$G_2(s)H(s) = \frac{1.2s}{\left(1+\dfrac{s}{8}\right)\left(1+\dfrac{s}{10}\right)\left(1+\dfrac{s}{100}\right)} \tag{6-54}$$

又从图 6-38 可知

$$G_2(s)H(s) = \frac{10K_2}{\left(1+\dfrac{s}{10}\right)\left(1+\dfrac{s}{100}\right)}H(s)$$

令其等于式(6-54),得

$$\frac{10K_2}{\left(1+\dfrac{s}{10}\right)\left(1+\dfrac{s}{100}\right)}H(s) = \frac{1.2s}{\left(1+\dfrac{s}{8}\right)\left(1+\dfrac{s}{10}\right)\left(1+\dfrac{s}{100}\right)}$$

因此

$$H(s) = \frac{1.2s}{10K_2\left(1+\dfrac{s}{8}\right)}$$

令 $K_2=1$,则有

$$H(s) = \frac{0.12s}{1+\dfrac{s}{8}}$$

$H(s)$ 即为所求校正装置的传递函数。

④ 校验。根据校正后系统的开环传递函数为

$$G(s) = \frac{200\left(1+\dfrac{s}{8}\right)}{s\left(1+\dfrac{s}{0.8}\right)\left(1+\dfrac{s}{100}\right)^2}$$

又 $\omega_c=20\ \mathrm{s}^{-1}$,可求得相位裕度为

$$\gamma = \pi + \arctan\frac{20}{8} - \frac{\pi}{2} - \arctan\frac{20}{0.8} - 2\arctan\frac{20}{100} \approx 48° > 45°$$

6.5 前馈校正

以上讨论的闭环反馈系统,控制作用是由偏差 $\varepsilon(t)$ 产生的,而 $E(s)=E_1(s)H(s)$,即闭环反馈系统是靠误差来减小误差的。因此,从理论上讲,误差是不可避免的。在高精度控制系统中,在保证系统稳定的同时,还要减小其至消除系统误差和干扰的影响。为此,应在反馈控制回路中加入前馈校正装置,组成一个复合校正系统。

前馈校正的特点是不依靠偏差而直接测量干扰,在干扰引起误差之前就对它进行近似补偿,及时消除了干扰的影响。因此,对系统进行前馈补偿的前提是干扰可以被测出。

下面以图 6-40 所示的单位反馈系统为例,说明前馈校正的方法和作用。

由于此系统为单位负反馈系统,系统的误差和偏差相同,且 $E(s) \neq 0$。若要使 $E(s)=0$,则可在系统中加入前馈校正环节 $G_c(s)$,如图中虚线所示。加入校正环节后,系统输出为

$$C(s) = G_1(s)G_2(s)E(s) + G_c(s)G_2(s)R(s) = C_1(s) + C_2(s)$$

图 6-40　单位反馈系统及其前馈校正框图

上式表明,前馈校正为开环补偿,相当于系统通过 $G_c(s)G_2(s)$ 增加了一个输出 $X_{o2}(s)$,以补偿原来的误差。增加前馈校正环节后,系统的等效闭环传递函数为

$$G(s)=\frac{C(s)}{R(s)}=\frac{G_1(s)G_2(s)+G_c(s)G_2(s)}{1+G_1(s)G_2(s)}$$

当 $G_c(s)=1/G_2(s)$(称之为补偿条件)时,$G(s)=1$,$C(s)=R(s)$,系统的输出在任何时刻都可以完全无误地复现输入,具有理想的时间响应特性,所以 $E(s)=0$。这个过程称为全补偿的前馈校正。

加入前馈校正后,系统稳定性没有受到影响,其特征方程仍然是 $1+G_1(s)G_2(s)=0$。这是因为前馈补偿为开环补偿,其传递路线没有参加到原闭环回路中去。

但是,在工程实际中,系统的传递函数较复杂,完全实现补偿条件较困难。

6.6　控制系统的根轨迹法校正

根轨迹法是对控制系统进行校正的基本方法之一,这种方法的优点是可以比较确切地知道闭环系统的极点,从而提供了关于瞬态响应的基本信息。但是,确定了闭环零点和极点配置,并不能简单地求出瞬态响应的性能指标。良好的闭环极点配置并不总能保证有良好的瞬态响应,因此根轨迹法主要是给出一般性的指导。通常,为了获得良好的瞬态响应性能,高阶系统总是设计成一对共轭复数闭环主导极点。此时瞬态响应的性能指标可以近似用二阶系统的计算公式或相应的关系曲线来确定。

6.6.1　串联滞后校正

串联滞后校正是利用在 $[s]$ 平面的原点附近引进一对零点和极点 z_c、p_c($|p_c|\ll|z_c|$)的负实数开环偶极子,通过这一对负实数开环偶极子来提高系统稳态误差系数的作用。它适合用来调整开环根增益系数,可以获得满意的瞬态响应性能,但稳态响应性能不能满足要求的系统。

当引入负实数开环偶极子后,开环增益系数 K 与根增益系数 K_r 之间的关系为

$$K=\frac{K_r\prod_{i=1}^{m}z_i}{\prod_{j=v+1}^{n}p_j}\frac{z_c}{p_c} \tag{6-55}$$

由于开环偶极子几乎不影响远离偶极子处的根轨迹,而开环偶极子附近的根轨将

发生明显的变化,且必然会形成闭环偶极子,因此开环偶极子的引进几乎不影响系统的瞬态响应性能。这样就能做到,在几乎不影响系统瞬态响应性能的条件下提高系统的稳态响应性能。

原点附近的开环偶极子由相位滞后网络提供。为了达到提高稳态精度的目的,必须引入一个增益为 α 的放大器,包括放大器在内的滞后校正网络的传递函数为

$$G_c(s) = \frac{K_c}{\alpha} \frac{s + z_c}{s + p_c} \tag{6-56}$$

式中, α 为滞后校正网络的零点与极点的比值, $\alpha = \left| \dfrac{z_c}{p_c} \right|$; K_c 为放大器的增益系数, $K_c \approx \alpha$ 。

以上就是串联滞后校正的基本设计原理,据此拟定的设计步骤如下:

(1) 绘制未校正系统的根轨迹图,根据给定的瞬态响应性能指标,确定希望的闭环主导极点以及响应的开环根增益系数 K_r (这里通过调整开环根增益系数,可以获得希望的闭环主导极点)。

(2) 计算未校正系统的稳态误差系数,确定为满足稳态响应性能指标,稳态误差系数应增大的倍数。

(3) 选择如式(6-56)的滞后校正网络,确定其极点 $-p_c$ 和零点 $-z_c$,使得 $\alpha = \left| \dfrac{z_c}{p_c} \right|$ 等于或略大于稳态误差系数应增大的倍数,并使滞后网络的净辐角 $\delta = \angle(s_1 + p_c) - \angle(s_1 + z_c) \leqslant 5°$ (δ 最好小于 $5°$,以确保根轨迹几乎不变),如图 6-41 所示。为此可选择 $-p_c = -0.01$ 或 $-z_c = -0.01$ 。其中, s_1 为希望的闭环主导极点。

(4) 绘制已校正系统的根轨迹图,重新根据瞬态响应性能指标在已校正系统的根轨迹图上确定希望的闭环主导极点和相应的根增益系数 K_r ,以及其他闭环零点和极点,校验希望的闭环主导极点是否仍然是主导极点,并确定放大器的增益系数 K_c 。

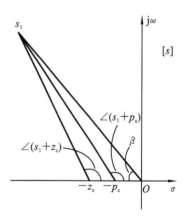

图 6-41　用于串联校正的一对负实数开环偶极子

(5) 校验已校正系统的性能指标是否满足要求,如不满足要求,应重新选择校正网络的零点和极点,重新进行设计,直到满足全部性能指标为止。

例 6-8　设单位反馈系统的开环传递函数为

$$G(s) = \frac{K_r}{s(s+4)(s+5)}$$

试作串联滞后校正设计,使已校正系统满足: $K_v \geqslant 16 \text{ s}^{-1}$, $\sigma_p \leqslant 10\%$, $t_s \leqslant 3 \text{ s}$ 。

解　① 确定希望的闭环主导极点和开环根增益系数 K_r 。

绘制未校正系统的根轨迹图如图 6-42 所示。根据二阶系统瞬态响应性能指标的计算公式或相应的关系曲线，由 $\sigma_p \leqslant 10\%$ 求出 $\xi \geqslant 0.6$；由 $t_s \leqslant 3$ s 求出 $\xi\omega_n \geqslant \dfrac{3}{t_s} = 1$。据此取 $\xi = 0.707$，从而确定 $s_{1,2} = -1.298 \pm \mathrm{j}1.298$，$s_3 = -6.404$，$K_r = 21.586$，其中 $s_{1,2}$ 为希望的闭环主导极点，它满足 $\xi \geqslant 0.6$ 和 $\xi\omega_n \geqslant 1$ 的要求。当 $K_r = 21.586$ 时，未校正系统的开环传递函数为

$$G(s) = \frac{21.586}{s(s+4)(s+5)}$$

图 6-42　串联滞后校正的根轨迹图

② 确定稳态误差系数应增大的倍数。

未校正系统的稳态误差系数为

$$K_v = K = \frac{K_r \prod\limits_{i=1}^{m} z_i}{\prod\limits_{i=v+1}^{n} p_i} = \frac{21.586 \times 1}{4 \times 5} \ \mathrm{s}^{-1} = 1.079 \ \mathrm{s}^{-1}$$

因此稳态误差系数应增大的倍数为 $\dfrac{16}{1.079} = 14.829$。

③ 确定滞后校正网络的零点和极点。

取 $\alpha = 15$、$-p_c = -0.01$，则 $-z_c = -0.15$。由此，有

$$\delta = \angle(s_1 + p_c) - \angle(s_1 + s_c) = 3.287° < 5°$$

故所选零点和极点合理，校正网络的传递函数为

$$G_c(s) = \frac{K_c}{15} \frac{s + 0.15}{s + 0.01}$$

④ 确定已校正系统的闭环零点和极点,校验希望的闭环主导极点是否仍是主导极点并确定放大器的增益系数 K_c。

已校正系统的传递函数为

$$G_c(s)G(s) = \frac{K_r(s+0.15)}{s(s+4)(s+5)(s+0.01)}$$

式中,K_r 为已校正系统的根增益系数,$K_r = \dfrac{21.586K_c}{15}$,其根轨迹图如图 6-42 所示。

仍取 $\xi = 0.707$,求出已校正系统的闭环极点为 $s_{1,2} = -1.218 \pm j1.218$、$s_3 = -6.402$ 和 $s_4 = -0.174$,闭环零点为 $z_1 = -0.15$,根轨迹增益系数为 $K_r = 22.012$ s^{-1}。可见,闭环极点 $s_{1,2}$ 几乎不变,闭环极点 s_4 与闭环零点 z_1 构成闭环偶极子。因此,$s_{1,2}$ 仍然是闭环主导极点。

放大器的增益系数为

$$K_c = \frac{15K_r}{21.586} = \frac{15 \times 22.012}{21.586} = 15.296$$

⑤ 校验已校正系统的性能指标。

稳态速度误差系数根据式为

$$K_v = K = \frac{K_r \prod\limits_{i=1}^{m} z_i}{\prod\limits_{i=v+1}^{n} p_i} \cdot \frac{z_c}{p_c} = \frac{22.012 \times 0.15}{4 \times 5 \times 0.01} \text{ s}^{-1} = 16.509 \text{ s}^{-1}$$

峰值时间为

$$t_p = \frac{1}{\omega_n \sqrt{1-\xi}} \left[\pi - \sum_{i=1}^{m} \angle(s_1 + z_i) + \sum_{j=3}^{n} \angle(s_1 + s_j) \right]$$

$$= \frac{\pi + 0.219}{1.414 \times 1.218 \sqrt{1-0.707^2}} \text{ s} = 2.759 \text{ s}$$

最大超调量为

$$\sigma_p = \prod_{j=3}^{n} \left| \frac{s_j}{s_1 + s_j} \right| \prod_{i=1}^{m} \left| \frac{s_1 + z_i}{z_i} \right| e^{-\xi\omega_n t_p} \times 100\%$$

$$= 1.183 \times 0.108 \times 10.799 e^{-1.218 \times 2.759} \times 100\% = 4.81\%$$

调整时间为

$$t_s = \frac{3}{\xi\omega_n} = \frac{3}{1.218} \text{ s} = 2.463 \text{ s}$$

全部性能指标都满足要求。

应该指出,闭环偶极子中的闭环极点在时间响应中产生了一个缓慢衰减的实指数分量,以及根轨迹略微向右所导致的闭环主导极点无阻尼自由振荡频率的降低,都会使已校正系统的瞬态响应过程有所减慢,特别是前一个因素使得瞬态响应过程的中期和后期明显缓慢。因此,在满足设计要求的前提下,所引入的开环偶极子应尽可能离原点远一些。

6.6.2　串联超前校正

1. 串联超前校正设计

串联超前校正是利用在系统开环传递函数中引入一对负实零点和极点($|p_c| > |z_c|$)使其根轨迹向左偏移的作用,它适用于这样的系统:①瞬态响应性能不满足要求;②稳态响应性能要求不高,容易满足;③虽然要求较高,但可以用其他方法满足。

图 6-43　用于串联超前校正的一对实零点和极点

例如,对于开环传递函数为

$$K = \frac{K_r \prod_{i=1}^{m} (s + z_i)}{\prod_{j=1}^{n} (s + p_j)} \tag{6-57}$$

的未校正系统,其中包括 v 个 $p_j = 0$ 的极点。假设根据瞬态响应性能所确定的闭环主导极点 s_1、s_2 不在系统的根轨迹上,如图 6-43 所示,那么就无法通过调整开环根增益系数来获得满足瞬态响应要求的闭环主导极点。

此时对未校正系统,在 $s = s_1$ 时不会满足辐角条件,即

$$\left[\sum_{j=1}^{n} \varphi_j - \sum_{i=1}^{m} \alpha_i \right]_{s=s_1} \neq (2k+1)\pi \quad (k = 0, \pm 1, \pm 2, \cdots) \tag{6-58}$$

式中
$$\varphi_j = \angle(s_1 + p_i), \quad \alpha_i = \angle(s_1 + z_i)$$

由于 s_1 在未校正根轨迹的左边,所以要使已校正系统的根轨迹通过 s_1,必须在系统的开环传递函数中引进一对负实零点和极点($|p_c| > |z_c|$)。如果引入的开环零点和极点恰使根轨迹通过 s_1,则辐角条件将得到满足,即在图 6-43 中有

$$\left[\sum_{j=1}^{n} \varphi_j - \sum_{i=1}^{m} \alpha_i \right]\Big|_{s=s_1} + \varphi_c - (\varphi_c + \delta) = (2k+1)\pi \quad (k = 0, \pm 1, \pm 2, \cdots)$$
$$\tag{6-59}$$

于是,使已校正系统的根轨迹通过希望的闭环主导极点,应补充的辐角差额为

$$\delta = \left[\sum_{j=1}^{n} \varphi_j - \sum_{i=1}^{m} \alpha_i \right]\Big|_{s=s_1} - (2k+1)\pi \quad (k = 0, \pm 1, \pm 2, \cdots) \tag{6-60}$$

补充这一差额的零点和极点可由超前校正网络提供,为了不降低稳态精度,应选用具有增益补偿放大器的超前校正网络,其传递函数为

$$G_c(s) = \alpha \frac{s + z_c}{s + p_c} \tag{6-61}$$

式中

$$\alpha = \left| \frac{p_c}{z_c} \right|$$

由式(6-57)和式(6-61)得已校正系统的开环传递函数为

$$G_c(s)G(s) = \frac{\alpha K_r \prod\limits_{i=1}^{m}(s + z_i)}{\prod\limits_{j=1}^{n}(s + p_j)} \frac{s + z_c}{s + p_c} \tag{6-62}$$

式中,αK_r 为已校正系统的开环根增益系数。

由幅值条件可得

$$\left| G_c(s)G(s) \right|_{s=s_1} = \frac{\alpha K_r \prod\limits_{i=1}^{m} |s_1 + z_i|}{\prod\limits_{j=1}^{n} |s_1 + p_j|} \frac{|s_1 + z_c|}{|s_1 + p_c|} = 1$$

即

$$\frac{|s_1 + p_c|}{|s_1 + z_c|} = \alpha\mu \tag{6-63}$$

式中

$$\mu = \frac{K_r \prod\limits_{i=1}^{m} |s_1 + z_i|}{\prod\limits_{j=1}^{n} |s_1 + p_j|} = |G(s)|_{s=s_1}$$

为开环传递函数 $G(s)$ 在 $s=s_1$ 时的幅值。根据正弦定理,由图 6-43 得

$$\begin{cases} \dfrac{|s_1 + p_c|}{\sin\beta} = \dfrac{|p_c|}{\sin\gamma} \\ \dfrac{|s_1 + z_c|}{\sin\beta} = \dfrac{|z_c|}{\sin(\gamma - \delta)} \end{cases} \tag{6-64}$$

由式(6-63)、式(6-64)可得

$$\tan\gamma = \frac{\sin\delta}{\cos\delta - \mu} \tag{6-65}$$

同样,由正弦定理还可得到

$$|p_c| = \frac{\omega_n \sin\gamma}{\sin\varphi_c} \tag{6-66}$$

和

$$|z_c| = \frac{\omega_n \sin(\gamma - \delta)}{\sin(\varphi_c + \delta)} \tag{6-67}$$

可见,由未校正系统的开环零点和极点与根轨迹增益系数和已确定的闭环主导极点,可根据式(6-65)、式(6-66)和式(6-67)确定超前校正网络的零点和极点。

2. 值得注意的几个问题

(1) 已校正系统的稳态误差系数为

$$K = \frac{\alpha K_\mathrm{r} \prod\limits_{i=1}^{m} z_i}{\prod\limits_{j=v+1}^{n} p_j} \frac{z_\mathrm{c}}{p_\mathrm{c}} = \frac{K_\mathrm{r} \prod\limits_{i=1}^{m} z_i}{\prod\limits_{j=v+1}^{n} p_j} \tag{6-68}$$

它与未校正系统的稳态误差系数是相同的。这说明,如果未校正系统的 K_r 满足稳态响应性能的要求,则已校正系统只要取 αK_r 作为开环根增益系数,也一定满足要求。因此,在设计时可以根据制定的稳态误差系数,由未校正系统的开环零点和极点来确定应有的开环增益系数 K_r。

(2) 超前网络应提供的净辐角 δ 只取决于未校正系统的开环零点、极点配置和希望的闭环主导极点 s_1、s_2 的位置,与未校正系统的开环根增益系数 K_r 无关;而角度 γ 不仅与上述诸因素有关,而且也与 K_r 有关。这说明,对于指定的闭环主导极点,角度 δ 是一定的,而角度 γ 则随着 K_r 的不同而不同。

(3) 对于指定的闭环主导极点,K 即 K_r 愈大,γ 也愈大。同时,γ 必须满足关系式 $\gamma < 180° - \beta$(参见图 6-43)。显然,K 即 K_r 过大,导致 γ 也过大时,也可能破坏关系式 $\gamma < 180° - \beta$,说明此时不可能获得希望的闭环主导极点(实际上,即使关系式 $\gamma < 180° - \beta$ 成立,过大的 γ 也是不合适的,因为 γ 过大,$\alpha = \left| \dfrac{p_\mathrm{c}}{z_\mathrm{c}} \right|$ 也将过大)。

3. 设计步骤

根据以上串联超前系统校正的基本设计原理,拟定的设计步骤如下:

(1) 绘制未校正系统的根轨迹图,根据指定的瞬态响应性能指标,确定希望的主导极点(这里通过调整开环根轨迹增益系数 K_r 不可能获得希望的闭环主导极点),按式(6-60)确定应补充的辐角差额 δ。

(2) 根据指定的稳态误差系数,确定未校正系统应具有的开环根增益系数 K_r。

(3) 根据已确定的 δ 和 K_r,确定如式(6-61)的超前校正网络的零点和极点(包括校验 $\gamma < 180° - \beta$ 是否成立)。

(4) 绘制已校正系统的根轨迹图,取 αK_r 作为根增益系数,确定所有的闭环零点和极点,并校验希望的闭环主导极点是否仍然是主导极点。

(5) 校验已校正系统的性能指标是否满足要求。如不满足,应重新选择希望的闭环主导极点,重新进行设计,直至全部性能指标得到满足为止。

例 6-9　设单位反馈系统的开环传递函数为

$$G(s) = \frac{K_\mathrm{r}}{s(s+2)}$$

试作串联超前校正设计,使校正后的系统满足:$K_\mathrm{v} \geqslant 15\ \mathrm{s}^{-1}$,$\sigma_\mathrm{p} \leqslant 27\%$,$t_\mathrm{s} \leqslant 1.1\ \mathrm{s}$。

解　① 确定希望的闭环主导极点和应补充的辐角差额。

绘制未校正系统的根轨迹如图 6-44 所示。根据二阶系统瞬态响应性能指标的计算公式或相应关系曲线,由 $\sigma_p \leqslant 27\%$,求出 $\xi \geqslant 0.385$;由 $t_s \leqslant 1.1$ s,求出 $\xi\omega_n \geqslant \dfrac{3}{t_s} =$
2.73。据此,再考虑到其他闭环零极点的影响,取 $\xi = 0.5,\xi\omega_n = 3(\omega_n = 6)$,即闭环主
导极点为 $s_{1,2} = -3 \pm j3\sqrt{3}$。应补充的辐角差额为

$$\delta = \left[\sum_{j=1}^{n}\varphi_j - \sum_{i=1}^{m}\alpha_i\right]_{s=s_1} - (2k+1)\pi = 220.893° - 180° = 40.893°$$

图 6-44　串联超前校正的根轨迹图

② 确定未校正系统的开环根增益系数。

因为校正前后系统的稳态误差系数是相同的,因此有

$$K_v = K = \frac{K_r \prod_{i=1}^{m} z_i}{\prod_{j=v+1}^{n} p_j} = \frac{K_r}{2} \geqslant 15 \text{ s}^{-1}$$

即
$$K_r \geqslant 30 \text{ s}^{-1}$$

取 $K_r = 30$ s^{-1},于是未校正系统的传递函数为

$$G(s) = \frac{30}{s(s+2)}$$

③ 确定超前校正网络的零点和极点。

$$\mu = |G(s)|_{s=s_1} = \frac{30}{|s_1| \cdot |s_1+2|} = \frac{30}{6 \times 5.29} = 0.945$$

相应地,有
$$\tan\gamma = \frac{\sin\delta}{\cos\delta - \mu} = \frac{\sin 40.893°}{\cos 40.893° - 0.945} = -3.464$$

因此 $\gamma = 106.102°$。因为 $\beta = \arccos 0.5 = 60°$,所以 $\varphi_c = 13.898°$(因为 $\varphi_c > 0$,所以 $\gamma < 180° - \beta$ 成立)。

由式(6-66)、式(6-67)得

$$|p_c| = \frac{\omega_n \sin\gamma}{\sin\varphi_c} = \frac{6\sin106.102°}{\sin13.898°} = \frac{6\times0.961}{0.240} = 24$$

$$|z_c| = \frac{\omega_n \sin(\gamma-\delta)}{\sin(\varphi_c+\delta)} = \frac{6\sin65.122°}{\sin54.878°} = 6.667$$

有

$$\alpha = \left|\frac{p_c}{z_c}\right| = \frac{24}{6.667} = 3.6$$

所以校正网络的传递函数为

$$G_c(s) = \alpha\frac{s+z_c}{s+p_c} = \frac{3.6(s+6.667)}{s+24}$$

其中补偿放大器的增益为 3.6。

④ 确定已校正系统的闭环零点和极点,并校验希望的闭环主导极点是否仍然是主导极点。

已校正系统的传递函数为

$$G_c(s)G(s) = \frac{108(s+6.667)}{s(s+2)(s+24)}$$

其根轨迹如图 6-44 所示。根据已校正系统的根增益系数 $\alpha K_r = 108$,可求出闭环极点为 $s_{1,2} = -3\pm j3\sqrt{3}$,$s_3 = -20$,闭环零点为 $z_1 = -6.667$。可见,$s_{1,2}$ 仍然是闭环主导极点。

⑤ 校验已校正系统的性能指标。

前面已经阐明,稳态响应性能指标一定满足要求,因此不必进行校验。

峰值时间为

$$t_p = \frac{1}{\omega_n\sqrt{1-\xi}}\left[\pi - \sum_{i=1}^{m}\angle(s_1+z_i) + \sum_{j=3}^{n}\angle(s_1+s_j)\right]$$

$$= \frac{1}{6\sqrt{1-0.5^2}}(\pi-0.956+0.297)\ s = 0.478\ s$$

最大超调量为

$$\sigma_p = \prod_{j=3}^{n}\left|\frac{s_j}{s_1+s_j}\right| \prod_{i=1}^{m}\left|\frac{s_1+z_i}{z_i}\right| e^{-\xi\omega_n t_p}\times100\%$$

$$= 1.125\times0.954e^{-0.5\times6\times0.478}\times100\% = 25.61\%$$

调整时间为

$$t_s = \frac{3}{\xi\omega_n} = \frac{3}{3}\ s = 1\ s$$

全部性能指标都满足要求。

由于超前校正总是使根轨迹向左偏移,从而总能获得阻尼系数或无阻尼自由振荡频率很大的闭环主导极点,因此可以有效地提高系统的瞬态响应速度,降低最大超调量。但是,超前校正设计并不总是成功的。在瞬态响应性能或稳态响应性能要求较高,以致角度 γ 过大时,设计往往会失败。这时可采用二级甚至多极超前校正设计

（瞬态响应性能要求很高），或采用滞后-超前校正设计（瞬态和稳态响应性能要求都较高）。

6.6.3　串联滞后-超前校正

由以上讨论可知，串联滞后校正改善了系统的稳态响应性能，串联超前校正主要改善了系统的瞬态响应性能（也在一定程度上改善了稳态响应性能，但不是主要作用）。串联滞后-超前校正正是利用两者的校正作用，达到同时改善稳态和瞬态响应性能的目的。它适用于用超前校正可以满足瞬态响应性能的要求，但稳态响应性能仍不能满足要求的系统。设计的基本思想是，先用串联超前校正满足瞬态响应性能，再用串联滞后校正满足稳态响应性能要求。据此拟定的设计步骤如下：

（1）根据指定的瞬态响应性能指标，确定希望的闭环主导极点。

（2）根据指定的稳态误差系数，确定开环增益系数 K_r，并在超前和滞后校正两部分之间进行增益系数的分配。

（3）根据瞬态响应性能指标，确定超前校正部分的传递函数 $\alpha_d \dfrac{s+z_{cd}}{s+p_{cd}}$。

（4）根据稳态响应性能指标，确定滞后校正部分的传递函数 $\dfrac{K_c}{\alpha_i}\dfrac{s+z_{ci}}{s+p_{ci}}$，然后将超前和滞后校正部分合并，确定串联滞后-超前校正网络的传递函数

$$\frac{K_c\alpha_d}{\alpha_i}\frac{(s+z_{cd})(s+z_{ci})}{(s+p_{cd})(s+p_{ci})}$$

（5）校验性能指标是否满足要求，如不满足，应改变增益系数的分配比例，或者改变超前或滞后网络的有关参数，重新进行设计，直至全部性能指标得到满足为止。

例 6-10　单位反馈系统的开环传递函数为

$$G(s)\frac{3.5}{s(s+0.5)}$$

其闭环极点 $s_{1,2}=-0.25\pm j1.854$，阻尼比 $\xi=0.134$，无阻尼自由振荡频率 $\omega_n=1.871\ \text{s}^{-1}$，稳态速度误差系数 $K_v=7\ \text{s}^{-1}$。试作串联滞后-超前校正，使校正后的系统满足：$s_{1,2}=-2.5\pm j4.33$，$\xi=0.5$，$\omega_n=5\ \text{s}^{-1}$，$K_v=49\ \text{s}^{-1}$。

解　① 确定希望的闭环主导极点。

绘制未校正系统的根轨迹如图 6-45 所示，其闭环极点为 $s_{1,2}=-0.25\pm j1.854$，希望的闭环主导极点为 $s_{1,2}=2.5\pm j4.33$。

② 确定开环增益系数及其分配比例。

未校正系统的 $K_v=7\ \text{s}^{-1}$，已校正系统要求的 $K_v=49\ \text{s}^{-1}$。分配给超前校正部分的增益系数为 1，分配给滞后校正部分的增益系数为 $\dfrac{49}{7}=7$，这样便可获得

$$K_v=7\times1\times\frac{49}{7}=49\ \text{s}^{-1}。$$

图 6-45　串联滞后超前校正的根轨迹图

③ 确定超前校正部分的传递函数。

为了获得希望的闭环主导极点,应补充的辐角差额为

$$\delta_{\mathrm{d}} = \left(\sum_{j=1}^{n} \varphi_j - \sum_{i=1}^{m} \alpha_i \right) \bigg|_{s=s_1} - (2k+1)\pi = 120° + 114.791° - 180° = 54.791°$$

由式(6-63)和式(6-65)得

$$\mu = |G(s)|_{s=s_1} = \frac{3.5}{|s_1||s_1+0.5|} = \frac{3.5}{5 \times 4.77} = 0.147$$

和

$$\tan\gamma = \frac{\sin\delta_{\mathrm{d}}}{\cos\delta_{\mathrm{d}} - \mu} = \frac{\sin 54.791°}{\cos 54.791° - 0.147} = 1.901$$

因此

$$\gamma = 62.254°, \quad \varphi_{\mathrm{c}} = 57.764°$$

又由式(6-66)、式(6-67)得

$$|p_{\mathrm{cd}}| = \frac{\omega_{\mathrm{n}}\sin\gamma}{\sin\varphi_{\mathrm{c}}} = \frac{5\sin 62.254°}{\sin 57.746°} = \frac{5 \times 0.885}{0.846} = 5.233$$

$$|z_{\mathrm{cd}}| = \frac{\omega_{\mathrm{n}}\sin(\gamma - \delta_{\mathrm{d}})}{\sin(\varphi_{\mathrm{c}} + \delta_{\mathrm{d}})} = \frac{5\sin 7.463°}{\sin 112.537°} = \frac{5 \times 0.13}{0.924} = 0.703$$

$$\alpha = \frac{|p_{\mathrm{cd}}|}{|z_{\mathrm{cd}}|} = \frac{5.233}{0.703} = 7.442$$

所以超前校正部分的传递函数为

$$\alpha_{\mathrm{d}} \frac{s + z_{\mathrm{cd}}}{s + p_{\mathrm{cd}}} = \frac{7.442(s + 0.703)}{s + 5.233}$$

经超前校正后所产生的第三个闭环极点为 $s_3 = -0.733$，它与闭环零点 $z_1 = -0.703$ 构成闭环偶极子，因此 $s_{1,2}$ 仍为闭环主导极点。

④ 确定滞后校正部分和滞后-超前网络的传递函数。

根据②中所确定的增益系数分配比例，应有 $\alpha_i = 7$。取 $\alpha_i = 7.2, -p_{ci} = -0.01$，于是 $z_{ci} = -0.072$，它所引进的净辐角为

$$\delta_i = \angle(s_1 + p_{ci}) - \angle(s_1 + z_{ci}) = 0.62° < 3°$$

故所选零点和极点是适宜的。因此滞后校正部分的传递函数为

$$\frac{K_c}{\alpha_i} \frac{s + z_{ci}}{s + p_{ci}} = \frac{K_c}{7.2} \frac{s + 0.072}{s + 0.01}$$

整个校正网络的传递函数为

$$G_c(s) = \frac{K_c \alpha_d}{\alpha_i} \frac{(s + z_{cd})(s + z_{ci})}{(s + p_{cd})(s + p_{ci})} = \frac{7.442 K_c}{7.2} \frac{(s + 0.703)(s + 0.072)}{(s + 5.233)(s + 0.01)}$$

已校正系统的传递函数为

$$G(s)G_c(s) = \frac{K_r(s + 0.703)(s + 0.072)}{s(s + 0.5)(s + 5.233)(s + 0.01)}$$

式中

$$K_r = \frac{3.5 \times 7.442 K_c}{7.2}$$

已校正系统的根轨迹如图 6-45 所示。仍取 $\xi = 0.5$，求出闭环极点为 $s_{1,2} = -2.467 \pm j4.273 (\omega_n = 4.934), s_3 = -0.737$ 和 $s_4 = -0.0726$，闭环零点为 $z_1 = -0.703$ 和 $z_2 = -0.072$，已校正系统的根增益系数为 $K_r = 25.714$。这里 s_3 和 z_1, s_4 和 z_2 均构成闭环偶极子，所以 $s_{1,2}$ 仍为闭环主导极点。

根据 $K_r = 25.714$ 可以求出

$$K_c = \frac{7.2 K_r}{3.5 \times 7.442} = \frac{7.2 \times 25.714}{3.5 \times 7.442} = 7.108$$

这样滞后校正部分和滞后-超前校正网络的传递函数就完全确定了。校正网络可以采用有源比例-积分-微分（PID）校正网络，也可以采用由无源网络和放大器所组成的 $\alpha_d \neq \alpha_i$ 的滞后-超前校正网络（超前校正网络、放大器和滞后校正网络的串联）；在后一种情况下，放大器为超前和滞后校正部分所提供的增益系数分别为 $\alpha_d = 7.442$ 和 $K_c = 7.108$，即总增益为 $\alpha_d K_c = 52.897$。

⑤ 校验已校正系统的性能指标。

已校正系统的根增益系数 K_r 被确定后，其传递函数就是已知的了。系统的稳态误差系数为

$$K_v = \frac{3.5 K_c}{0.5} = \frac{3.5 \times 7.108}{0.5} \text{ s}^{-1} = 49.755 \text{ s}^{-1}$$

满足设计要求，$[s]$ 平面的性能指标也是满足的。根据前述的近似计算公式，还可求出瞬态响应的性能指标为 $t_p = 0.734$ s，$\sigma_p = 17.35\%$，$t_s = 1.216$ s。

习　　题

6-1　什么是系统校正？系统校正有哪些类型？

6-2　单位反馈控制系统原有的开环传递函数 $G_0(s)$ 和两种串联校正装置 $G_c(s)$ 的对数幅频渐近曲线如图 6-46 所示。

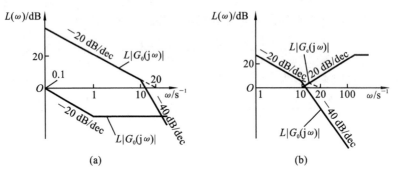

(a)　　　　　　　　　　　　　　　(b)

图 6-46　题 6-2 图

（1）试写出每种方案校正后的系统开环传递函数表达式；

（2）试比较两种校正效果的优缺点。

6-3　单位反馈控制系统原有的开环传递函数 $G_0(s)$ 和串联校正装置 $G_c(s)$ 的对数幅频渐近曲线如图 6-47 所示。

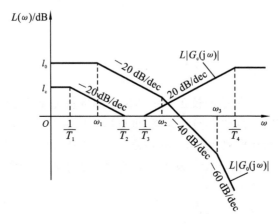

图 6-47　题 6-3 图

（1）画出校正后的系统开环对数幅频渐近曲线；

（2）分析 $G_c(s)$ 对系统的作用。

6-4　系统的开环对数幅频特性如图 6-48 所示，其中虚线表示校正前，实线表示校正后。要求：

（1）确定所用的是何种串联校正方式，写出校正装置的传递函数 $G_c(s)$；

（2）当开环增益系数 $K=1$ 时，求校正后系统的相位裕度和幅值裕度。

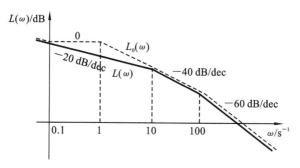

图 6-48　题 6-4 图

6-5　试分别叙述利用比例负反馈和微分负反馈包围振荡环节起何作用。

6-6　三种串联校正装置的特性曲线如图 6-49 所示。若原控制系统为单位反馈系统，且开环传递函数为

$$G(s)=\frac{400}{s^{2}(0.01s+1)}$$

（1）哪种校正使系统的稳定裕度最好？

（2）为将 12（Hz）的正弦噪声衰减至 1/10 左右，应采用哪种校正？

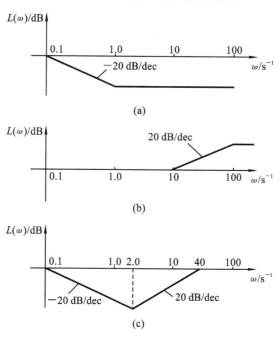

图 6-49　题 6-6 图

6-7　设图 6-50 中 $K_1=0.2$，$K_2=1000$，$K_3=0.4$，$T=0.8$ s，$\beta=0.01$，求：

（1）未设反馈校正时系统的动态性能和静态性能。

（2）增设反馈校正时系统的动态性能和静态性能。

图 6-50　题 6-7 图

6-8　设单位反馈系统的开环传递函数为

$$G(s) = \frac{K}{s(s+1)}$$

试设计一串联超前校正装置，使系统满足如下指标：

（1）在单位斜坡输入下的稳态误差 $e_{ss} < 1/15$；

（2）穿越频率 $\omega_c \geqslant 7.5 \ \mathrm{s}^{-1}$；

（3）相位裕度 $\gamma \geqslant 45°$。

6-9　设单位反馈系统的开环传递函数为

$$G(s) = \frac{K}{s(s+1)(0.25s+1)}$$

要求校正后系统的静态速度误差系数 $K_v \geqslant 5 \ \mathrm{s}^{-1}$，相位裕度 $\gamma \geqslant 45°$，试设计串联滞后校正装置。

6-10　系统如图 6-51 所示。

图 6-51　题 6-10 图

（1）要求闭环回路部分具有过阻尼性质，即回路的阶跃响应无超调，试确定 K 值。

（2）要求系统总体具有 Ⅱ 型精度，试确定前馈校正 $G_c(s)$。

第7章　机电控制系统的设计方法与实例

学习要点　了解机电控制系统设计的基本要求,掌握机电控制系统控制方案设计的基本方法,熟悉机电控制系统的各种元器件选择的基本原则,了解机电控制系统详细设计的设计思想,掌握机电控制系统的设计流程。

7.1　机电控制系统的方案设计

7.1.1　机电控制系统的基本设计要求

对一个机电控制系统来说,首先要求系统是稳定的。在系统稳定的前提下,机电控制系统的设计要求,概括起来有以下几个方面:

(1) 对运动速度和运动加速度的要求,指控制对象应能达到的最高速度、最大加速度、最低速度以及在低速下运动的平稳性。

(2) 对动态性能的要求,第一种指标是闭环控制系统在阶跃输入信号作用下,输出响应的最大超调量、调整时间、振荡次数等;第二种指标是在正弦信号输入作用下,控制系统的通频带和振荡度等;第三种指标是控制系统的穿越频率、相位裕度和增益裕度。以上三种指标都可作为控制系统的动态性能指标。

(3) 对系统精度的要求,一种指标是当输入为零时,输出与输入之间的最大位置误差,也可称为静态误差;输入为最大速度(恒速输入)时,输出与输入之间的位置误差,也可称为速度误差;输入为最大加速度时的位置误差,也可称为加速度误差。另一种指标是在给定频带的正弦信号输入时,控制系统的最大允许误差。以上两种指标都可作为对控制系统的精度要求。

在扰动的作用下,控制系统也将产生误差,为此还需要分析在干扰作用下控制系统的误差。

(4) 对元件参数变化的敏感性要求,指控制系统本身各项元件参数的变化所引起的误差。通常如不提出要求,则应包含在控制系统精度和稳定性要求之内。但是在有些控制系统中,例如飞机自动驾驶仪系统,其对象(飞机)的参数会在大范围内变动(指飞行高度和飞行速度大范围变化的情况),这时必须分析控制系统对参数变化的灵敏度。

(5) 环境条件要求,指环境的温度、湿度、腐蚀性和防爆性等。

此外,在消耗功率、体积、重量、成本和美观装饰等方面的要求,在设计中也应予以考虑。

　　在设计控制系统之前,需要将上述要求和控制对象本身的物理参数汇集起来,作为设计的依据。

　　下面以某炮瞄雷达机电指挥仪的设计指标为例说明上述要求。这里控制系统输出轴的负载很小,惯量和力矩可以忽略不计,要求系统的运动性能为:静态角度误差小于 $3'$,最大角速度 50 $(°)/s$,最大角加速度 50 $(°)/s^2$,最大角速度误差 $6'$,最低平稳工作速度为 0.1 $(°)/s$,此时应无明显的爬行现象。

　　在阶跃信号输入作用下,输出的调整时间小于 0.36 s,超调量小于 30%,振荡次数小于 3 次。

　　环境温度为 $-10\sim55$ ℃,提供的电源种类为直流 27 V,交流 400 Hz、115 V。

　　上述设计指标只是指出了与系统方案设计紧密相关的内容,有关系统的其他技术设计要求并未全部列出。需要指出的是,一个设计者不能见指标就照做,而要尽可能深入实际,了解设计指标是否合理。使用单位往往为保险起见,把指标提得很高,以至于很难实现,或者要花费很大的代价才能实现。因此,从实际需要出发提出设计指标是很重要的,这一点只有设计者深入实际才能做到。

　　有了基本设计要求,设计者下一步要选择合适的控制方案和主要的元部件,以便合理地组成系统。

7.1.2　机电控制系统的控制方案设计

　　系统控制方案的选择要考虑许多方面的因素,如系统的性能指标要求、元件的资源和经济性、工作的可靠性和使用寿命、可操作性能和可维护性能(操作和维护是否方便),通常要经过反复比较,才能最后确定。

　　系统方案的选择,从信号体制的不同,可以选择直流、交流、交直流混合和数字控制等不同方案;从组成系统的回路和对系统的校正方式的不同,可以选择单回路和多回路的不同方案;从系统工作方式的不同,可以选择线性控制和非线性控制的不同方案;从对付外界信号带来对系统影响的补偿方式,可以选择前馈控制和补偿控制,也称为复合控制方案;等等。近年来,由于数字计算机的普及,连续控制和离散控制的混合系统无疑是一个重要的发展方向。

　　直流控制方案在结构上比较简单,容易实现,因此容易得到应用。但是直流放大器的漂移较大,这种系统的精度较低,目前只用于精度要求低的场合。

　　交流控制方案如图 7-1 所示。这种控制方案结构简单,使用元件少,但由于下面将要说明的原因,其系统精度难以提高,通常应用在精度要求不高的地方。例如,航海使用的电子罗盘,精度要求 $\pm0.5°$,就是采用的交流控制方案。

　　在交流系统中,测量元件输出的误差信号含有较大的剩余电压,这部分电压是由正交分量和高次谐波所组成的。当系统的增益较大时,剩余电压可使放大器饱和而堵塞控制信号的通道,使系统无法正常工作,因而这种方案限制了增益的提高,也就

图 7-1　交流控制方案

限制了控制系统精度的提高。另外,交流校正装置的实现是比较困难的,这给控制系统的调整带来困难。由于上述原因,交流方案目前应用也较少。在要求较高的控制系统中,一般都采用交直流混合控制方案。

交直流混合控制方案如图 7-2 所示。与交流方案相比,这种方案增加了相敏检波和滤波环节。图 7-2 所示控制方案的执行电动机为直流电动机,若采用交流电动机,则在功率放大器前面还应加一级将直流电压变为交流电压的调制解调器。交直流混合方案采用了相敏检波器,有效地抑制了零位的高次谐波和正交分量,同时采用直流校正装置也容易实现,使得控制系统的精度提高,因而得到广泛应用。在设计和调整中,要注意在交直流变换过程中,尽量少引进新的干扰成分和附加时间常数,在调制解调器中应注意滤波器参数的选择。

图 7-2　交直流混合控制方案

采用调相系统的数字相位随动系统框图即为图 7-3。

图 7-3　数字相位随动系统框图

系统的输入角由数字装置给出,它以输入方波对基准方波的相位表示。系统的输出角经测量元件(精密移相器)也变成方波电压的相位变化。这样,输入和反馈的方波在比相器中进行相位比较,将相位差转换成直流电压,经校正后控制执行电动机转动。

调相系统具有很强的抗干扰能力,与计算机连接很方便,采用计算机参与控制,可以使控制更灵活和具有更强的功能。

控制系统由单回路、双回路和多回路构成。

单回路的控制系统如图 7-4 所示。图中,$G_0(s)$ 为固有特性,$G_c(s)$ 是串联校正装置。这类系统结构简单,容易实现,一般只能施加串联校正。这种结构在性能上存在下列缺陷。

图7-4 单回路控制系统框图

(1) 对系统参数变化比较敏感 系统的开环特性 $G(s) = G_c(s)G_0(s)$ 都在前向通道内,因此 $G_c(s)$ 和 $G_0(s)$ 的参数变化将全部反映在闭环传递函数的变化中,如图7-4所示。

(2) 抑制干扰能力差 在存在干扰作用时,系统的框图即为图7-5。系统输出对干扰 $N_1(s)$ 和 $N_2(s)$ 的传递函数分别为

$$\frac{G(s)}{N_1(s)} = \frac{G_2(s)}{1 + G_1(s)G_2(s)} = G_2(s)[1 - W(s)]$$

$$\frac{G(s)}{N_2(s)} = \frac{1}{1 + G_1(s)G_2(s)} = 1 - W(s)$$

图7-5 系统在干扰作用下的框图

对于二阶系统,在一定频率范围内,$1 - W(s) > 1$,可见,系统对于干扰 $N_2(s)$,有反馈时反而比没有反馈时要差。因此,单回路控制系统难以抑制干扰作用的影响。另外,在单回路控制系统中,如果系统的性能指标要求较高,系统的增益应当较大,则系统通过串联校正很可能难以实现,必须改变系统结构。由于上述原因,单回路控制系统只适用于被控对象比较简单、性能指标要求不很高的场合。

在要求较高的控制系统中,一般采用双回路和多回路的结构。

图7-6是双回路控制系统的框图,系统对输入和干扰的传递函数分别为

$$\frac{C(s)}{R(s)} = \frac{G_1(s)G_{c1}(s)G_2(s)}{1 + G_2(s)[G_{c1}(s)G_1(s) + G_{c2}(s)]}$$

$$\frac{C(s)}{N(s)} = \frac{G_2(s)}{1 + G_2(s)[G_{c1}(s)G_1(s) + G_{c2}(s)]}$$

由上两式看出,可以选择串联校正装置 $G_{c1}(s)$ 和并联校正装置 $G_{c2}(s)$ 来满足对 $R(s)$ 和 $N(s)$ 的指标要求。有了局部反馈,可以充分抑制 $N(s)$ 的干扰作用,而且当部件 $G_2(s)$ 的参数变化很大时,局部闭环可以削弱它的影响。一般局部闭环是引入速度反馈,控制系统引入速度反馈还可改善系统的低速性能和动态品质。

选择局部闭环的原则如下:要包围干扰作用点及参数变化较大的环节,同时又不

图 7-6　双回路随动系统框图

使局部闭环的阶次过高(一般不高于三阶)。

　　除了上述多回路的控制方案之外,还有按干扰控制的多回路控制方案,也称复合控制方案。反馈控制是按照被控参数的偏差进行控制的,只有当被控参数发生变化时,才能形成偏差,从而才有控制作用。复合控制则是在偏差出现以前,就产生控制作用,它属于开环控制方式。其框图即为图 7-7。

图 7-7　复合控制框图

　　前馈控制有时又称为顺馈控制或开环补偿。引入前馈控制的目的之一是,补偿系统在跟踪过程中产生的速度误差、加速度误差等。

　　补偿控制是对外界干扰进行补偿。当外界干扰可测量时,通过补偿网络,引入补偿信号可以抵消干扰作用对输出的影响。如果实现

$$N(s)G_4(s)G_3(s) = -N(s)$$

即

$$G_4(s) = -\frac{1}{G_3(s)}$$

时,则干扰 $N(s)$ 对系统的作用可得到完全补偿,这也称为控制系统对干扰实现了完全的不变性。在实际系统中,由于干扰源较多,而且测量往往不易准确,网络的构成也存在困难,因此完全补偿是不可能实现的,只能做到近似补偿。近似补偿也称为近似不变性。

　　有时,为了达到系统的特殊要求,还可以选择非线性控制,例如用非线性反馈实现快速控制等。

　　此外,正确处理方案选择和元部件选择的关系也是很重要的。有时采用某一方案看起来简单,但对元部件却要求很高;如果在此方案上采取某些措施,可以降低对元部件的要求。例如,采用交流方案将对测量元件的零位信号提出很高要求,改用交直流混合方案就很容易解决了。在选择方案时,要综合考虑各方面因素,使控制系统的设计精度和成本都满足要求。

综上所述,在前面所举某炮瞄雷达机电指挥仪的小功率随动系统中,建议采用图 7-8 所示的方案,即交直流混合机构、双回路控制、并联校正方案,其中第一鉴相滤波器把交流转换为直流,再经调制解调器恢复为交流,其目的就在于滤除零位电压中正交分量及高次谐波,为后面的交流放大作准备。系统要求低速平稳性好,故选择速度微分反馈来作为并联校正装置。系统中的负载惯量可忽略,外界力矩干扰也可不计,因此不必引入其他补偿措施。

图 7-8　小功率随动系统控制方案

7.2　机电控制系统的元件选择

应当指出,机电控制系统的精度和快速性在很大程度上取决于测量元件、电子线路和执行元件的精度和时间常数。因此,在设计高质量的控制系统时,必须正确选择相应的元部件,必须重视元部件的性能指标。这是一个工程实际问题。

7.2.1　测量元件的选择

机电控制系统的准确度取决于对系统输出量测量的准确度。如前所述,虽然测量元件的固有误差(测量误差)只是系统的误差源之一,但其他原因造成的误差,如电动机摩擦死区误差、速度跟踪误差、放大器漂移误差、外力干扰引起的误差等,都可在控制方案上采取相应的措施使其减小,唯有测量元件的误差在原理上是不可克服的固有误差。因此,系统的精度只能低于测量元件的精度,即一个系统的精度主要取决于测量元件的精度。

除了精度要求以外,选用测量元件时还必须考虑到实际的工作环境条件,即测量元件能否适应工作环境的要求。一般说来,精度愈高的元件对环境的要求也愈苛刻,因此,必须根据实际工作环境来选择元件。例如,环境的温度、湿度、腐蚀性、冲击、震动、电磁场干扰等条件比较恶劣,则应选用相应的优质元件,对元件采取密封、防震、恒温等相应的保护和稳定措施,以保证长时间工作的可靠性。

衡量测量元件的性能指标如下。

（1）灵敏阈，指能够测量被测量的最小值。如果某种测角元件最小可以敏感到 $5'$，当被测角度在 $\pm5'$ 范围内变化时，这种测量元件将没有信号输出。只有当被测角度超过这一阈值时，测量元件才有信号输出。灵敏阈是测量元件最重要的指标，它决定了测量元件的精度等级。测量元件的噪声水平、零位信号和漂移也将影响其灵敏阈，在选用时需要加以注意。

（2）测量范围。所选测量元件的测量范围必须大于系统的运动范围，即在系统的整个运动范围内，都应有测量信号输出；否则，当系统运动到不能测量的区域（亦称盲区）时，系统将变为不可控的。

（3）线性度，也称函数误差，指测量元件的实际输出值和理论输出值之间的最大相对误差，通常用百分数表示。

（4）反应速度。在多数情况下，与系统的反应速度相比，测量元件的反应速度是很高的，测量元件的时间常数是小参数而可略去。但在某些情况下，在信号存在噪声需进行滤波处理时，滤波器的时间常数将影响系统的反应速度。因此选择测量元件时对其反应速度也需加以考虑。

同时，选择测量元件时还应综合考虑设计系统对可靠性、经济性、寿命、环境条件以及体积、重量等方面的要求。

这里以调速系统测量装置的选择为例，说明机电控制系统测量元件选择的一般方法。

无论是调速系统还是稳速系统都需要测速反馈，将系统输出角速度 Ω 测量出来并转换为对应的电压信号，再反馈回去与输入信号进行比较，如图 7-9（a）所示。图 7-9（b）为调速系统的动态框图，其中 K_1 代表输入电位计的转换系统。

图 7-9　调速系统原理图及其动态框图

（a）原理图　（b）动态框图

系统传递系数 K_2（单位 $\mathrm{rad/(V \cdot s)}$）为

$$K_2 = \lim_{s \to 0} \frac{\Omega(s)}{\Delta U(s)} = \frac{\Omega}{\Delta U}$$

反馈系数 f（单位 $\mathrm{V \cdot s/rad}$）为测速发电机的比电势，即 $f = u_f / \Omega$。

系统的调速范围 $D = n_{max}/n_{min} = \Omega_{max}/\Omega_{min}$。当系统的机械特性是彼此平行的直线时，系统的速度降 $\Delta\Omega$ 保持常值。此时最低角速度 Ω_{min}（或最低转速 n_{min}）可用静差率 $\delta = \Delta\Omega/\Omega_{0min} = \Delta n/n_{0min}$（式中 Ω_{0min}、n_{0min} 分别为最低空载角速度和转速）表示，即

$$\Omega_{min} = \Delta\Omega\,\frac{1-\delta}{\delta}, \quad n_{min} = \Delta n\,\frac{1-\delta}{\delta}$$

因此系统的调速范围为

$$D = \frac{n_{max}\delta}{\Delta n(1-\delta)} = \frac{\Omega_{max}\delta}{\Delta\Omega(1-\delta)} \tag{7-1}$$

静差率 δ 是调速系统的一项技术指标。当系统机械特性刚度一定（即 $\Delta\Omega$ 一定）时，静差率 δ 越小，系统允许的调速范围 D 就越小。要保证足够小的 δ，又要保证足够大的 D，只有增加系统机械特性的刚度，减小速度降 $\Delta\Omega$。

设图7-9所示系统开环的速度降为 $\Delta\Omega_K$，这是由执行电动机的特性、控制方式和控制线路所决定的。那么闭环系统的速度降为

$$\Delta\Omega_B = \frac{\Delta\Omega_K}{1 + K_2 f} \tag{7-2}$$

显然，只要 $K_2 f$ 足够大，就可使速度降 $\Delta\Omega_B$ 足够小，从而在保证足够小的静差率的同时，使系统有足够大的调速范围。

电动机转速的测量，可以采用测速机或测速桥。测速机有直流和交流两种，应根据情况选用。测速机的优点是简单可靠，准确度高。其缺点是机械结构复杂，若要增加一个电动机和相应的减速齿轮，对小功率系统来说，也增加了系统的转动惯量。直流测速机有励磁式和永磁式两种。励磁式测速机线性度和准确度高，永磁式测速机虽然精度相对低一点，但它体积小，信号纹波小，在小功率系统中作反馈元件比较合适。交流测速机输出交流电压，需要经过鉴相和滤波变成直流信号，才能送入系统。

由于测速机的特性并不完全是线性的，如直流测速发电机的电刷与整流子之间有接触电压降 Δu，因此测速发电机的 $u_f = f(\Omega)$ 特性如图7-10所示。

图 7-10　直流测速发电机特性

低速时它产生的电势很小，还不足 $2\Delta u$，其输出为零，这就是其特性具有"死区"的原因。Δu 的大小与电刷材料的性质、电刷的接触压力以及周围的环境条件均有关系。一般直流测速发电机的电刷要用铜-石墨材料，一对电刷造成的接触压降 $2\Delta u \approx 0.2 \sim 1.0\ \mathrm{V}$；用银-石墨电刷时，$2\Delta u = 0.2\ \mathrm{V}$；高灵敏度的直流测速发电机采用含铂、铑的电刷，接触压降只有几毫伏至几十毫伏。根据测速发电机的比电势 f 和接触压降 Δu，可估算特性的不灵敏区，即 $\Omega_s = \Delta u/f$。

当测速发电机直接与执行电动机轴相连，且

与负载同轴时,系统输出角速度不大于 Ω_s,没有反馈电压 u_f 输出,系统如同开环运行。系统的开环速度降远大于闭环速度降,即 $\Delta\Omega_K \gg \Delta\Omega_B$,使系统低速运行极不易平稳。要保证系统的平稳调速范围 D,选择测速发电机时,应使它的不灵敏区 Ω_s 小于系统需要的最低平稳角速度 Ω_{min}。

交流测速发电机(指异步测速发电机)也存在不灵敏区 Ω_s,主要是指有剩余电压 Δu,即输入速度 $\Omega = 0$ 时,输出端的 Δu 有几毫伏、几十毫伏。由于磁路的非均匀性和不对称,转子相对于定子的不同位置,Δu 的大小和相位均有变化,因此交流测速发电机的 $u_f = f(\Omega)$ 特性也不是线性的。另外,它的最高转速 n_{max} 还要受电源频率的限制,即 $n_{max} < \dfrac{1}{2}n_0$(或 $\Omega_{max} < \dfrac{\pi}{60}n_0$)。这里同步转速 $n_0 = \dfrac{60}{p}$(p 为测速发电机的极对数)。

测速桥也有交流和直流两种,直流测速桥线路如图 7-11 所示。

当 $\dfrac{R_1}{R_D} = \dfrac{R_2}{R_3}$ 成立时,输出电压为

$$U_w = \frac{R_3}{R_3 + R_D}C_g\Omega$$

式中,R_D 为电动机的电枢电阻(包括整流子接触电阻);Ω 为电动机的转速;C_g 为电势常数。由上式可知,使用测速桥可以测量电动机的转速。当输出电压 U_w 接入放大器,而放大器的输入阻抗为无穷大时,输出电压 U_w 与电动机的转速成正比。使用测速桥可以省掉一个测速机。但是由于 R_D 实际上不是一个常数,整流子接触电阻是变化的,同时电枢电阻也因发热而变化,因此,测速桥不如测速机的测量值准确。另外,在电枢回路中需要串接一只电阻,这除了额外消耗功率外,也增大了本身的机电时间常数。因此,测速桥只能用在要求较低的小功率系统中。

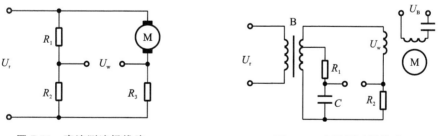

图 7-11　直流测速桥线路　　　　　图 7-12　交流测速桥线路

交流测速桥线路如图 7-12 所示。其中 B 为功率放大器的输出变压器。从它的副边引出一部分电压,相当于 R_1 和 R_2 起移相器的作用,R_2 的作用相当于图 7-11 中 R_3 的作用。交流测速桥的输出电压,除了电压幅度外,尚需要照顾到相位的关系。在图 7-12 中,R_1 和 C 起移相器的作用,适当选择参数,可获得与转速 Ω 成正比的电压 U_w。各元件的参数在预选后,应当用实验方法加以确定。对于要求更高的调速系

统或稳速系统,可采用光电测速器和锁相技术。

测速反馈装置确定以后,f 成为已知量。根据设计技术要求的 D、Ω_{max}、δ,由式(7-1)可算出需要的速度降 $\Delta\Omega_K$。将 $\Delta\Omega_K$ 代入式(7-2)可求出需要的增益系数 K_2,这是按稳态要求求出的 K_2。从系统动态指标考虑,系统需引入校正装置,一般需要的 K_2 值比以上稳态要求的要高一些。

放大系数 K_2 确定后,当系统输出达到最大速度 Ω_{max}时,需要的最大输入信号 U_{rmax} 为

$$U_{rmax} = f\Omega_{max} + \frac{\Omega_{max}}{K_2}$$

因图 7-9(a)中电位计的最大输出电压就应等于 U_{rmax},则电位计电源的 $E \geqslant U_{rmax}$。

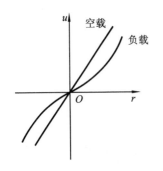

图 7-13 线性电位计由负载电阻影响造成的非线性畸变

这里的输入电位计亦应作为调速系统测量装置的一部分,需要确定其内阻 R_0 和电位计功率 P_W。R_0 一般不宜大,因电位计输出端接有负载电阻 R_g,通常要求 R_g 的值比 R_0 的值大几十倍到上百倍,使线路的输入/输出特性尽量符合电位计自身的特性(通常都用线性电位计)。图 7-13 所示为线性电位计由负载电阻影响造成的非线性畸变,表示线性电位计电阻 R_0 与负载电阻 R_g 差别不大时的特性,这种负载引起的非线性效应,有时在某些可逆调速系统中是可取的。系统增益较大时,线性特性很难使系统输出速度调到零,而在图 7-13 的中心点附近容易形成一个"小死区",系统输出速度比较容易调到零。

在反馈控制系统中,作为输入信号转换的电位计,一般选用线绕式电位计和导电塑料电位计,它们的精度比一般碳膜电位计的精度高,为实现转速的微调,可选用多圈电位计。

有的调速系统不用电位计,而采用别的装置,常遇到最大输入电压受到装置本身特性的限制,不能按上述步骤最后确定 U_{rmax}(通常,实际的 U_{rmax} 比经计算需要的值小),则可通过调整反馈系数 f 和增益系数 K_2,使系统达到预定的指标。

7.2.2 执行电动机的选择

1. 对执行电动机的要求

作为机电控制系统的执行元件,可采用电动机、液压泵和液压马达、气动设备、电磁离合器等,用得最多的是执行电动机。

对执行电动机的要求如下。

(1)满足负载运动的要求,即提供足够的力矩和功率,使负载达到所要求的运动

性能。

（2）能很快正反转，能快速启、停，保证系统的快速运动。

（3）有较宽的调速范围。

（4）电动机本身的功率消耗小、体积小、重量轻。

被控对象的要求是选择执行电动机的依据。要正确选用执行电动机，必须对负载的固有特性及运动性能加以分析。

电动机的主要指标是功率。若电动机功率不足，满足不了负载的要求，系统的使用寿命将会缩短，可靠性将会变差，并可能导致事故。若电动机功率过大，系统的体积和重量又会增加，功率损耗和成本也会增加。

除功率之外，执行电动机的输出转矩、转速也是选择的指标。故选择执行电动机的过程，应含确定电动机类型、额定输入/输出参数（如额定电压 U_e、额定电流 I_e、额定功率 P_e、额定转速 n_e 等），确定电动机的控制方式，确定电动机到负载之间传动装置的类型、速比、传动级数和速比分配，以及估算传动装置的转动惯量、传动效率。

2. 执行电动机的种类

可作控制系统执行元件的电动机种类很多，常见的有直流他励电动机、直流串励电动机、两相异步电动机、三相异步电动机、电磁调速异步电动机、力矩电动机和步进电动机等。它们的特点分述如下。

1）直流他励电动机

直流他励电动机按控制方式分电枢控制和磁场控制两大类。其中前者易获得较平直的机械特性（见图 7-14），有较宽的调速范围。执行元件功率从几百瓦至几十千瓦的各类系统中，均可找到其应用实例。

直流他励电动机的磁场控制，又分电枢电压保持不变和电枢电流保持不变两种。

电枢电压保持不变时，磁场控制还有不同情

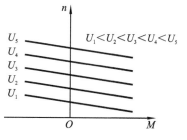

图 7-14　直流他励电动机电枢电压控制时的机械特性

况。功率为几百瓦或者更大的电动机具有弱磁升速特性（见图 7-15(a)）。电动机功率为几十瓦或者更小，且负载力矩 M_f 较大，负载特性处于机械特性汇交点的右边（见图 7-15(b)），可以实现弱磁降速。励磁电流 I_j 近似与转速成正比，可用于可逆连续调速场合。它的控制功率小（与同功率电动机电枢控制相比），但在调速范围和调节特性的线性度方面远不如电枢控制。

电枢电流保持不变的磁场控制也只能用于几瓦或十几瓦的小功率电动机，它具有图 7-16 所示的机械特性，只有加上较深的速度负反馈系统才可获得稳定的转速，在只有输出力矩（转速可以为零）的场合比较适用。

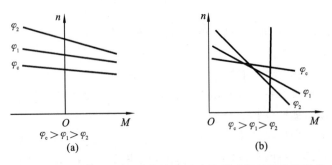

图 7-15　直流他励电动机电枢电压不变控制磁场时的机械特性

(a) $\varphi_2 > \varphi_1 > \varphi_c$　(b) $\varphi_c > \varphi_1 > \varphi_2$

2）直流串励电动机

直流串励电动机的励磁绕组和电枢绕组串联,励磁电流 I_j 等于电枢电流 I_a。由于电动机的启动转矩比较大,机械特性如图 7-17 所示,因此它不能空载运行。当负载特性如图 7-17 中斜线所示时,可获得近似线性的调节特性,但调速范围不及直流他励电动机电枢控制的调速范围大。它适用于需要大牵引力的场合。

**图 7-16　直流他励电动机电枢电流
不变控制磁场的机械特性**

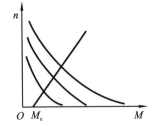

图 7-17　直流串励电动机的机械特性

3）两相异步电动机

两相异步电动机在几十瓦的小功率随动系统和调速系统中应用较广泛。控制方式分幅值控制和相位控制,前者易于实现因而应用广泛,后者控制线路复杂且比较少见。图 7-18(a)、(b)所示为两相异步电动机幅值控制单相电源供电和两相电源供电时的机械特性。

两相异步电动机具有较宽的调速范围,本身摩擦力矩小,比较灵敏。具有空心杯转子的两相异步机转动惯量小,因而快速响应特性好,常用于仪表随动系统中。

4）三相异步电动机

三相异步电动机控制方式有多种,如变频调速、串级调速、脉冲调速等。变频调速可获得比较平直的机械特性,调速范围比较宽但控制线路复杂。目前在工业中用得比较普遍的是利用可控硅实现变压调速和串级调速,后者只适用于绕线异步电动

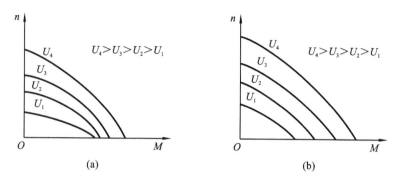

图 7-18　两相异步电动机幅值控制时的机械特性

（a）单相电源供电　（b）两相电源供电

机。变压调速和串级调速的机械特性分别如图 7-19（a）、（b）所示。它们均在单向调速时采用,低速性能较差且调速范围不宽。

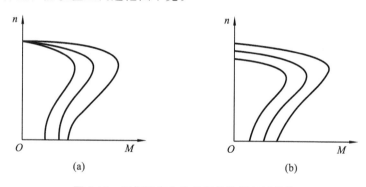

图 7-19　三相异步电动机幅值控制机械特性

（a）变压调速　（b）串级调速

　　与同功率的直流电动机相比,三相异步电动机的体积小、重量轻、价格便宜、维护简单,在有市电的地方直接用三相交流电源比用直流电源方便。

　　5）电磁调速异步电动机

　　电磁调速异步电动机（又称滑差电机）的主动部分由原动机带动作单向等速运转,用直流控制它的励磁,励磁电流大小可调节其从动部分的转速.从动部分带动负载追随主动部分,故只能单方向调速。它的机械特性如图 7-20 所示,其调速范围不大,低速性能较差,但控制线路简单。

　　6）步进电动机

　　步进电动机按励磁方式分为永磁式、感应式相反应式,其中,反应式结构简单,用得较为普遍。目

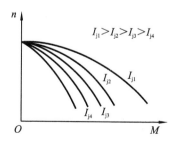

图 7-20　滑差电动机的机械特性

前,步进电动机工业上多用于小功率场合,特别适合于增量控制,在机床进刀系统中广泛采用。

7) 力矩电动机

力矩电动机分为直流和交流两种。它在原理上与他励直流电动机和两相异步电动机一样,只是在结构和性能上有所不同,比较适合于低速调速系统,甚至可长期工作于堵转状态,只输出力矩,因此它可以直接与控制对象相连而不需减速装置。

进行控制系统稳态设计,除了确定电动机的种类外,还要确定电动机的具体型号、规格。同一种电动机有长期运行、短期运行的差别;在封装方式上有开启式、防滴式、防爆式;安装形式有卧式、立式;绝缘等级方面分为 A、E、B、F、H 五级;允许的最高工作温度分别对应 105 ℃、120 ℃、130 ℃、155 ℃和180 ℃。与之相应的电动机过载能力也不同。总之,设计者应根据系统的技术要求、环境要求、经济性等方面因素综合考虑确定。

3. 选择电动机的方法

这里以高速执行电动机及其传动装置为例,说明选择执行电动机的一般方法。

一般高速电动机作系统执行元件时,常需机械减速装置减速,才能与被控对象相连。选择执行电动机的同时,还要确定传动装置的速比、传动效率、传动装置本身的转动惯量,而上述参数的确定又与所选的电动机参数有关,这就决定了选择电动机只能是试选,然后加以校验。

1) 初选电动机

假设负载转矩包含摩擦力矩 M_c 和惯性力矩 M_j,电动机转子的转动惯量为 J_d,传动装置的速比为 i,传动效率为 $\eta=1$。先忽略传动装置的转动惯量,当电动机经减速器带动负载作等加速度 ε_m(最大角加速度)运动时,电动机轴上的总力矩为

$$M_d = \left(J_d + \frac{J_z}{i^2} \right) i\varepsilon_m + \frac{M_c}{i} \tag{7-3}$$

式中,J_z 为负载转动惯量。

选择适当的 i,可以使 M_d 达到最小。令

$$\frac{dM_d}{di} = J_d\varepsilon_m - \frac{J_z}{i^2}\varepsilon_m - \frac{M_c}{i^2} = 0$$

得最佳速比为

$$i_0 = \sqrt{\frac{J_z\varepsilon_m + M_c}{J_d\varepsilon_m}} \tag{7-4}$$

若将 M_d 折算到负载轴上,得到负载轴上的力矩

$$M_z = iM_d \tag{7-5}$$

将式(7-4)代入式(7-3)、式(7-5),得

$$M_z = 2(M_c + J_z\varepsilon_m) \tag{7-6}$$

上式表明,当用最佳速比 i 时,电动机转子的惯性转矩折算到负载轴上恰好等于负载转矩,而且总负载力矩最小,可获得最大角加速度。式(7-6)中仅有 J_z、M_c、ε_m 而不含 J_d 和 i 等参数,它可作为初选电动机的基本关系式。

例如,某随动系统需要最大跟踪角速度 Ω_m、最大跟踪角加速度 ε_m,被控对象转动惯量为 J_z,摩擦力矩为 M_c,可按式(7-6)计算总负载力矩 M_z,则初选电动机的额定功率为

$$P_e \geqslant (0.8 \sim 1.1) M_z \Omega_m \tag{7-7}$$

有了额定功率,可根据电源电压、安装方式以及其他要求初选一个电动机。

初选电动机后,电动机的额定参数 P_e、M_e、n_e、J_e(或飞轮转矩 GD^2)均为已知参数,以上述参数和负载的已知参数 Ω_m 为基础,可以进一步计算确定传动装置的速比 i 和效率 η。

最简单的方法是由下式确定速比:

$$i = \alpha \frac{\pi n_e}{30 \Omega_m} \tag{7-8}$$

α 的取值范围可以从以下几个方面考虑确定:当 $\alpha < 1$ 时,负载达到 Ω_m,电动机转速小于 n_e,考虑长期运行电动机散热条件差,故取 $\alpha > 0.8$;当 $\alpha > 1$ 时,负载达到 Ω_m 时,电动机转速大于 n_e,考虑到异步电动机转速不会超过空载转 $n_0 = (1.5 \sim 2) n_e$,直流电动机转速亦不宜超过 $1.6 n_e$,故取 $\alpha < 1.5$。综合考虑,取

$$0.8 < \alpha < 1.5 \tag{7-9}$$

一般取 $\alpha = 1$ 较为普遍。

对于式(7-4),如果把传动效率 η 考虑进去,则得到最佳速比条件为

$$i_{01} = \sqrt{\frac{M_c + J_z \varepsilon_m}{\eta J_d \varepsilon_m}} \tag{7-10}$$

还可从不同的观点来确定最佳速比。如果考虑在电动机额定力矩下的负载角加速度

$$\varepsilon = \frac{i \eta M_e - M_c}{i^2 \eta J_d + J_z} \tag{7-11}$$

对 i 求导,并令其为零,得到以负载轴获得最大角加速度为条件的最佳速比为

$$i_{02} = \frac{M_c}{\eta M_e} + \sqrt{\frac{M_c^2}{\eta^2 M_e^2} + \frac{J_z}{\eta J_d}} \tag{7-12}$$

如果考虑电动机可以承受短时过载,还可以用最大过载力矩 λM_e 来代替 M_e。过载系数 λ 与电动机的运行条件、环境条件以及允许过载时间的长短有关。通常电动机生产厂给出 λ 的值是在常温、过载力矩持续时间 3 s 的条件下的一个统计数据。一般直流电动机的 $\lambda = 2.5 \sim 3$,F 级电动机或 H 级电动机的 $\lambda = 4 \sim 5$,三相异步电动机 $\lambda = 1.6 \sim 2.2$,两相笼型异步电动机的 $\lambda = 1.8 \sim 2$,空心杯转子电动机的 $\lambda \leqslant 1.4$。

2）选择减速形式

传动装置的总速比确定以后,需要考虑用什么样的减速形式。用得较多的是齿轮传动和蜗轮蜗杆传动,后者可以获得较大的速比,但传动效率低。行星齿轮和谐波传动均有高效率和高速比的优点,但价格较高。

这里以齿轮传动为主,介绍传动比 i 的合理分配。在实际的结构和传动安排允许的情况下,对随动系统来说,减小运动部分的转动惯量是提高系统动态性能的有效办法,确定减速器的速比及其分配,应从降低减速器自身的转动惯量出发。对于导航仪和指挥仪等所用的小功率随动系统,各级齿轮的模数一致时,各级小齿轮的齿数取成一致,按对应模数所限制的最小齿数选取。对于中、大功率的随动系统,从电动机到负载,齿轮模数逐步加大,各级小齿轮也按模数对应的最小齿数来确定。先假定各级小齿轮的几何尺寸相同,材料也相同,转动惯量为 J_1,其余的齿轮也是厚度相同,材料相同的实体。减速器折算到电动机轴上的转动惯量为 J_p。传动比大于 20 时,至少应选 3 级传动。

传动级数确定以后,再确定各级速比的最佳分配关系。整个传动装置确定后,可以估计其总的折算到第一级齿轮轴上的转动惯量 J_p 和总效率 η。在粗略估算时,可以取 $J_p=(0.1\sim0.3)J_d$,大功率系统取下限,小功率系统取上限。至于总效率 η,按齿轮传动把各级效率相乘即是。

3）验算执行电动机

所选电动机是否合适,通常从三个方面考虑:第一,验算电动机带负载长期运行的发热与温升是否超过允许值;第二,验算电动机在系统短时过载时能否承受;第三,验算电动机能否达到系统通频带的要求。

工程上通常采用验算电动机的额定转矩或额定功率的办法来间接验算其发热和温升。

对于周期性的运动对象,可以用均方根力矩来验算。均方根力矩为

$$M_{dz} = \sqrt{\frac{1}{T}\int_0^T \left[M_d(t)\right]^2 dt} \qquad (7\text{-}13)$$

随动系统没有长期运行的规律,而像龙门刨床则有明显的周期性,只要按力矩分段平方求和即可。没有明显长期运行规律的系统,可以用等效正弦运动的办法。如已知随动系统的最大角速度 Ω_m 和最大角加速度 ε_m,则可推导出等效正弦的频率和幅度。

等效运动方程为

$$y(t) = A_{dx}\sin\omega_{dx}t \qquad (7\text{-}14)$$

其一阶、二阶导数分别为

$$\dot{y}(t) = A_{dx}\omega_{dx}\cos\omega_{dx}t$$

$$\ddot{y}(t) = -A_{dx}\omega_{dx}^2\sin\omega_{dx}t$$

根据已知给出的 Ω_m、ε_m 可得

$$\omega_{dx} = \varepsilon_m / \Omega_m, \quad A_{dx} = \Omega_m^2 / \varepsilon_m$$

其周期为

$$T_{dx} = \frac{2\pi}{\omega_{dx}} = \frac{2\pi \Omega_m}{\varepsilon_m}$$

若系统主要承受摩擦力矩和惯性力矩，则摩擦力矩为 M_c，惯性力矩为 $(J_d + J_p) i \varepsilon_m$、$J_z \varepsilon_m$，则电动机轴输出的均方根力矩为

$$M_{dx} = \sqrt{\frac{1}{T} \int_0^T \left(\frac{M_c}{i\eta} \right)^2 dt + \frac{1}{T} \int_0^T \left(J_d + J_p + \frac{J_z}{i^2 \eta} \right)^2 i^2 \varepsilon_m^2 \sin^2 \frac{2\pi}{T_{dx}} dt}$$

$$= \sqrt{\frac{M_c^2}{i^2 \eta^2} + \frac{1}{2} \left(J_d + J_p + \frac{J_z}{i^2 \eta} \right)^2 i^2 \varepsilon_m^2} \quad (\text{N} \cdot \text{m}) \quad (7\text{-}15)$$

电动机所需功率为

$$P_{dx} = M_{dx} i \Omega_m \quad (7\text{-}16)$$

初选电动机的额定功率和额定力矩应满足

$$P_e \geqslant (0.8 \sim 1) P_{dx} \quad (7\text{-}17)$$

$$M_e \geqslant (0.8 \sim 1) M_{dx} \quad (7\text{-}18)$$

如不满足，需重选电动机。P_e 和 M_e 不宜比 P_{dx} 和 M_{dx} 大得太多。

过载能力的验算，以系统出现的短时超负荷作为验算条件。以跟踪目标的火炮随动系统为例，当系统以最大角加速度跟踪时，火炮又进行射击，这时除摩擦力矩、惯性力矩外还有冲击力矩。雷达天线跟踪系统也会在最大跟踪加速度时遇到阵风，产生风阻力矩。这时，根据实际情况求出系统的实际最大力矩 M_{max}。例如，对于雷达天线遭遇风载的情况最大力矩为

$$M_{max} = \frac{M_c + M_f}{i\eta} + \left(J_d + J_p + \frac{J_z}{i^2 \eta} \right) i \varepsilon_m \quad (7\text{-}19)$$

式中，M_f 为风载力矩。

检验执行电动机短时过载的条件是

$$\lambda M_e \geqslant M_{max} \quad (7\text{-}20)$$

在验算时要特别注意，最大力矩的持续时间不能超过相应的过载系数 λ 所对应的持续时间。

根据系统对通频带的要求来验算所选电动机，可以从技术指标要求中从阶跃信号的调整时间 t_s 出发来估计其开环带宽。单位反馈系统的开环穿越频率 ω_c 可以由下式近似得到

$$\omega_c = \frac{5 \sim 9}{t_s}$$

则对于等效正弦信号，对应点 ω_c 的最大角加速度为 $e_m \omega_c^2$（e_m 为最大误差）。如果认为系统是短时过载，电动机输出力矩为 λM_e，此时力矩平衡方程为

$$\lambda M_e = \frac{M_c}{i\eta} + \left(J_d + J_p + \frac{J_k}{i^2 \eta} \right) i \varepsilon_k \quad (7\text{-}21)$$

只有当 $\varepsilon_k > e_m \omega_c^2$ 时,所选的电动机才能满足通频带要求,即

$$\varepsilon_k = \frac{\lambda M_e - \dfrac{M_c}{i\eta}}{i\left(J_d + J_p + \dfrac{J_z}{i^2\eta}\right)} > e_m \omega_c^2 \tag{7-22}$$

或者改写成

$$\omega_k = \sqrt{\frac{\lambda M_e - \dfrac{M_c}{i\eta}}{e_m i\left(J_d + J_p + \dfrac{J_z}{i^2\eta}\right)}} > \omega_c \tag{7-23}$$

一般应保证 $\omega_k \geqslant 1.4\omega_c$,其中 ω_k 称为系统开环通频带上限。若不满足 $\omega_k \geqslant 1.4\omega_c$,应重选电动机,或者减小系统的线性范围,即应减小最大误差 e_m;或者延长调整时间 t_s(或减小系统的通频带 ω_b),即减小 ω_c。这就降低了设计指标,因此一般还是重选电动机,或重选速比。

调速系统一般没有最大误差的指标要求,但也有有限的线性范围,仍用 e_m 表示线性范围所决定的最大偏差信号,系统正常输出是角速度,当输出的角速度 ω_c 作正弦摆动时,对应的角加速度最大值应为 $e_m\omega_c$。由式(7-21)和需要的 $e_m\omega_c$,可得到系统开环通频带上限表达式

$$\omega_k = \frac{\lambda M_e - \dfrac{M_c}{i\eta}}{e_m i\left(J_d + J_p + \dfrac{J_z}{i^2\eta}\right)} > \omega_c \tag{7-24}$$

值得注意的是,e_m 的单位是 rad/s 或 s^{-1},如果调速系统的主反馈系数为 f(单位为 V·s/rad或 V·s^{-1}),最大误差信号是电压 ΔU(单位为 V),则

$$e_m = \Delta U f$$

以上三步验算,是从三个不同的技术要求出发的,初选电动机经全部验算合格才行,即需满足式(7-17)(或式(7-18))、式(7-20)和式(7-23)(或式(7-24))。其中任一项不满足都需考虑重选电动机或速比。对某一具体系统而言,稳态、动态的技术要求是不一致的。有的是稳态指标严,多数是动态指标严,对电动机的选择过程进行验算时应针对实际情况,不限于上述的顺序。

7.2.3　放大装置的选择

控制系统中的功率放大器形式是多种多样的。在大中功率系统中广泛应用的是直流发电机、交流励磁机、磁放大机、晶闸管放大器、液压放大器等,在中小功率系统中广泛应用的是晶体管功率放大器等。晶体管功率放大器具有体积小、无噪声、无惯性、使用方便等特点。

1. 对放大装置的基本要求

1) 放大装置的功率输出极必须与所选执行电动机相匹配

功率放大器的作用是实现对控制信号的功率放大,它必须输出足够的功率来驱动执行电动机,也就是要满足执行电动机的电压、电流要求,同时,还要满足电动机短时过载和超速运行以及突然反向制动的工况。如果执行电动机是直流电动机,在带负载运行情况下,一般说来,功率放大器的电压输出幅值应能达到电动机额定电压。但考虑超载运行的需要,最高电压应能达到电动机额定电压的 1.2 倍。

由于在控制系统中电动机经常处于动态,因而功率放大器的输出电流不应只考虑电动机的额定电流。一般中小型直流电动机的启动电流是额定电流的 2.5～5 倍,因而功率放大器的输出电流必须大于电动机额定电流的 2.5～5 倍。如果是交流电动机,由于其电流过载很小,故只需考虑电压有过载能力。

2) 放大装置功率输出极输出阻抗要小、效率要高

在执行元件是直流电动机的情况下,放大器的输出阻抗是电枢回路总电阻的一部分。如果放大器的输出阻抗不能做得很小,则机电时间常数必然要加大,这就使得电动机反应速度变慢。因此,应当尽量减小功率放大器的输出阻抗。一个有效的办法是引入电压负反馈,如图 7-21 所示。图中,K_1 为前置电压放大倍数;K_D 为功率放大器电压放大倍数;R_i 为功率放大器内阻;K_F 为电压负反馈系数。

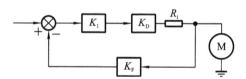

图 7-21　带电压负反馈功率放大器的方框图

在不加电压负反馈时,放大器的内阻为 R_i。引入电压负反馈后,放大器的输出阻抗为

$$R_i' = \frac{R_i}{1 + K_1 K_D K_F}$$

由此可见,只要加大电压负反馈的深度,就可以无限度地减小放大器的输出阻抗。但实际上,由于放大器存在惯性,电压负反馈过深,可能导致动态品质变坏。同时在有些情况下,也受到前级输入电压幅度的限制,使负反馈深度不能加得过大。因此,合适的负反馈深度可以减小输出阻抗,改善放大器的非线性度,克服元件参数变化的影响,并改善动态品质。

当控制交流电动机时,为了防止单相自转现象的发生,减小功率放大器的输出阻抗显得更加重要。根据电动机原理,当功率放大器的输出阻抗大于电动机转子的等效电阻时,两相异步电动机即产生单相自转现象。此时,控制电压为零,但电动机仍不停地转动。其机械特性如图 7-22 所示。

图 7-22 产生单向自转时异步
电动机的机械特性

从图 7-22 可以看出,在$(-n_0,n_0)$区间内,转速 n 增大,力矩 M 也增大,机械特性的斜率是正的。这时电动机是一个不稳定的环节,曲线的原点$(0,0)$是一个不稳定的平衡点,因而控制电压为零不能使电动机停转。这给系统的校正带来了麻烦,使系统的静态和动态品质都不容易提高。所以,必须防止交流电动机与功率放大器连接起来的自转现象。在这种情况下,引入电压负反馈,减小功率放大器输出阻抗显得十分必要。

但是,在有些特定的情况下,功率放大器的输出阻抗要求愈大愈好,例如陀螺平台稳定回路的功率放大器就是这样。基础的运动是对系统的主要干扰源。基础的运动引起摩擦干扰力矩,并使平台框架轴上力矩电动机定子和转子之间产生相对运动,在电枢回路中产生感应电动势,相应在电枢和功放组成的回路将产生回路电流。在这里,功率放大器的输出阻抗则是愈大愈好。

3) 功率放大装置应有足够的线性范围

功率放大器是末级放大,最可能出现饱和。如图 7-23(a)所示,过早地出现饱和,将使功率放大器的等效内阻增大,输出特性变坏,等效时间常数增大。为了保证系统有足够的线性范围,功率放大器的输出特性应如图 7-23(b)所示。

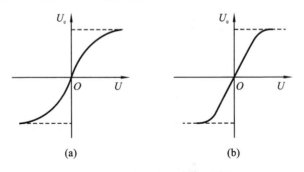

(a)   (b)

图 7-23 功率放大器的输出特性

(a) 过早出现饱和   (b) 线性范围足够

4) 放大装置的通频带宽度至少应是系统带宽的 5 倍以上

一般说来,功率放大器本身的频带应大大高于系统的频带,使其时间常数在系统中成为小参数,否则将使系统的阶次增高,影响系统的动态品质。

5) 放大装置的输入极要和测量元件的输出阻抗相匹配

放大装置的不灵敏区应比测量元件的失灵区要小,并且输入极的精度要高,还要进行温漂的核算。

6) 放大装置需根据不同的执行元件有相应保护措施

当系统执行电动机为直流力矩电动机或其他永磁式直流电动机时,放大装置输出极应有限流保护,防止电流过载。

7) 放大装置提供一定的制动条件以提高系统效率

对电动机功率在 500 W 以上,经常可逆运行的系统,要求放大装置输出极能提供电动机发电制动条件,以提高整个系统的效率。

除以上 7 条基本要求外,还有一些共同性的要求,比如经济性、可靠性好,以及便于调试、生产、维护和保养等。

2. 放大装置放大倍数的确定及设计内容

通常,可以根据系统对静差和稳态跟踪误差的要求来确定放大装置的放大倍数。

(1) 根据静差来确定放大倍数。设系统允许的静差为 e_j,测量元件的误差为 e_c,则其余的静差部分是其他元件所产生的。按保守一点的观点设计的放大器,应在 $(e_j - e_c)/2$ 的信号输入下使输出达到电动机的额定电压 U_e。实际上,只需输出一个电压克服电动机失灵区,并能供给电动机一定电压去克服负载中的摩擦力矩即可。故按上述设计思想确定的放大倍数是总放大倍数的上限值,即

$$K_{max} = \frac{2U_e}{e_j - e_c}$$

(2) 用等速跟踪误差 e_v 来确定放大倍数。设想系统以最大角速度跟踪输入,这时允许的等速跟踪误差为 e_v,则放大装置应在误差信号 e_v 的输入下,使输出达到电动机额定电压 U_e,这样就确定了放大倍数的下限值,即

$$K_{min} = U_e/e_v$$

所设计的放大装置放大倍数应在 K_{min} 到 K_{max} 之间,并且能连续可调。

(3) 放大倍数的分配要从后向前逐级提高,精度也要从后向前逐级提高,并在第一级放大器留有动态校正的余地。

(4) 查阅典型线路作为参考母型,进行具体设计。要注意放大器使用对象的差异,必要时加保护电路。常用的小功率直流放大器有互补推挽式、桥式以及脉冲调宽式(即 PWM);交流放大器有推挽式和互补推挽式。大功率电动机的放大装置有晶闸管功率放大器和电动机扩大机等,它们与测量元件之间仍然要用集成运算放大器相连。这样不但能实现信息的传递,而且可方便地进行动态校正和综合。

(5) 在设计放大装置的同时,要把对电源,包括功率放大器所用的电源和信号放大所用的稳压电源的形式(交流、直流)、规格(电压、电流)以及精度确定下来,用于选择或设计电源。

7.3　机电控制系统的详细设计与设计实例

7.3.1　机电控制系统的设计理论概述

控制系统设计理论最早是在频域中进行的,其间产生了奈奎斯特图、伯德图及尼

柯尔斯图的图解法等一些经典方法,这类方法实质上是频域上的图解法。在控制系统设计中,重要的是时间响应而不是频率响应。系统时间响应与频率响应之间存在着密切的关系,而采用频域分析法简单、方便,故在工程上仍获广泛应用。在频域设计中,设计的技术指标要求通常是相位裕度、增益裕度、谐振峰值及带宽等指标。

经典设计法的特点,在于首先要确定控制系统的结构。通常的系统基本结构有两种形式:顺序控制结构和反馈控制结构。

经典设计法是试探法,其缺点是:开始它不能指明所设计的问题是否有解,尽管实际上可能是有解的。有时系统设计要求很高或相互矛盾,以致实际上没有任何现实的系统结构或控制器能满足这些要求。

1950 年,爱文斯(Evans)提出在[s]平面上进行控制系统设计的根轨迹法。根轨迹法的主要优点是,无论是频域特性还是时域特性的信息,都能够直接从零点和极点在[s]平面的分布中得到。知道了闭环零点和极点,时间响应就不难用拉普拉斯逆变换求得,频率响应则可从伯德图上获得。根轨迹法设计基本上仍是试探法,它是靠修改根轨迹来获得满足设计要求的闭环零点、极点分布的。

维纳(Weiner)在 20 世纪 40 年代后期提出了性能指标的概念和控制系统的统计设计法。这种方法根据一组给定的性能指标,用完全解析的方法来完成设计,并能设计出对某种性能指标来说是最好的控制系统。解析设计法是消除试探法不确定性的最重要的设计方法之一,它使设计者第一次能够通过先建立设计指标,然后再用数学的解析方法作出完整的设计。设计者要考虑的问题仅是:①该设计是否有解;②这个解是否能具体实现。

与解析设计法发展的同时,查克夏尔(Traxal)提出了配置零点和极点的综合法。该法仍使用传统的设计指标,如误差系数、带宽、超调量以及上升时间等,而且输入信号是确定的。根据这些设计指标,先确定控制系统的闭环传递函数,然后再求相应的开环传递函数。这种方法与经典频域设计法相比,其优点是设计者一开始就能判断所给的一组设计指标是否协调,这将使试探的次数大大减少。

随着现代控制技术的飞速发展,20 世纪 80 年代以来,出现了一些新的控制理论和设计方法。这些方法利用了状态变量、状态方程、状态转移矩阵、极大值原理、李雅普诺夫法、梯度法、线性规划、动态规划等一系列经典控制系统设计法不常用的概念和方法。

用现代控制理论设计的目标可获得最优控制系统,即设计的系统在预定的性能指标意义下是最优的。在最优控制系统设计中,用积分泛函性能指标代替了诸如超调量、调整时间、相位裕度及增益裕度等传统设计指标。但是,按最优控制理论设计的系统,只可能对一个特定的环境条件获得满意的性能。

经典的控制系统设计方法不仅是理解现代控制理论最优设计方法的前提和基础,而且也是大多数控制系统在设计过程中常用的基本方法,因此本节主要介绍经典的控制系统设计方法,而对现代控制理论的最优设计法不作介绍。

7.3.2　机电控制系统详细设计的基本流程

1. 设计大纲的制订

设计大纲是设计工作的纲领性文件,它规定了设计任务、设计程序、技术指标等,一般应包括以下几个方面的内容:

(1) 明确控制对象及其控制过程的工艺特点和要求;

(2) 限定控制系统的工作条件及环境;

(3) 关于控制方案的特殊要求;

(4) 控制系统的性能技术指标;

(5) 规定试验项目。

制订设计大纲是个反复的过程,必须对要设计的控制系统的控制目标作深入、反复的研究,使设计过程中尽可能不出现失误。对于控制系统的控制量所具有的物理意义,选取哪些量作为控制量最为合适等问题,都要在制订设计大纲的过程中进行充分、周全的考虑。

2. 设计步骤的确定

控制系统的设计问题是一个从理论设计到实践、再从实践到理论设计的多次反复过程,控制系统的设计一般有如下几个步骤:

1) 建立控制对象的数学模型

被控对象数学模型的建立是设计控制系统的第一步。控制系统的数学模型是描述系统内部各物理量(或变量)之间关系的数学表达式。

建立被控对象数学模型的途径有两种,一是解析法(又称分析法),二是实验法。根据对象的行为机理及服从的物理定律,利用数学解析方法推导出数学模型的过程称为解析法。根据对象运行过程中测得的有关数据(如输入、输出数据),利用模型辨识的方法估计出数学模型的过程称为实验法。

在简单情况下或比较理想的状态下,利用解析法才可能得到可靠、准确的数学模型,一般情况下是难以得到的。通过辨识得到的模型是一个等效的模型,且模型建立的精度受到干扰的影响。因此,在建立被控对象数学模型时,应同时使用两种方法,兼取两者的优点,这样就可能为设计者提供较为理想的模型。

另外,数学模型的精度应根据控制系统的要求、方案组成方式来确定,并不一定在所有情况下都要求极高精度的数学模型。

2) 方案选择

应根据系统完成的任务和使用条件提出技术指标和有关设计数据作为控制系统设计方案选择的依据。其内容应包括:

(1) 控制系统的用途及使用范围;

（2）负载情况；

（3）对所采用的控制元件的要求；

（4）系统的精度要求；

（5）对系统动态过程的要求；

（6）工作条件要求。

3）建立系统框图

在上述步骤基础上，将所选定的或设计的元部件，按选定的系统结构形式联系起来，构成系统框图。但这不是最终的系统结构图，因为还要考虑增加校正装置、改变控制方式的可能。

4）静态计算

在控制系统方案初步确定后，就要进行静态计算。静态计算的主要任务是根据系统的稳态工作要求，选择测量元件、放大变换元件、执行元件的类型和参数。然后确定系统的放大系数及系统的结构形式。静态计算中所要确定的参数决定了静态特性，而且也会影响其动态特性，因此应该同时兼顾两者。

5）动态特性分析及校正装置的确定

在选定元件及确定系统框图后，即可进行动态分析，以判定系统是否稳定、稳定裕度是否足够大，过渡过程是否符合要求。经过分析计算后，若动态特性不满足要求，就必须加入校正装置，用以改善系统动态特性。

系统的静态计算及动态分析有时需要反复交叉进行，直至满足要求为止。

6）改变控制方式

按步骤5）中所进行的工作结果，若不能满足或难以满足控制系统的全部要求，应重新考虑外干扰、设定值等变化的测量和处理方法，与被控对象响应相关的诸量的测量方法以及满足控制要求的可能控制方案，如采用干扰补偿、噪声滤波等措施。

7）实验与仿真

实验与仿真是验证设计正确性的手段。实验可在运行现场进行，也可采用仿真方式进行。

3. 基本设计

按上述步骤确定控制方案及受控对象数学模型之后，可开始进行基本设计。根据各元部件的数学模型，按系统的组成方式进行分析计算，称为基本设计。基本设计中重要的是元件选择及其特性确定和动态特性分析。

1）元件选择

（1）执行元件的选择。控制系统的执行元件是整个系统中的关键环节，执行元件在很大程度上决定了整个系统的结构形式。常用的执行元件有电动机、液压马达、气动执行元件等。选择的执行元件不同，系统的结构就有很大区别。选择执行元件的依据是负载状况。

（2）测量元件的选择。测量元件用以检测所需要的控制系统中的变量,例如电压、电流、机械位移等物理量。对测量元件的要求一般是:精度高、系统误差小,线性度好、灵敏度高,摩擦力矩小、惯性小,抗干扰性强,功耗小。

（3）放大元件的选择。放大元件的作用是将测量元件给出的信号进行放大和变换,输出足够功率和所要求的输出信号。放大元件形式很多,有电气的、机械的、液动的、气动的等等。

如果测量元件给出的信号形式与放大器要求的信号形式不一致的话,还必须设计或选择适当的中间变换装置。

2）建立确定系统组成元部件的数学模型

各元部件的数学模型是确定整个控制系统数学模型的基础。有的元部件是选定的,其数学模型可由生产单位给出。自行设计的元部件的数学模型可以由所设计的元部件物理过程确定,也可采用实验数据的辨识方法确定。

3）动态计算

（1）根据控制系统的组成方式,分析控制系统的稳定性。

（2）计算控制系统在典型信号作用下的动态过程,判断其特性是否满足设计技术要求。

（3）设计校正装置。当控制系统不能通过改变自身结构参数满足设计技术要求时,必须采取附加校正装置的途径改变系统的结构。

（4）数字仿真。通过上述各项工作阶段后,应采用数字仿真形式,最后验证确定控制系统的特性,直至满足设计技术要求为止。

4. 工程化设计

基本设计只完成了确定控制系统的组成方式、必需的元部件特性及其能够达到的静态特性、动态特性的数字结果及仿真结果,进一步的工作是实现这个系统。实现这个系统的过程称为工程化设计。

7.3.3　机电控制系统设计实例分析

模拟转台主要用于对三维空间运动体(如飞机、导弹、卫星、潜艇等)的稳定与控制进行半实物模拟实验研究,它是一种典型的电气伺服系统。下面以 ED 型模拟转台的航向伺服系统的设计为例,按方案选择、静态计算、动态分析与综合三个方面,来阐明控制系统设计的主要过程。

1. 方案选择

1）技术性能指标

根据实际需要,ED 型模拟转台的航向伺服系统的主要技术性能指标如下:

（1）静态误差 $\psi_\varepsilon \leqslant 10'$;

（2）系统截止频率 ω_b(或 f_b)$\geqslant 8 \ \mathrm{s}^{-1}$;

（3）最大工作角度 $\psi_m = \pm 100°$；

（4）最大工作角速度 $\dot{\psi}_m \geqslant 100$ (°)/s；

（5）最大工作角加速度 $\ddot{\psi}_m \geqslant 600$ (°)/s²。

2）控制方案

根据 ED 型模拟转台的用途和对该技术系统的要求,确定采用电动、双回路的控制方案。在方案论证中主要考虑以下几点:

（1）系统的负载要求具有高速旋转运动的特性;

（2）转台用于地面模拟实验,对伺服系统的重量无特殊要求;

（3）系统要求有较大的功率增益和稳、准、快的响应特性;

（4）方案尽可能经济、简单。

ED 型模拟转台的航向伺服系统的控制方案的框图即为图 7-24。

图 7-24　ED 型模拟转台的航向伺服系统的控制方案框图

2. 静态计算

1）负载的分析与计算

ED 型模拟转台的航向伺服系统的负载由转台航向框架、航向传动齿轮以及置于航向框架上的负荷组成。对这些负载,可以通过计算求得它们的转动惯量为

$$J_L = 4.557 \text{ kg} \cdot \text{m}^2$$

转台航向的实际运动经常处于来回摆动的状态,因此,用等效正弦工作状态来描述其负载特性比较接近实际情况。这里,可用负载总力矩的最大值作为选择功率执行元件的依据。负载总力矩由负载惯性力矩和摩擦力矩组成,由于摩擦力矩相对于负载惯性力矩而言很小,可以忽略不计,因此负载总力矩最大值 $M_{L\Sigma m}$ 就近似等于负载惯性力矩最大值 M_{Lm},即

$$M_{L\Sigma m} = M_{Lm} = 47.72 \text{ N} \cdot \text{m} \tag{7-25}$$

2）执行元件的选择

ED 型模拟转台的航向伺服系统作为一个典型的中小功率伺服系统,其执行元件可采用交流或直流电动机,也可采用步进电动机。在同样尺寸的情况下,交流电动机产生的力矩一般要低于直流电动机产生的力矩;在同等功率的情况下,前者的时

间常数一般大于后者的时间常数。直流力矩电动机输出力矩大,转速低,可工作在连续堵转状态。步进电动机用于离散型伺服机构,将数字脉冲输入转换成模拟输出运动,它的特点是转动惯量低、无漂移、无累积定位误差等。此外,直流直线伺服电动机、直线步进电动机、直流感应电动机等直线微特电动机也获得了迅速开发和应用。

电动机的预选分为两步进行。

第一步,考虑功率,即电动机的功率必须大于负载的峰值功率。电动机预选时功率由以下经验公式估算:

$$P_d = k \frac{(M_c + J_c \varepsilon_{cmax}) n_{cmax}}{9555} \tag{7-26}$$

式中,M_c 为负载的静摩擦力矩(N·m);J_c 为负载转动惯量(×10 N·m²);ε_{cmax} 为负载最大角加速度(s^{-2});n_{cmax} 为负载最大转速(r/min);k 为考虑电动机、减速器参数应加大功率的系数(公式中量纲的转换均包含在该系数中),一般取 $k=1.2\sim2$,对于大功率系统可取 $k=2.5$。

第二步,对预选的电动机进行过热验算和过载验算。

电动机不过热的条件为

$$M_e > M_{de} \tag{7-27}$$

$$P_e \geqslant P_{de} = \frac{M_{de} n_e}{9555} \tag{7-28}$$

式中,M_e 为电动机额定力矩;P_e 为电动机额定功率;n_e 为电动机额定转速;M_{de} 为作为在执行元件轴上的总力矩 M_Σ 的等效力矩。

电动机不过载的条件为

$$\frac{M_{\Sigma max}}{M_e} \leqslant \lambda_m \tag{7-29}$$

式中,$M_{\Sigma max}$ 为瞬时最大负载力矩;λ_m 为电动机过载系数。

根据式(7-26),选取系数 $k=2$,工程上一般忽略负载静摩擦力矩 M_c 直接对负载转动惯量加以修正(此处选取修正系数为 57.3),以体现负载静摩擦力矩的影响。由此,ED 型转台航向伺服系统预选电动机的功率估算为

$$P_d = 2 \times \frac{4.557\ \{N \cdot m^2\} \times 600\ \{s^{-2}\}}{9555 \times 57.3} \times \frac{100 \times 60\ \{r/min\}}{360}$$

$$\approx 0.166\ (kW)$$

据此,选用 2 台型号为 SYL-50 的直流力矩电动机并联使用。SYL—50 型电动机的主要技术参数如下:使用控制电压 30 V;空载最大转速 1400 r/min;最大堵转力矩 4.9 N·m;最大堵转力矩时峰值电流 2.8 A。

2 台电动机可提供的总功率为

$$P_t = 2 \times 2.8 \times 30 \times 10^{-3}\ kW = 0.168\ kW$$

因此 $P_t > P_d$，预选的电动机满足负载的功率要求，预选可行。至于验算，待速比选定后一并进行。

3）减速器速比选择

根据
$$i_{12} \leqslant \frac{\Omega_d}{\Omega_{Lmax}} = \frac{140 \times 360}{60 \times 100} = 8.4 \tag{7-30}$$

式中，Ω_d 为电动机轴的最大角速度；Ω_{Lmax} 为电动机经减速器后输出的最大角速度。取
$$i_{12} = 8$$

现做以下验算：

由选择的电动机的转子机构可以算得 2 台电动机并联的转动惯量，即
$$2J_d = 2 \times 0.1176 \text{ N} \cdot \text{m}^2$$

假定传动效率 $\eta = 0.9$，静摩擦力矩 M_c 很小。计算作用在电动机轴上的总力矩为
$$M_\Sigma \approx \left(J_d + m \frac{J_c}{\eta i_{12}^2} \right) i_{12} \varepsilon_c = 4.8 \text{ N} \cdot \text{m} \tag{7-31}$$

又由式（7-28）得
$$P_{de} = \frac{0.489 \times 140}{975} \text{ kW} = 0.070 \text{ kW}$$

而
$$P_e = 30 \times 2.8 \times 10^3 \text{ kW} = 0.084 \text{ kW}$$

$$M_e = 4.9 \text{ N} \cdot \text{m}$$

所以
$$M_e > M_{de} = M_\Sigma$$

$$P_e > P_{de}$$

故所选的电动机满足不过热条件。

所选的电动机与速比，可给负载提供的最大角速度和最大角加速度为
$$\Omega_{Lm} = \frac{\Omega_d}{i_{12}} = \frac{140 \times 360}{8 \times 60} (°)/\text{s} = 105 \text{ } (°)/\text{s} > \dot{\psi}_m$$

$$\varepsilon_{Lm} \approx \frac{M_N}{i_{12} \left(J_d + \frac{mJ_c}{2\eta i_{12}^2} \right)} = 613 \text{ } (°)/\text{s}^2 > \ddot{\psi}_m$$

故所选的电动机也能满足技术性能中关于最大角速度和最大角加速度的要求。

4）测量元件的选择

转台航向伺服系统的测量元件有两个：角度测量元件和角速度测量元件。它们的特性直接关系到系统的工作状态和精度。

（1）角度测量元件的选择　该系统除对静差有要求外，无其他特殊要求，故选线绕线性电位计作为角度测量元件。按技术条件的要求，没有合适的现成型号可供选用，只好根据要求特制，其主要技术参数为：工作角度量程±100°；梯度 0.05 V/(°)；线性误差 0.01%。

位置反馈电位计的误差属于测量误差，是系统静态误差的重要组成部分。电传

计的误差包括:电位计本身的误差、负载效应引起的误差、电位计供电电源电压波动引起的误差等。

由电位计线性度造成的误差为

$$\Delta\psi_1 = 100° \times 0.01\% = 0.01° = 6'$$

为保证因电源电压波动引起的系统误差 $\Delta\psi_2 \leqslant 0.5'$,要求电源应具有的精度为

$$\Delta V < \frac{0.5 \times 0.05}{60} = 0.04\%$$

为了提高电位计对角度测量的精度,在实际使用中一般将电位计接成桥式测量电路,如图 7-25 所示。图中,R_1、R_2 为外接电阻,R 为电位计的总电阻,在应用中一般取

$$R_1 + R_2 \leqslant R/5 \qquad (7-32)$$

图 7-25　电位计的桥式测量电路

(2)角速度测量元件的选择　根据转台航向伺服系统的技术指标中关于最大角速度的要求,选择 CYD—6 型直流高灵敏度测速机作为角速度测量元件,其主要技术参数为:灵敏度 0.105 V/((°)/s);线性度 1%;最大运行速度 600 (°)/s。

图 7-26　电动机-负载-测速机结构

考虑到负载要求的最大工作角速度低于测速机的最大运行速度,故在转台航向框架主轴到测速机轴之间设变速装置,速比取为

$$i_{23} = 0.3 \qquad (7-33)$$

由以上选择的电动机、负载、测速机等组成的结构如图 7-26 所示。

由所选择的测速机的结构可算得测速机转子的转动惯量 J_s 为

$$J_s = 0.1176 \text{ N} \cdot \text{m}^2$$

因此,负载、变速器、测速机以及电动机等折算到电动机轴上的总转动惯量为

$$J_0 = 2J_d + \frac{J_L}{i_{12}^2} + \frac{J_s}{i_{12}^2 i_{23}^2} = 0.968 \text{ N} \cdot \text{m}^2 \qquad (7-34)$$

5)放大元件的选择

(1)放大器的放大倍数　放大器的放大倍数应根据系统所允许的误差与负载要求来确定。考虑到在系统加入校正装置后会降低系统的增益,通常选取的放大器的放大倍数都要比计算值适当增大,如

$$K_0 = \lambda \frac{u_0}{u_1} \qquad (7-35)$$

式中,u_0 为放大器的负载所要求的额定电压;u_1 为放大器的输入端电压,即测量元件输出的信号电压;λ 为补偿系数,一般取 $\lambda = 2 \sim 3$。

ED 型转台航向伺服系统的放大器按两部分考虑:功率放大器与前置放大器。

功率放大器的电压放大倍数选为

$$K_2 = \frac{u_1}{u_2} = \frac{30}{3} = 10$$

式中,u_1 为力矩电动机的控制电压;u_2 为功率放大器的前端综合口控制电压峰值。

力矩电动机的死区电压为 2 V(由产品说明书给出),设系统的静态误差分配给电动机死区的相应值为 5′。为了保证系统静态精度,前置放大器的放大倍数应为

$$K_1 \geqslant \frac{2}{\frac{5}{60} \times 10 \times 0.05} = 48 \tag{7-36}$$

取

$$K_1 = 60$$

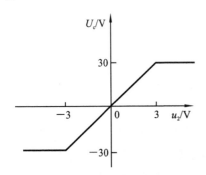

图 7-27　功率放大器输入/输出特性

(2) 放大器的形式和特性　转台航向伺服系统的功率放大器,采用脉冲调宽型开关线路,它具有功耗小、效率高、工作稳定可靠、速度快等优点。它由调宽信号发生器、综合调宽电路、整形电路、逻辑变换电路和开关变换电路等部分构成,其结构和工作原理可参考有关功率器件方面的书籍。最终所选择的功率放大器的输入/输出特性如图 7-27 所示。

(3) 放大器各级放大系数的分配　放大器各级放大系数的分配应考虑到以下两个方面:一方面应尽可能地使各串接的环节误差产生的干扰在系统输出端上所形成的分量不超过允许的限量,因此,应将越靠近前级的环节放大系数取得越大;另一方面应力求使信号(包括干扰)增大时,各元件同时进入饱和区,或至少要使输出功率级首先进入饱和。设备串接环节的线性工作段为 a_1、a_2、a_3,它们的连接关系如图 7-28 所示。为使各级同时进入饱和,应满足

$$a_1 = \frac{a_2}{K_1} = \frac{a_3}{K_1 K_2} \tag{7-37}$$

为使后级比前级先进入饱和,应满足

$$a_1 > \frac{a_2}{K_1} > \frac{a_3}{K_1 K_2} \tag{7-38}$$

图 7-28　放大系数分配图

3. 动态分析与综合

1) 未校正系统的性能分析

(1) 电动机至负载环节的传递函数　根据电动机至负载环节的微分方程可推得其传递函数为

$$\frac{\psi(s)}{u_d(s)} = \frac{K_\phi}{i_{12} s (T_M s + 1)} \tag{7-39}$$

式中，ψ 为负载的航向转角；u_{d} 为电动机控制电压；K_{ϕ} 为电动机的速度常数；T_{M} 为电动机至负载的机电时间常数；i_{12} 为电动机至负载的传动比。

$$K_{\phi}=\frac{2\pi}{60u_{\mathrm{dm}}/n}=\frac{2\pi}{60\times30/140}\ \mathrm{s/V}=0.49\ \mathrm{s/V} \tag{7-40}$$

$$T_{\mathrm{M}}=\frac{2\pi nJ_{0}}{60\times2M_{\mathrm{e}}}=\frac{2\pi\times140\times988}{60\times2\times50000}\ \mathrm{s}=0.145\ \mathrm{s} \tag{7-41}$$

$$i_{12}=8$$

（2）未校正系统的框图及传递函数　未校正系统的框图即为图 7-29，系统的开环传递函数为

$$G(s)=\frac{K_{1}K_{2}K_{\phi}H_{1}/i_{12}}{s(T_{\mathrm{M}}s+1)}-\frac{105}{s(0.145s+1)} \tag{7-42}$$

式中，K_{1} 为前置放大器的电压增益系数，$K_{1}=60$；K_{2} 为综合功率放大器的电压增益系数，$K_{2}=60$；H_{1} 为位置反馈电位计梯度，$H_{1}=0.05\ \mathrm{V/(°)}=2.865\ \mathrm{V/rad}$。

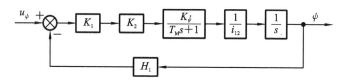

图 7-29　未校正系统的框图

（3）未校正系统的性能分析　未校正系统属于基本 Ⅰ 型系统，根据系统的开环传递函数可以得到系统的伯德图（见图 7-30）。图中，系统开环对数频率特性的转折频率为

$$\omega_{1}=\frac{1}{T_{\mathrm{M}}}=6.9\ \mathrm{s}^{-1}$$

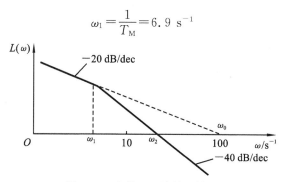

图 7-30　未校正系统的伯德图

可知系统的穿越频率为

$$\omega_{\mathrm{c}}=\omega_{2}=26.9\ \mathrm{s}^{-1} \tag{7-43}$$

系统的带宽为

$$\omega_{\mathrm{b}}=\frac{1.6\omega_{\mathrm{c}}}{2\pi}=6.85\ \mathrm{Hz} \tag{7-44}$$

系统的无量纲增益为

$$\frac{\omega_c}{\omega_1}=3.90\gg1 \tag{7-45}$$

因此,从未校正系统的伯德图和性能参数可知,未校正系统的阻尼过小,稳定裕度小,振荡严重,这种系统也达不到动态品质的要求。因此,必须加上校正环节进行校正。

2) 角速度反馈校正

首先采用角速度反馈环对系统的控制特性进行校正,角速度反馈校正框图即为图 7-31。

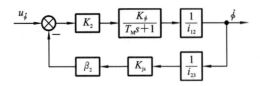

图 7-31 角速度反馈校正框图

图 7-31 中,角速度测量元件的灵敏度 $K_\phi=0.105$ V/((°)/s)=6 V·s/rad,速比 $i_{23}=0.3$。用速度反馈后,被其包围环节的时间常数与增益系数分别成为

$$T'_M=\frac{0.145}{1+12.25\beta_2}$$

$$K'_\phi=\frac{0.6125}{1+12.25\beta_2}$$

由于前置放大一般采用运算放大器,其最大输出 $|u_{\phi m}|=12$ V,而当 $|u_c|=3$ V 时,电动机输出最大角速度 $\dot{\psi}_m=100(°)/s$,因此速度环的反馈电压为

$$u_{b2}=u_{\phi m}-u_c=(12-3)\ V=9\ V$$

而

$$u_{b2}=\frac{1}{0.3}\times6\beta_{2m}\frac{100}{180/\pi}=9\ V$$

解得,β_2 可取的最大值 $\beta_{2m}=0.26$。

考虑到使电动机-负载环节的等效带宽尽可能展宽以增加反应速度,同时又使整个系统阻尼有所增大,故选取

$$\beta_2=0.2$$

所以,速度反馈环的闭环传递函数为

$$\frac{\psi(s)}{u_\psi(s)}=\frac{0.178}{0.042s+1}$$

采用速度反馈校正后的系统框图即为图 7-32。

此系统的开环传递函数为

$$G(s)=\frac{60\times0.178\times2.865}{s(0.042s+1)}=\frac{30.6}{s(0.042s+1)}$$

由此绘伯德图(图 7-33 中的曲线 1),得到穿越频率为

图 7-32　采用速度反馈校正后的系统框图

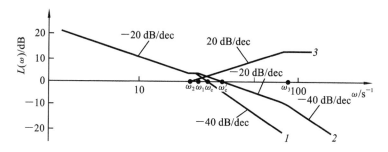

图 7-33　系统的伯德图

$$\omega_c = 26.5 \text{ s}^{-1}$$

相对应的截止频率为

$$\omega_b = \frac{1.6 \times 26.5}{2\pi} \text{ s}^{-1} = 6.75 \text{ s}^{-1}$$

进一步可以算得此系统的闭环阻尼比及超调量分别为

$$\xi = 0.38$$

$$\sigma = 19.64\%$$

由此可见,采用速度反馈后,系统阻尼虽获改善,但仍偏小,系统频带也未达到设计的技术要求。所以,在采用速度反馈后,仍需采用串联校正。

3)串联校正

(1)绘期望频率特性曲线。

① 中频段。根据设计性能指标中关于截止频率的要求,期望特性的穿越频率为

$$\omega_c' = 2\pi\omega_b/1.6 = 2\pi \times 8/1.6 \text{ s}^{-1} = 31.42 \text{ s}^{-1}$$

取

$$\omega_c' = 35 \text{ s}^{-1}$$

在系统的伯德图中,过点 $\omega_c' = 35 \text{ s}^{-1}$ 绘一条斜率为 -20 dB/dec 的直线,即为期望特性的中频段。

② 低频段。取系统原有部分特性曲线的低频段,即图 7-33 中曲线 1 的低频段,作为期望特性的低频段。

③ 低、中频段的连接。为简便起见,选取曲线 1 的转折频率 ω_1 对应一个连接点,可以算得,在此频率上,期望特性与原有频率的差值为

$$\Delta L(\omega_1) = \left(-20\lg \frac{\omega_1}{\omega_c}\right) - \left(-20\lg \frac{\omega_1}{\omega_0}\right) = 1.42 \text{ dB}$$

式中, ω_0 为曲线 *1* 的低频段延长线与 0 dB 线的交点。

因此,采用超前校正环节的第一个转折点 ω_2 应由下式确定:

$$\Delta L(\omega_1) = 20\lg \frac{\omega_1}{\omega_2}$$

解得 $$\omega_2 = 20.21 \text{ s}^{-1}$$

ω_2 即为期望特性的低、中频段的另一个连接点,低、中频段连接的斜率为零。

④ 高频段。为简便起见,高频段斜率选为 -40 dB/dec。

⑤ 中、高频段的连接。考虑到限制域对高频段的限制,选 $\omega_3 = 90 \text{ s}^{-1}$ 作为期望特性的连接点的横坐标。

绘期望幅频特性,如图 7-33 中的曲线 *2* 所示。

(2) 校正环节的特性。在图 7-34 中,将曲线 *2* 与曲线 *1* 相减,得到曲线 *3*,这就是校正环节的对数幅频特性。与曲线 *3* 对应的传递函数为

$$\frac{\frac{1}{20}s + 1}{\frac{1}{90} + 1} = \frac{0.0495s + 1}{0.0111s + 1}$$

采用速度反馈与串联超前校正的系统开环传递函数为

$$G(s) = \frac{30.6(0.0495s + 1)}{s(0.042s + 1)(0.0111s + 1)}$$

因此根据上面的设计,ED 型模拟转台航向伺服系统的框图即为图 7-34。

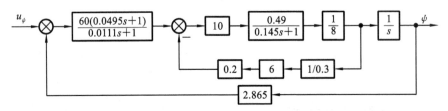

图 7-34　ED 型模拟转台的航向伺服系统框图

附录　拉普拉斯变换法

拉普拉斯变换也称拉氏变换,是一种函数之间的积分变换。拉普拉斯变换是研究控制工程的一种基本数学工具,运用这种方法求解线性微分方程,可以把时域中的微分方程变换成复数域中的代数方程,使微分方程的求解大为简化。同时,利用拉普拉斯变换建立控制系统的传递函数、频率特性等,在系统分析中发挥着重要作用。

拉普拉斯变换的优点是:

(1) 从数学角度看,拉普拉斯变换方法是求解常系数线性微分方程的工具,可以分别将"微分"与"积分"运算转换成"乘法"和"除法"运算,即把积分、微分方程转换为代数方程。对于指数函数、超越函数以及某些非周期性的具有不连续点的函数,用古典方法求解比较烦琐,经拉普拉斯变换可转换为简单的初等函数,求解就很方便。

(2) 当求解系统的输入输出为微分方程时,求解的过程得到简化,并可以同时获得控制系统的瞬态分量和稳态分量。

(3) 拉普拉斯变换可把时域中的两个函数的卷积运算转换为复数域中的两个函数的乘法运算。在此基础上,建立控制系统传递函数的概念,这一重要概念的应用为研究控制系统的传输问题提供了很多方便。

1. 拉普拉斯变换的定义

设有时间函数 $f(t)$,是定义在 $(0,\infty)$ 上的实值函数,则称其无穷积分

$$L[f(t)] = F(s) = \int_0^\infty f(t)e^{-st}dt \tag{A-1}$$

为 $f(t)$ 的拉普拉斯变换。式中,L 为拉普拉斯变换符号;s 为复变量;$f(t)$ 为原函数(小写);$F(s)$ 为 $f(t)$ 的拉普拉斯变换的像函数(大写)。

2. 典型函数的拉普拉斯变换

在实际中,对系统进行分析所需的输入信号经常可以简化为一个或几个简单的信号,这些信号可用一些典型时间函数来表示。

1) 单位阶跃函数的拉普拉斯变换

单位阶跃函数定义为

$$u(t) = \begin{cases} 0, & t<0 \\ 1, & t\geqslant 0 \end{cases} \tag{A-2}$$

由拉普拉斯变换的定义,可求得

$$L[1(t)] = \int_0^\infty 1(t)e^{-st}dt = \int_0^\infty e^{-st}dt = -\frac{1}{s}e^{-st}\Big|_{0^-}^\infty = \frac{1}{s} \tag{A-3}$$

2）单位脉冲函数的拉普拉斯变换

单位脉冲函数定义为

$$\delta(t)=\begin{cases}0, & t\neq 0\\ \infty, & t=0\end{cases} \tag{A-4}$$

$$\int_{-\infty}^{\infty}\delta(t)\,\mathrm{d}t=1 \tag{A-5}$$

而且 $\delta(t)$ 有如下特征：

$$\int_{-\infty}^{\infty}\delta(t)f(t)\,\mathrm{d}t=f(0)$$

式中，$f(0)$ 为 $t=0$ 时 $f(t)$ 的函数值。由拉普拉斯变换定义，可得

$$\mathrm{L}[\delta(t)]=\int_{0}^{\infty}\delta(t)\,\mathrm{e}^{-st}\,\mathrm{d}t=\mathrm{e}^{-st}\mid_{t=0}=1 \tag{A-6}$$

3）单位斜坡函数的拉普拉斯变换

单位斜坡函数定义为

$$f(t)=\begin{cases}0, & t<0\\ t, & t\geqslant 0\end{cases} \tag{A-7}$$

由拉普拉斯变换的定义，可得

$$\mathrm{L}[t]=\int_{0}^{\infty}t\mathrm{e}^{-st}\,\mathrm{d}t=-\frac{1}{s}\left(t\mathrm{e}^{-st}\mid_{0}^{\infty}-\int_{0}^{\infty}\mathrm{e}^{-st}\,\mathrm{d}t\right)=\frac{1}{s^{2}} \tag{A-8}$$

4）指数函数的拉普拉斯变换

指数函数定义为

$$f(t)=\begin{cases}0, & t<0\\ \mathrm{e}^{-\alpha t}, & t\geqslant 0\end{cases} \tag{A-9}$$

由拉普拉斯变换的定义，可得

$$\mathrm{L}[\mathrm{e}^{-\alpha t}]=\int_{0}^{\infty}\mathrm{e}^{-\alpha t}\,\mathrm{e}^{-st}\,\mathrm{d}t=\int_{0}^{\infty}\mathrm{e}^{-(s+\alpha)t}\,\mathrm{d}t=\frac{1}{s+\alpha} \tag{A-10}$$

5）正弦函数的拉普拉斯变换

根据欧拉公式，可得

$$\sin\omega t=\frac{1}{2\mathrm{j}}(\mathrm{e}^{\mathrm{j}\omega t}-\mathrm{e}^{-\mathrm{j}\omega t})$$

由拉普拉斯变换的定义，可得

$$\mathrm{L}[\sin\omega t]=\int_{0}^{\infty}\frac{1}{2\mathrm{j}}(\mathrm{e}^{\mathrm{j}\omega t}-\mathrm{e}^{-\mathrm{j}\omega t})\mathrm{e}^{-st}\,\mathrm{d}t=\frac{1}{2\mathrm{j}}\int_{0}^{\infty}[\mathrm{e}^{-(s-\mathrm{j}\omega)t}-\mathrm{e}^{-(s+\mathrm{j}\omega)t}]\mathrm{d}t$$

$$=\frac{1}{2\mathrm{j}}\left(\frac{1}{s-\mathrm{j}\omega}-\frac{1}{s+\mathrm{j}\omega}\right)=\frac{\omega}{s^{2}+\omega^{2}} \tag{A-11}$$

6）余弦函数的拉普拉斯变换

根据欧拉公式，可得

$$\cos\omega t = \frac{1}{2}(e^{j\omega t} + e^{-j\omega t})$$

由拉普拉斯变换的定义,可得

$$L[\cos\omega t] = \int_0^\infty \frac{1}{2}(e^{j\omega t} + e^{-j\omega t})e^{-st}\,dt = \frac{1}{2}\int_0^\infty [e^{-(s-j\omega)t} + e^{-(s+j\omega)t}]dt$$

$$= \frac{1}{2}\left(\frac{1}{s-j\omega} + \frac{1}{s+j\omega}\right) = \frac{s}{s^2+\omega^2} \tag{A-12}$$

表 A-1 为常用函数的拉普拉斯变换对照表。

表 A-1 常用函数的拉普拉斯变换表

序号	原函数 $f(t)$ $(t \geqslant 0)$	拉普拉斯变换 $F(s)$
1	$\delta(t)$	1
2	$u(t)$	$\dfrac{1}{s}$
3	t^n $(n=1,2,3,\cdots)$	$\dfrac{n!}{s^{n+1}}$
4	e^{-at}	$\dfrac{1}{s+a}$
5	$t^n e^{-at}$ $(n=1,2,3,\cdots)$	$\dfrac{n!}{(s+a)^{n+1}}$
6	$\dfrac{1}{a}(1-e^{-at})$	$\dfrac{1}{s(s+a)}$
7	$\dfrac{1}{b-a}(e^{-at}-e^{-bt})$	$\dfrac{1}{(s+a)(s+b)}$
8	$\sin\omega_n t$	$\dfrac{\omega_n}{s^2+\omega_n^2}$
9	$\cos\omega_n t$	$\dfrac{s}{s^2+\omega_n^2}$
10	$e^{-at}\sin\omega_n t$	$\dfrac{\omega_n}{(s+a)^2+\omega_n}$
11	$e^{-at}\cos\omega_n t$	$\dfrac{s+a}{(s+a)^2+\omega_n}$
12	$\dfrac{\omega_n}{\sqrt{1-\xi^2}}e^{-\xi\omega_n t}\sin(\omega_n\sqrt{1-\xi^2}\,t)$	$\dfrac{\omega_n^2}{s^2+2\xi\omega_n s+\omega_n^2}$ $(0<\xi<1)$
13	$\dfrac{-1}{\sqrt{1-\xi^2}}e^{-\xi\omega_n t}\sin(\omega_n\sqrt{1-\xi^2}\,t-\beta)$	$\dfrac{s}{s^2+\xi\omega_n s+\omega_n^2}$ $(0<\xi<1)$
14	$1-\dfrac{1}{\sqrt{1-\xi^2}}e^{-\xi\omega_n t}\sin(\omega_n\sqrt{1-\xi^2}\,t+\beta)$	$\dfrac{\omega_n}{s(s^2+\xi\omega_n s+\omega_n^2)}$ $(0<\xi<1)$

注:表中 $\beta = \arctan\dfrac{\sqrt{1-\xi^2}}{\xi}$。

3. 拉普拉斯变换的主要定理

本节列出拉普拉斯变换的主要定理,证明从略。

1）线性定理

已知函数 $f_1(t)$、$f_2(t)$ 的拉普拉斯变换为 $F_1(s)$、$F_2(s)$,对于常数 k_1、k_2,则有

$$L[k_1 f_1(t) \pm k_2 f_2(t)] = k_1 F_1(s) \pm k_2 F_2(s) \tag{A-13}$$

2）实数域的位移定理

已知函数 $f(t)$ 的拉普拉斯变换为 $F(s)$,则对任一正实数 α,有

$$L[f(t-\alpha)] = e^{-\alpha s} F(s) \tag{A-14}$$

3）复数域的位移定理

已知函数 $f(t)$ 的拉普拉斯变换为 $F(s)$,则对任一常数 α,有

$$L[f(t)e^{-at}] = F(s+a) \tag{A-15}$$

4）微分定理

已知函数 $f(t)$ 的拉普拉斯变换为 $F(s)$,则有

$$L\left[\frac{df(t)}{dt}\right] = L[f'(t)] = sF(s) - f(0)$$

式中,$f(0)$ 为函数 $f(t)$ 在 $t=0$ 的值。

同理可推导出函数 $f(t)$ 各阶导数的拉普拉斯变换为

$$L\left[\frac{d^n f(t)}{dt^n}\right] = s^n F(s) - s^{n-1} f(0) - s^{n-2} f'(0) - \cdots - f^{(n-1)}(0)$$

式中,$f'(0), \cdots, f^{(n-1)}(0)$ 分别为函数 $f(t)$ 的各阶导数在 $t=0$ 的值。

当函数 $f(t)$ 的各阶导数的初始值均为零时,微分定理转换为

$$L\left[\frac{df(t)}{dt}\right] = L[f'(t)] = sF(s) \tag{A-16}$$

$$\vdots$$

$$L\left[\frac{d^n f(t)}{dt^n}\right] = s^n F(s) \tag{A-17}$$

5）积分定理

已知函数 $f(t)$ 的拉普拉斯变换为 $F(s)$,则有

$$L\left[\int f(t)dt\right] = \frac{1}{s}F(s) + \frac{1}{s}f^{(-1)}(0)$$

式中,$f^{(-1)}(0)$ 为积分 $\int f(t)dt$ 在 $t=0$ 的值。

同理,可推导出函数 $f(t)$ 各重积分的拉普拉斯变换为

$$L\left[\underbrace{\iint \cdots \int}_{n个} f(t)(dt)^n\right] = \frac{1}{s^n}F(s) + \frac{1}{s^n}f^{(-1)}(0) + \frac{1}{s^{n-1}}f^{(-2)}(0) + \cdots + \frac{1}{s}f^{(-n)}(0)$$

当函数 $f(t)$ 的各阶导数的初始值均为零时,积分定理转换为

$$\mathrm{L}\left[\int f(t)\mathrm{d}t\right]=\frac{1}{s}F(s) \qquad\qquad (\text{A-18})$$

$$\vdots$$

$$\mathrm{L}\left[\underbrace{\iint\cdots\int f(t)\ (\mathrm{d}t)^n}_{n个}\right]=\frac{1}{s^n}F(s) \qquad (\text{A-19})$$

6）初值定理

已知函数 $f(t)$ 的拉普拉斯变换为 $F(s)$，则有

$$f(0)=\lim_{t\to 0}f(t)=\lim_{s\to\infty}sF(s) \qquad\qquad (\text{A-20})$$

7）终值定理

已知函数 $f(t)$ 的拉普拉斯变换为 $F(s)$，则有

$$f(\infty)=\lim_{t\to\infty}f(t)=\lim_{s\to 0}sF(s) \qquad\qquad (\text{A-21})$$

8）卷积定理

已知函数 $f(t)$ 的拉普拉斯变换为 $F(s)$，函数 $g(t)$ 的拉普拉斯变换为 $G(s)$，则有

$$\mathrm{L}\left[f(t)*g(t)\right]=\mathrm{L}\left[\int_0^t f(t-\lambda)g(\lambda)\mathrm{d}\lambda\right]=F(s)G(s) \qquad (\text{A-22})$$

式中

$$f(t)*g(t)=\int_0^t f(t-\lambda)g(\lambda)\mathrm{d}\lambda$$

为 $f(t)$ 与 $g(t)$ 的卷积。

此定理表明，两个原函数的卷积的拉普拉斯变换等于它们的拉普拉斯变换的乘积。

例 A-1　求 $\mathrm{e}^{-\alpha t}\cos\omega t$ 的拉普拉斯变换。

解　由余弦函数的拉普拉斯变换可知

$$\mathrm{L}\left[\cos\omega t\right]=\frac{s}{s^2+\omega^2}$$

运用复数域的位移定理，有

$$\mathrm{L}\left[\mathrm{e}^{-\alpha t}\cos\omega t\right]=\frac{s+\alpha}{(s+\alpha)^2+\omega^2}$$

例 A-2　已知 $\mathrm{L}\left[f(t)\right]=F(s)=\dfrac{1}{s+a}$，求 $f(0)$ 和 $f(\infty)$。

解　根据初值定理，可求得

$$f(0)=\lim_{s\to\infty}sF(s)=\lim_{s\to\infty}s\cdot\frac{1}{s+a}=1$$

$$f(\infty)=\lim_{s\to 0}sF(s)=\lim_{s\to 0}s\cdot\frac{1}{s+a}=0$$

例 A-3　已知 $f_1(t)=\mathrm{e}^{-2(t-1)}u(t-1)$，$f_2(t)=\mathrm{e}^{-2(t-1)}u(t)$，求 $f_1(t)+f_2(t)$ 的拉普拉斯变换。

　　解　因为
$$L[e^{-2t}u(t)] = \frac{1}{s+2}$$

根据拉普拉斯变换的位移定理,得
$$F_1(s) = L[e^{-2(t-1)}u(t-1)] = \frac{e^{-s}}{s+2}$$

因为 $f_2(t)$ 可以表示为
$$f_2(t) = e^{-2(t-1)}u(t-1) = e^2 e^{-2t}u(t)$$

根据拉普拉斯变换的线性定理,有
$$F_2(s) = \frac{e^2}{s+2}$$

所以
$$L[f_1(t) + f_2(t)] = F_1(s) + F_2(s) = \frac{e^2 + e^{-s}}{s+2}$$

4. 拉普拉斯逆变换

1) 拉普拉斯逆变换的定义

　　将像函数 $F(s)$ 变换成与之相应的原函数 $f(t)$ 的过程称为拉普拉斯逆变换。其定义公式为

$$f(t) = L^{-1}[F(s)] = \frac{1}{2\pi j} \int_{\sigma - j\omega}^{\sigma + j\omega} F(s) e^{st} \, ds \qquad (\text{A-23})$$

式中,L^{-1} 为拉普拉斯逆变换符号。

　　利用式(23)直接进行拉普拉斯逆变换的求取要用到复变函数积分,求解过程复杂。因此进行拉普拉斯逆变换的计算时,对于简单的像函数,采用直接查拉普拉斯变换表求取原函数;对于复杂的像函数采用部分分式展开法化成简单的部分分式之和,再求其原函数。

2) 部分分式展开法

　　对于像函数,常可以写成如下形式

$$F(s) = \frac{B(s)}{A(s)} = \frac{b_m s^m + b_{m-1} s^{m-1} + \cdots + b_1 s + b_0}{a_n s^n + a_{n-1} s^{n-1} + \cdots + a_1 s + a_0} = \frac{k(s - z_1)(s - z_2) \cdots (s - z_m)}{(s - p_1)(s - p_2) \cdots (s - p_n)} \quad (n \geqslant m)$$

$$(\text{A-24})$$

式中,$p_1, p_2, \cdots, p_n$ 为 $F(s)$ 的极点;$z_1, z_2, \cdots, z_m$ 为 $F(s)$ 的零点。

　　根据极点的形式不同,下面分两种情况讨论。

　　(1) 像函数 $F(s)$ 的极点都不相同。在这种情况下,像函数可展开成如下部分分式之和:

$$F(s) = \frac{B(s)}{A(s)} = \frac{b_m s^m + b_{m-1} s^{m-1} + \cdots b_1 s + b_0}{a_n s^n + a_{n-1} s^{n-1} + \cdots a_1 s + a_0} = \frac{k_1}{s - p_1} + \frac{k_2}{s - p_2} + \cdots + \frac{k_n}{s - p_n}$$

$$(\text{A-25})$$

式中,k_i 为待定系数,可用下式求得:

$$k_i = \frac{B(s)}{A(s)}(s - p_i)\Big|_{s = p_i} = \frac{B(s)}{A'(p_i)} \quad (i = 1, 2, \cdots, n) \tag{A-26}$$

根据拉普拉斯变换的线性定理，可求得原函数为

$$f(t) = L^{-1}[F(s)] = \sum_{i=1}^{n} k_i e^{p_i t}$$

值得注意的是，当 $F(s)$ 的某个极点为零或有共轭复极点时，仍可采用上述方法来求拉普拉斯逆变换。因为 $f(t)$ 是一个实函数，如果极点 p_1 和 p_2 为共轭复极点时，其对应的待定系数 k_1 和 k_2 也是共轭复数，因此求解时只需要求出一个待定系数，另一个就可确定。

例 A-4　求 $F(s) = \dfrac{s+2}{(s+1)(s-1)(s+3)}$ 的原函数。

解　像函数中无重极点，可展开为

$$F(s) = \frac{s+2}{(s+1)(s-1)(s+3)} = \frac{k_1}{s+1} + \frac{k_2}{s-1} + \frac{k_3}{s+3}$$

待定系数可用两种方法求解。

方法一　　　$k_1 = \dfrac{s+2}{(s+1)(s-1)(s+3)}(s+1)\Big|_{s=-1} = -\dfrac{1}{4}$

　　　　　　$k_2 = \dfrac{s+2}{(s+1)(s-1)(s+3)}(s-1)\Big|_{s=1} = \dfrac{3}{8}$

　　　　　　$k_3 = \dfrac{s+2}{(s+1)(s-1)(s+3)}(s+3)\Big|_{s=-3} = -\dfrac{1}{8}$

方法二　　　　　　　　$A'(s) = 3s^2 + 6s - 1$

　　　$A'(-1) = -4, \quad A'(1) = 8, \quad A'(-3) = 8$

　　　$B(-1) = 1, \quad B(1) = 3, \quad B(-3) = -1$

$$k_1 = \frac{B(-1)}{A'(-1)} = -\frac{1}{4}, \quad k_2 = \frac{B(1)}{A'(1)} = \frac{3}{8}, \quad k_3 = \frac{B(-3)}{A'(-3)} = -\frac{1}{8}$$

可见两种方法求得的待定系数相同。于是

$$F(s) = \frac{s+2}{(s+1)(s-1)(s+3)} = -\frac{\frac{1}{4}}{s+1} + \frac{\frac{3}{8}}{s-1} - \frac{\frac{1}{8}}{s+3}$$

$$f(t) = -\frac{1}{4}e^{-t} + \frac{3}{8}e^{t} - \frac{1}{8}e^{-3t} = \frac{1}{8}(3e^{t} - 2e^{-t} - e^{-3t})$$

例 A-5　求 $F(s) = \dfrac{2s+12}{s^2+2s+5}$ 的原函数。

解　首先将像函数的分母因式分解，得

$$F(s) = \frac{2s+12}{s^2+2s+5} = \frac{k_1}{s+1+2j} + \frac{k_2}{s+1-2j}$$

$$k_1 = \frac{2s+12}{s^2+2s+5}(s+1+2j)\Big|_{s=-1-2j} = 1 + \frac{5}{2}j$$

k_1、k_2 为共轭复数,故

$$k_2 = 1 - \frac{5}{2}\mathrm{j}$$

$$F(s) = \frac{2s+12}{s^2+2s+5} = \frac{1+\frac{5}{2}\mathrm{j}}{s+1+2\mathrm{j}} + \frac{1-\frac{5}{2}\mathrm{j}}{s+1-2\mathrm{j}}$$

$$f(t) = \left(1+\frac{5}{2}\mathrm{j}\right)\mathrm{e}^{-(1+2\mathrm{j})t} + \left(1-\frac{5}{2}\mathrm{j}\right)\mathrm{e}^{-(1-2\mathrm{j})t}$$

$$= \mathrm{e}^{-(1+2\mathrm{j})t} + \frac{5}{2}\mathrm{j}\mathrm{e}^{-(1+2\mathrm{j})t} + \mathrm{e}^{-(1-2\mathrm{j})t} - \frac{5}{2}\mathrm{j}\mathrm{e}^{-(1-2\mathrm{j})t}$$

$$= \mathrm{e}^{-t}(\mathrm{e}^{-2\mathrm{j}t} + \mathrm{e}^{2\mathrm{j}t}) - \mathrm{e}^{-t}\left(\frac{5}{2}\mathrm{j}\mathrm{e}^{2\mathrm{j}t} - \frac{5}{2}\mathrm{j}\mathrm{e}^{-2\mathrm{j}t}\right)$$

$$= 2\mathrm{e}^{-t}\cos 2t + 5\mathrm{e}^{-t}\sin 2t$$

（2）像函数 $F(s)$ 有重极点。假设像函数 $F(s)$ 有 r 个重极点 p_1,其余极点均不相同,则像函数可展开成如下部分分式之和:

$$F(s) = \frac{B(s)}{A(s)} = \frac{B(s)}{a_n(s-p_1)^r(s-p_{r+1})(s-p_n)}$$

$$= \frac{k_{11}}{(s-p_1)^r} + \frac{k_{12}}{(s-p_1)^{r-1}} + \cdots + \frac{k_{1r}}{(s-p_1)} + \frac{k_{r+1}}{(s-p_{r+1})^r} + \cdots + \frac{k_n}{(s-p_n)}$$

$$\text{（A-27）}$$

式中,待定系数 $k_{r+1}, k_{r+2}, \cdots, k_n$ 按式（A-27）求解,$k_{11}, k_{12}, \cdots, k_{1r}$ 分别按下述公式求解:

$$k_{11} = F(s)(s-p_1)^r\big|_{s=p_1}$$

$$k_{12} = \frac{\mathrm{d}}{\mathrm{d}s}\big[F(s)(s-p_1)^r\big]\big|_{s=p_1}$$

$$k_{13} = \frac{1}{2!}\frac{\mathrm{d}^2}{\mathrm{d}s^2}\big[F(s)(s-p_1)^r\big]\big|_{s=p_1}$$

$$\vdots$$

$$k_{1r} = \frac{1}{(r-1)!}\frac{\mathrm{d}^{r-1}}{\mathrm{d}s^{r-1}}\big[F(s)(s-p_1)^r\big]\big|_{s=p_1}$$

像函数 $F(s)$ 的原函数为

$$f(t) = \mathrm{L}^{-1}\big[F(s)\big] = \left[\frac{k_{11}}{(r-1)!}t^{(r-1)} + \frac{k_{12}}{(r-2)!}t^{(r-2)} + \cdots + k_{1r}\right]\mathrm{e}^{p_1 t} + \sum_{i=r+1}^{n}k_i\mathrm{e}^{p_i t}$$

$$\text{（A-28）}$$

例 A-6　求 $F(s) = \dfrac{4(s+3)}{(s+2)^2(s+1)}$ 的原函数。

解　像函数中既有重极点,又含有单极点,可展开为

$$F(s) = \frac{4(s+3)}{(s+2)^2(s+1)} = \frac{k_{11}}{(s+2)^2} + \frac{k_{12}}{s+2} + \frac{k_3}{s+1}$$

$$k_{11} = \frac{4(s+3)}{(s+2)^2(s+1)}(s+2)^2 \Big|_{s=-2} = -4$$

$$k_{12} = \frac{\mathrm{d}}{\mathrm{d}s}\left[\frac{4(s+3)}{(s+2)^2(s+1)}(s+2)^2\right]\Big|_{s=-2} = -8$$

$$k_3 = \frac{4(s+3)}{(s+2)^2(s+1)}(s+1)\Big|_{s=-1} = 8$$

因此

$$F(s) = -\frac{4}{(s+2)^2} - \frac{8}{s+2} + \frac{8}{s+1}$$

$$f(t) = L^{-1}[F(s)] = -4te^{-2t} - 8e^{-2t} + 8e^{-t}$$

参 考 文 献

[1] 李友善. 自动控制原理[M]. 3 版. 北京：国防工业出版社，2008.

[2] 杨叔子，杨克冲. 机械工程控制基础[M]. 6 版. 武汉：华中科技大学出版社，2011.

[3] 绪方胜彦. 现代控制工程[M]. 卢伯英，佟明安，罗维铭，译. 科学出版社，1978.

[4] 曾孟雄，刘春节，张屹. 机械工程控制基础[M]. 北京：电子工业出版社，2010.

[5] 竺长安，张屹. 控制理论与机械系统控制[M]. 北京：高等教育出版社，2003.

[6] 徐薇莉，田作华. 自动控制理论与设计[M]. 上海：上海交通大学出版社，2007.

[7] 祝守新. 机械工程控制基础[M]. 北京：清华大学出版社，2008.

[8] 张旺，王世鎏. 自动控制原理[M]. 北京理工大学出版社，2005.

[9] 章燕申，袁曾任. 控制系统的设计与实践[M]. 北京：清华大学出版社，1992.

[10] 巨林仓. 自动控制原理[M]. 北京：中国电力出版社，2007.

[11] 孙梅凤，王玲花. 自动控制原理[M]. 北京：中国水利水电出版社，2007.

[12] 王敏，秦肖臻. 自动控制原理[M]. 北京：化学工业出版社，2005.

[13] 陈康宁. 机械工程控制基础[M]. 西安：西安交通大学出版社，2009.

[14] 董景新，赵长德. 机电一体化系统设计[M]. 北京：机械工业出版社，2009.

[15] 阮毅，陈维钧. 运动控制系统[M]. 北京：清华大学出版社，2006.

[16] 陈伯时. 电力拖动自动控制系统[M]. 北京：机械工业出版社，2002.

[17] 徐立. 控制工程基础[M]. 杭州：浙江大学出版社，2007.

[18] 杨振中，张和平. 控制工程基础[M]. 北京：北京大学出版社，2007.

[19] 玄兆燕，朱洪俊. 机械工程控制基础[M]. 北京：电子工业出版社，2006.

[20] 魏彩乔. 机电一体化系统设计同步配套题解[M]. 北京：光明日报出版社，2009.

[21] 吕汉兴. 自动控制原理学习指导与题解[M]. 武汉：华中科技大学出版社，2003.

[22] GOODWIN G C，PAYNE R L. Dynamic system identification，experiment design and data analysis[M]. New York：Academic Press，1977.